燃烧学基础

顾 璠 黄亚继 刘道银 编

东南大学出版社
SOUTHEAST UNIVERSITY PRESS
·南京·

内 容 提 要

本书是动力工程类本科生燃烧学的基础教材,教材编写力图系统阐述燃烧科学的完整理论体系,兼顾燃烧技术的内容,以适应理工科的共同教学需要。本书突出燃烧学的可用性和应用性,强调燃烧问题的计算方法。教材撰写采用讲义风格,纲目贯穿全书,要点明确。本书共分10章,第1章概论介绍了燃烧科学的发展和燃烧的基本概念;第2章至第4章内容是构成燃烧学的基础科学,包括燃烧热力学、传质学和化学动力学;第5章至第7章是气相燃烧的概念、理论和方法;第8章和第9章是液体燃料和固体燃料的燃烧理论和方法;第10章为燃烧污染问题的综述。

本书可作为高等学校能源动力类学科本科生教材,也可用作该专业工程硕士及从业人员的参考用书。

图书在版编目(CIP)数据

燃烧学基础 / 顾璠,黄亚继,刘道银编. —南京:
东南大学出版社,2019.8(2023.6 重印)
ISBN 978 - 7 - 5641 - 8524 - 4

Ⅰ.①燃… Ⅱ.①顾… ②黄… ③刘… Ⅲ.①燃烧学
—高等学校—教材 Ⅳ.①O643.2

中国版本图书馆 CIP 数据核字(2019)第 182874 号

责任编辑:弓 佩 责任校对:韩小亮 封面设计:余武莉 责任印制:周荣虎

燃烧学基础
Ranshaoxue Jichu

编 者:	顾 璠 黄亚继 刘道银
出版发行:	东南大学出版社
社 址:	南京市四牌楼 2 号 邮编:210096
经 销:	全国各地新华书店
网 址:	http://www.seupress.com
出 版 人:	江建中
印 刷:	江苏凤凰数码印务有限公司
排 版:	南京新翰博图文制作有限公司
开 本:	700 mm×1 000 mm 1/16
印 张:	19.5
字 数:	350 千字
版 印 次:	2019 年 8 月第 1 版 2023 年 6 月第 3 次印刷
书 号:	ISBN 978-7-5641-8524-4
定 价:	46.00 元

本社图书若有印装质量问题,请直接与营销部联系。电话(传真):025-83791830

前　　言

　　燃烧是一种人们广为熟知的自然界现象,伴随着人类工业革命,燃烧持续运用于各种工程技术,直至今日。作为燃烧技术的理论基础,燃烧学亦经历了近百年发展,日臻成熟,成为一门系统的科学理论。

　　广义上的燃烧学包含了对阴燃、火焰、爆燃爆炸等现象的科学描述,能源、动力、矿产、航空、航天诸多基础领域均应用各种燃烧技术,涉及之广,渗透之深,丝毫不逊机械、电子等基础学科于工业技术之重要性。

　　不同的领域燃烧技术往往在技术特征方面存在很大区别,乃至于有了诸多不同燃烧学分支,对于一般非专业人士而言,燃烧学显得十分庞杂。然而,无论何种燃烧学分支,皆可以从燃烧学基础出发加以描述和研究。因此,凡从事或将从事涉及燃烧问题的专业人士,学习和掌握燃烧学基础不可或缺,换言之,燃烧学基础是广泛领域工业技术人员的必备基础专业知识之一。

　　燃烧学长期以来被视为繁杂难学,这是源于燃烧学理论体系的完整建立,也不过是近二三十年的事,早期的燃烧学理论受限于当时的认知条件,往往偏颇于燃烧局部科学问题的描述。事实上,燃烧恰恰是物理化学多学科高度耦合的有机过程,侧重一面的燃烧学难窥燃烧理论全貌。

　　学习燃烧学是需相当的物理和化学基础的。燃烧现象贯穿了数个物理和化学过程,燃烧理论必然也是相关物理、化学过程的科学理论所组成。因此,燃烧学的学习本质上是了解燃烧学理论体系的构架,并进一步掌握相关学科的有机组成和相互作用;某种意义上,对燃烧学体系的理解远比对某个燃烧模型的学习来得重要,更不应拘泥于局部理论公式的推演和记忆。

　　基于燃烧学的科研、技术应用和专业教学的思考,编撰中考虑了以下两个方面:

　　首先,全书的知识结构。第1章开宗明义介绍了燃烧学理论体系,第2章至第4章补充完成燃烧学所需基础知识,其中流体力学、传热学和部分热力学被认为是已学基础知识,至此,完备了燃烧学所需组成学科知识。第5章至第7章介绍了各个组成学科知识运用于基本燃烧问题,以及引出一些燃烧基本概念和特征。第 8 章至第 9 章涉及的燃烧问题既是燃烧理论对燃烧技术应用阐述,亦是一些热能工程领域燃烧技术的一般介绍,起到资料索引作用而非技术设计指导,满足一般工程技术人员需要。涉及燃烧污染的概念、技术原理和方法则在第 10 章进行了描述。

其次,燃烧理论体系的重点阐述。其一,燃烧学理论体系观点全书反复出现,贯穿全书。其二,对每个燃烧问题分析,强调理论体系中某个物理或化学过程的关键控制作用,强化了燃烧学体系观点。最后,突出知识系统性和连贯性,鉴于燃烧学由多学科理论组成、知识点众多的特点,编撰中力图知识点前后呼应并说明出处,便于理解燃烧学知识体系的完整性。

全书由顾璠主编,第 1—9 章由顾璠编写,第 10 章由黄亚继编写,全书例题、习题及表格由刘道银编写。撰写采用了讲义风格,便于读者阅读和记忆。本书总体而言是在前人多部燃烧学专著、教材基础上的再编撰,其中,局部内容的改变和重述,期待读者的指正。

编　者
2019 年初夏

目录

CONTENTS

第1章 概　　论

　　燃烧与人类生产活动密切相关,它广泛出现在各个生产过程,涉及能源、交通、航天、航空、冶金和化工等诸多领域。燃烧技术在工业领域和人们的日常生活都具有广泛应用,迄今为止,燃烧对于人类社会的生产、生活仍然具有非常重要的意义。

1.1　燃烧科学技术意义

　　热能利用的主要方式是通过燃烧实现的。燃料中的化学能在燃烧过程中放出热能,然后再通过能量转换,转换为其他需要的能量形式,例如广为应用的电能。所以在能源工业过程中,燃烧仍然起着至关重要的基础性的作用。

　　能源是国民经济的重要基础,与人们的日常生活密切相关,其重要性不言而喻。能源的获取主要通过热能转换方法。尽管现代科技的发展使得能源来源多样化,但是,热能利用仍然是能源生产的主要方法,在我国尤其如此。

　　现代能源工业生产的主要形式是热力发电,包括燃煤热力发电和燃气热力发电。前者通过煤在锅炉中的燃烧实现电能转换,后者通过天然气在燃气轮机中的燃烧完成电能转换。燃烧技术是热力发电的关键技术之一。

　　燃烧技术的另一个重要应用是交通领域,人们日常生活中最常见的交通工具,例如汽车、船舶和飞机,其动力装置都涉及燃烧技术。汽车和船舶的动力装置——内燃机的工作原理是以燃烧技术为基础,油燃料通过燃烧的形式释放出热能,转化为动能推动运输装置的运动。航空发动机的燃烧亦是关键技术之一,其工作原理同样是油燃料燃烧转化为推动力。

　　冶金、化工、建材等众多的工业领域广泛应用燃烧技术。钢铁和金属冶炼业中原材料的准备、热处理等工艺中都涉及燃烧现象;化工工业燃烧装置包括锅炉、精炼和化工流体加热器、玻璃熔化、固体干燥等;水泥窑炉也大量使用燃料燃烧释放热能。

火灾是燃烧技术运用的一个特殊方面,燃烧在意外发生或失去控制后可能引起火灾或爆炸等灾害,造成人员的伤亡和财产损失。在前面陈述的燃烧技术都是以促进燃烧为目的,唯火灾燃烧是考虑如何抑制燃烧发生。

1.2　燃烧学历史及发展

"燃烧"是自然界火的学术称谓。

早在远古时代,火的使用使人类从野蛮状态走向文明,恩格斯在《自然辩证法》一书中曾说:"人们只有在学会摩擦起火之后,才第一次使无穷无尽的自然力替自己服务。"人类真正认识火的本质,科学地解释这一现象,至今仅有两百多年的历史。

1.2.1　燃烧科学起源

在古代,由于科学技术和生产力水平的限制,人类对于火的认识非常有限,不可能探究和建立关于火的科学理论——燃烧学。中国的五行说"金、木、水、火、土",古希腊的四元素说"水、土、火、气",古印度的四大学说"地、水、火、风"等,都涉及火,古人认为火是自然界最基本的要素之一。

在欧洲 10 世纪以前,人们认为物质燃烧取决于一种特殊的"燃素"。到 18 世纪中叶,科学相对进步的欧洲仍然被错误的"燃素说"所统治。"燃素说"是德国化学家斯塔尔(G. E. Stahl,1660—1734)在《化学基础》一书中提出的,"燃素说"的核心观点是"火的微粒由燃素构成,物质燃烧释放出燃素,有些物质不能燃烧是因为缺少燃素",这种观点统治了欧洲将近一百年的时间。18 世纪 80 年代,法国化学家拉瓦锡(A. L. Lavoisier,1743—1794)先后在《燃烧理论》和《化学纲要》两部著作中对燃烧进行了合理解释,首次提出燃烧是一种"氧化反应"的观点。苏联科学家罗蒙诺索夫(М. В. Ломоносов,1711—1765)根据实验也得到了相同的结论。"燃烧是物质氧化"理论的出现,才使得人类才对燃烧有了真正的认识。

1.2.2　现代燃烧科学建立

19 世纪中叶,工业革命的成功促使化学工业蓬勃发展;分子学说的建立,使得人们开始使用热化学及热力学的方法来研究燃烧现象,相继发现了燃烧热、绝热燃烧温度、燃烧产物平衡成分等燃烧特性。

　　20 世纪初,苏联化学家谢苗诺夫(N. N. Semenov,1896—1986)和美国化学家刘易斯(W. K. Lewis,1882—1975)等人发现,影响燃烧速率的重要因素是反应动力学,而且燃烧反应有分支链式反应的特点,即中间生成物可以加速燃烧过程。20 世纪 20 年代,苏联科学家泽尔道维奇(Y. B. Zeldovich,1914—1987)、弗兰克-卡梅涅茨基(D. A. Frank-Kamenetsky)及美国的刘易斯等人又进一步发现燃烧过程是化学动力学与传热、传质等物理因素相互作用的过程,建立了着火和火焰传播理论,认为燃烧现象,无论是着火、熄灭和火焰传播,还是缓燃和爆震等,都是化学反应动力学和传热传质等物理因素的相互作用。

　　20 世纪中叶,在研究了预混火焰和扩散火焰、层流燃烧、湍流燃烧、油滴燃烧和碳粒燃烧等基本规律之后,科学家们发现控制燃烧过程的不仅仅是化学反应动力学,流体动力学也是重要的影响因素之一。至此,燃烧理论初步完成。

　　20 世纪 40～50 年代,航空、航天技术的发展,使燃烧的研究由一般动力机械扩展到喷气发动机、火箭和飞行器头部烧蚀等问题中,并取得了迅速的发展。许多人运用黏性流体力学和边界层理论对层流燃烧、湍流燃烧、着火、火焰稳定和燃烧振荡等问题进行了更深入的定量分析。到了 20 世纪 70 年代初,由于电子计算机的出现,科学家运用计算流体力学方法来研究燃烧问题,将燃烧学、反应流体力学、计算流体力学和燃烧室工程设计有效地结合起来,出现了一系列流动、传热、传质和燃烧的数学模型和数值计算方法,把燃烧学的基本概念、化学流体力学理论、计算流体力学方法和燃烧室的工程设计有机地结合起来,开辟了研究燃烧理论及其应用的新途径。

　　20 世纪 70 年代中期以来,燃烧测量技术的进步进一步推动了燃烧科学的发展,应用激光技术和气体分析技术开始用于直接测量燃烧过程中气体和颗粒的温度、速度、组分浓度等参数,这些测量结果加深了人们对燃烧现象的认识。随后,燃烧学开始与湍流理论、多相流体力学、辐射传热学和复杂反应的化学动力学等学科交叉渗透,使得燃烧理论发展到了更高的阶段。

　　燃烧学是一门仍在发展中的学科。能源、航空航天、环境工程和火灾防治等方面都提出了许多有待解决的重大问题,诸如高强度燃烧、低品位燃料燃烧、煤浆(油-煤,水-煤,油-水-煤等)燃烧、流化床燃烧、催化燃烧、渗流燃烧、燃烧污染物排放和控制、火灾起因和防止等。燃烧学的发展将进一步与湍流理论、多相流体力学、辐射传热学和复杂反应的化学动力学等学科的发展相互渗透、相互促进。

1.3   燃烧基本概念

1.3.1   燃烧的定义

燃烧是指可燃物和氧化剂发生的一种发光、放热的具有一定反应速率的化学反应。发光、放热、发烟、伴有火焰是它的基本特征。这个定义强调了化学反应对于燃烧现象的本质重要性,同时也强调了燃烧过程中可燃物内存储的化学能量转化为热能的能量转换在实际应用中的可能性。

本质上来说,燃烧就是快速的发光发热的氧化反应,它是氧化还原反应中的一种,但是,并非所有的氧化反应都是燃烧。从热力学角度来说,氧化反应必然是放热反应。

狭义上的燃烧通常是指可燃物与氧气的快速氧化反应,氧化剂通常是氧气。广义上的燃烧指任何发光发热的剧烈的氧化反应,氧化剂可以是非氧气的其他氧化物,比如金属钠和氯气反应生成氯化钠,该反应具有剧烈的发光发热现象,同样属于燃烧范畴。

1.3.2   燃烧类型

燃烧按其燃烧化学反应速率的快慢,可分为三种宏观类型:阴燃、火焰燃烧和爆炸,它们之间有时并没有明确的区分界限,尤其阴燃和火焰燃烧之间。

1) 阴燃

阴燃是燃烧中化学反应速率最慢的一种,是固体燃烧的一种形式。

阴燃是日常生活中常见的燃烧现象,蚊香、香烟的燃烧都属于阴燃,堆煤场发生的自燃也是煤以阴燃的形式燃烧的(图 1.1)。阴燃是不发光的缓慢燃烧并伴随有较大的烟雾,它与火焰燃烧的区别是有无火焰现象。

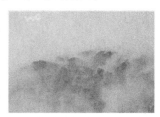

(a) 蚊香点燃   (b) 堆煤场自燃

图 1.1   阴燃现象

在燃烧学中,阴燃和火焰燃烧并无严格的界定。阴燃是小尺寸空间的燃烧,发生在可燃固体堆积物的空隙和可燃物自身的孔隙中。阴燃是固体燃烧,但是,自发形成的阴燃过程中,固体必须有分解析出可燃气体的性质,分解出的可燃气体燃烧与固体可燃物表面的燃烧相互促进,才能出现稳定的阴燃现象。因此,阴燃的自然发生需要一定的条件,不是所有固体可燃物堆积或多孔固体可燃物都能形成稳定的阴燃。

在一定条件下阴燃可以转化为火焰燃烧。

2）火焰燃烧

火焰燃烧是燃烧中化学反应速率较快的一类,绝大多数的燃烧均以火焰的形式呈现。

火焰燃烧是最常见的燃烧形式,也是人类最早利用的燃烧形式。煤气灶、打火机的火苗就是火焰燃烧(见图 1.2)。火焰燃烧运用最广泛,燃烧学对火焰燃烧的描述和性质了解也是最全面的。

在能源动力等大多数的工业领域,燃烧设备均采用的是火焰燃烧的方式。

(a) 灶具火焰　　　　　　　　　(b) 打火机火苗

图 1.2　火焰燃烧现象

3）爆炸

爆炸在燃烧学中也被称为爆震,是燃烧中化学反应速率最快的一类。

爆炸在极短时间内释放出大量能量,产生高温,并排放出大量气体,在周围介质中造成高压的化学反应或状态变化,反应速率极快,高温条件下产生的气体和周围的气体共同膨胀,使化学反应能量直接转变为压力能,在压力释放的同时产生强光、热和声响。

在日常生活中,绝大多数人接触不到爆炸,人们对爆炸的感知是通过媒体媒介得到的,对此并不陌生(图 1.3)。从燃烧学角度,爆震只是燃烧中的一类,与阴燃、火焰燃烧并无根本上的区别,只是燃烧化学反应速率的快慢不同,它被视为一种强烈的燃烧现象。

(a) 气体爆炸   (b) 烟花粉尘爆炸

图 1.3   爆震(爆炸)现象

1.3.3   燃烧的特征

燃烧区别于一般氧化还原反应,其主要特征是燃烧过程中通常伴有大量的热量释放、发光和形成烟气现象。所以,燃烧过程不仅是化学反应动力学过程,还包含了其他微观物理过程,使得燃烧具有一些自身的特征。

1) 热辐射特性

燃烧具有强烈的热辐射,这是被人们直接感知的燃烧特性。以火焰燃烧为例,火焰的辐射来源于三部分:首先是热辐射,其次是化学发光辐射,最后是碳粒和炽热固态烟粒的辐射。

热辐射来自火焰中一些化学性能稳定的燃烧产物的光谱带,如 H_2O、CO_2 以及各种碳氢化合物等。这类辐射的波长一般处于 $0.75~\mu m \sim 0.1~mm$ 之间。其中,最强的光谱带是红外区,它是由燃烧的主要产物 CO_2 和 H_2O 形成的。

化学发光辐射是一种由化学反应而产生的光辐射,燃烧中某些不稳定(或受激发)的中间物质分子内电子发生能级跃迁。根据玻尔理论,原子从一种定态跃迁到另一种定态,它将辐射(或吸收)一定频率的光子,形成了不连续辐射光谱带的发射,电子激发态的各种组分包括了 CH、CO、OH 等自由基,这些自由基存在于火焰区中,在化学反应瞬间产生。

火焰中也存在着碳粒和固态烟粒发射出的连续光谱。燃烧产物中含有一些微小的颗粒,这种由燃烧或热解作用而产生的悬浮在大气中可见的微粒使火焰辐射增强。微粒的元素成分主要是碳,还有少量的氢原子。

总之,气体、液体或固体燃料的实际燃烧中,火焰和完全燃烧产物的辐射主要来自 CO_2、H_2O、烟粒和飞灰颗粒。

2) 电离特性

燃烧火焰的高温区域会发生一定程度的气体热电离。火焰温度越高,气体热电离度越高。根据等离子体理论,不同的气体具有不同的电离能力。碳氢化合物燃料和氧气的层流燃烧的高温火焰在电场的作用下会发生变短或变长或弯曲,实验证明这种火焰气体中具有比较高的电离度,对其着火与熄火条件产生影响。

1.3.4 燃烧的基本形式

燃烧是可燃物与氧化剂间的化学反应,可燃物按物理相态可分为气体、液体和固体三种。但是,燃烧的基本形式只存在两种:**气体燃烧(气相燃烧)和气固燃烧(非均相燃烧)**。

气体可燃物的燃烧属于气体燃烧,可燃气体和氧化剂均以气相存在,形成气相燃烧,比如 CH_4 和 O_2 的燃烧就是典型的气相燃烧。

液体可燃物的燃烧仍属于气相燃烧。在燃烧状态下,系统温度通常大于 $700\ ℃$,在此温度下液体可燃物必然已蒸发成可燃气体,然后与气相的氧化剂进行燃烧反应,所以液体可燃物的燃烧仍是气相燃烧。油的燃烧也是如此,液体可燃物的燃烧较气体可燃物的燃烧多一个液体蒸发的过程。

固体可燃物的燃烧则较为复杂。一种是固体可燃物直接和气态氧化物燃烧反应,这就是燃烧的第二种基本形式——气固燃烧,比如,焦炭的燃烧就属于此类。其他一些固体可燃物则可能先发生相变,固体最终转化为气体参与燃烧,因此,此类固体可燃物燃烧仍然属于气体燃烧,比如,某些高能固体火箭燃料就是固体先升华为气体,再发生燃烧。

1.4 燃烧学理论基础

燃烧现象是物理过程与化学过程相互作用的结果,它涉及许多学科,如化学反应动力学、热力学、气体动力学、传热学、光谱学等。燃烧学的研究内容通常包括着火和熄火理论,预混气体的层流和湍流燃烧,液滴和煤粒燃烧,液雾、煤粉和流化床燃烧,高能推进剂燃烧,爆震燃烧,湍流两相燃烧的数学模型,以及燃烧的激光诊断等。

1.4.1 燃烧学的理论问题

由于燃烧现象的复杂性,燃烧学的主要内容长期以来一直缺乏理论上的系统性,这给学习和研究这门学科造成了很大的困扰。造成这一现象的主要原因是燃烧涉及的三个基本科学难题:湍流、相变和非均相化学反应,诸多复杂燃烧问题均与这三个难题相关。现代的理论科学表明,上述三个问题现今从理论上已经解决。

一方面,基于连续介质力学的流体力学基本方程 Navier-Stokes 方程完全可以完整地描述湍流过程,流体细节描述,包括湍流结构,在现代计算流体力学方法和超级计算机上是完全能够实现的;另一方面,基于工程技术应用的流体湍流计算方法也非常成熟,能够满足工程需要。相变发生在液体燃料蒸发燃烧和固体燃料升华燃烧过程中,现代分子力学对该类相变问题的科学阐述也已完备,分子模拟技术在分子水平上对蒸发和升华现象的数值模拟解决了相变的理论问题。

气固燃烧的非均相化学反应是困难最大的一个科学问题,从原则上讲,量子化学可以从根本上描述气固燃烧的物理化学过程。换言之,自然界任何气固界面的反应均可以运用量子化学予以数学描述,通过量子化学计算软件(如著名的Gaussian 软件)可以计算这个复杂过程。但是,现实存在的问题是,几乎所有的气固燃烧所涉及的固体燃料都具有非常复杂的分子结构,比如,煤、木材和火箭固体燃料等,这对实际量子化学计算产生了非常大的困扰,因此,技术工程应用受到限制。

综上所述,从理论意义上讲,燃烧科学所涉及的基础理论学科不存在悬而未决的理论问题,工程实际运用仍然存在某些困难而受到限制。

1.4.2   燃烧学基础学科构成

尽管燃烧学包含了许多颇有理论深度的学科,如湍流力学、多相流、气体动力学、非均相化学反应动力学,甚至涉及分子模拟和量子化学等,但是,从根本上看,燃烧科学可以视为多基础学科的组成(图 1.4)。

针对任何一个燃烧问题,即使面对一个简单的火苗时,都存在三个"量"的迁徙,即动量的传递、质量的传递和能量的传递。同时,如前所述,燃烧是伴有大量能量释放的化学反应过程,必然与化学热力学和化学动力学相关。因此,组成燃烧学的几个基础学科如下:

• 流体力学

无论是气体燃料燃烧、液体燃料燃烧还是固体燃料燃烧,总是存在气态物象。燃烧中的流体流动是燃烧基本现象之一。流体力学知识表明,流体流动的基本要素是动量传递,因此,流体力学成为燃烧学的基础学科就不难理解了。

• 传热学

燃烧的一个基本特征是释放热量,燃烧中产生的热能必然向外传递,热量传递过程是燃烧必有的过程。传热学是研究热量传递的科学,其中三种热量传递方式热传导、热对流和热辐射在燃烧中都存在。传热学成为燃烧学的基础学科是必然的。

· 传质学

燃烧是两种或两种以上气体化合物组分间的化学反应过程,燃烧场中的各气体组分在混合气体中的"迁徙"行为对燃烧过程有重要影响。传质学作为一门专门研究混合气体系统质量传递的科学,对燃烧学来说是不可或缺的。

· 化学热力学

化学热力学是热力学的一部分。燃烧过程是一个典型的热力学过程,燃烧过程中的能量度量、转化和物性参数变化都可以通过热力学视野进行描述,化学热力学是燃烧学的基本学科。

· 化学动力学

化学动力学是燃烧学的基础组成学科,化学动力学由化学反应动力学和化学反应机理两部分组成。化学反应动力学的核心是计算化学反应速率,燃烧的建立和发展过程基于化学反应速率变化之上,所以,化学反应动力学是燃烧学的重要基础学科。复杂化合物燃料燃烧的化学反应途径非常复杂,不同的化学反应途径决定了不同的燃烧效果和结果,化学反应机理分析被运用于复杂的燃烧化学反应途径确定和控制权重,在燃烧学中广泛涉及。

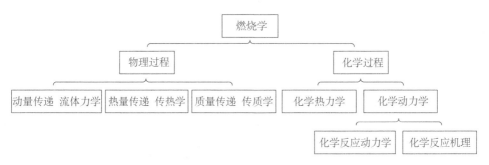

图 1.4 燃烧学的基础学科构成

上述五门基础学科构成了燃烧学的理论基础,燃烧学就是从这五个方向研究每一个燃烧问题,燃烧学本质上是一门多学科的交叉科学,或者说是多学科的集合体。

每一个燃烧问题都需要从上述五个学科出发,分析和解决燃烧中的相关问题,判定它们的控制因素,从而获得燃烧问题的原理。通俗地讲,化学热力学是解决能不能烧的问题,传热学、流体力学、传质学和化学动力学是解决怎么烧、烧的结果是什么的问题。

综上所述,在力学的范畴,燃烧是多物理化学过程,由传递过程和系统动力学过程组成;传递过程包含动量、热量和质量的传递;系统动力学包含化学热力学和化学动力学。

1.5   燃料

燃烧技术广泛应用于工业生产的众多领域,能够发生燃烧的可燃物未必都能够作为燃烧技术概念中的燃料,工业应用的燃料有一定的限制条件。

1.5.1   燃料的定义

燃烧时释放出大量的热量,该热量能经济而有效地用于现代工业生产或日常生活的所有物质统称燃料。上述定义适用于大多数的工业生产领域,例如,金属镁、铝等都能和氧气发生燃烧反应,但它们价格昂贵,不能大量用于热力发电等工业生产,因此,对于电力工业它们不能被视为燃料;但是,航天发动机中,它们有可能被作为燃料而运用。所以,燃料的定义因应用场合的不同而有所差别。

燃料广泛应用于工农业生产和人民生活,能通过化学反应释放出能量。能源生产所使用的燃料一般应具备如下条件:燃烧所释放出的热量必须满足生产工艺要求;蕴藏量丰富,成本低,使用方便;便于控制和调节燃烧过程;燃烧产物必须是对人、动植物、环境等友好无害的化学物质。

1.5.2   燃料的种类

燃料的种类很多,按物态可分为气体燃料、液体燃料和固体燃料三类;按来源可分为天然产品和加工产品两种。气体燃料主要有天然气以及二次能源的气体燃料,如高炉煤气、焦炉煤气、转炉煤气和发生炉煤气。液体燃料主要为碳氢化合物或其混合物,天然的有石油或原油,加工产品有由石油加工而得的汽油、煤油、柴油等。工业上应用最多的固体燃料是煤炭和焦炭。

工业用燃料分类见表1.1。

能源工业生产是燃料的最大消耗者,掌握和熟悉各种燃料的性质,合理使用燃料,科学组织燃烧过程,实现燃料的能量利用率最大化,并对环境友好,是燃烧技术的根本目的。常用燃料的特性主要包括以下两方面:(1)燃料的化学组成,必须分清哪些化合物是发热的,哪些化合物是有害的。(2)燃料的发热能力,这是评价燃料质量的重要指标。

表 1.1　燃料的一般分类表

燃料物态	来源	
	天然产品	加工产品
气体燃料	天然气	高炉煤气、焦炉煤气、发生炉煤气等
液体燃料	石油原油	焦油、重油、煤油、汽油等
固体燃料	木柴、煤、油页岩等	木炭、焦炭、粉煤

因此,燃料的主要技术指标是燃料成分分析和燃料发热量。

1.5.3　气体燃料

气体燃料是一种较理想的燃料,较之固体燃料与液体燃料具有更多优点。它燃烧简便,易于调节与控制,燃烧后无固体灰渣产生,对环境友好。其缺点是气体燃料储存、运输和使用安全性相对于液体燃料和固体燃料要差,存在爆炸危险。气体燃料可分为两类:天然气和人工煤气。

1) 天然气

天然气是一种由碳氢化合物、硫化氢、氮和二氧化碳等组成的混合气体。它是由地下井直接开采出来的可燃气体,是一种工业经济价值很高的气体燃料。依据产地的不同,其组分也有所不同。天然气可分为气田天然气和油田天然气两种,在不特别说明的情况下,天然气泛指气田天然气。

气田天然气主要成分为甲烷,含量可达 $80\%\sim98\%$,此外还有少量的可燃气体乙烷、丙烷等,它们含量约 $0.1\%\sim7.5\%$,硫化氢(约 1% 以内)、氮(约 5% 以内)和二氧化碳(约 1% 以内)等不可燃气体。气田天然气发热量高,热值达 $33\,500\sim37\,700$ kJ/Nm³,质量密度约 $0.73\sim0.80$ kg/Nm³。

油田天然气主要出产于油田附近。它是与石油伴生的,故除了主要含有甲烷外,还含有烷族重碳氢化合物。

2) 人工煤气

人工气体燃料通常是炼焦、炼铁工艺过程中的副产物,它的组分随各种工艺过程而异。一般而言,人工气体燃料中的不可燃组分较多,尤其是氮,可达 60% 左右。此外还有水蒸气、煤粒和灰粒等杂质。人工气体燃料有高炉煤气、炼焦炉煤气、水煤气、发生炉煤气、液化煤气、地下气化煤气以及其他煤炭气化的煤气等。各种人工煤气的主要特性见表 1.2。

表 1.2   人工煤气的成分和热值

人工煤气种类	炼焦炉煤气	发生炉煤气	高炉煤气	液化石油气 LPG	人工沼气
主要成分	N_2:46%~61% CH_4:21%~30%	CO:15%~30% H_2:10%~15% N_2:50%~56% CO_2:3%~6%	CO:25%~31% H_2:2%~3% N_2:55%~58% CO_2:9%~16%	C_3H_8、CH_4	CH_4:60% CO,H_2,H_2S
热值 /($\times10^3$kJ/Nm^3)	13.2~19.2	3.77~4.6	3.98~48.2	87.9~108.9	约 20.9

1.5.4   液体燃料

石油是唯一的天然液体燃料,它是一种黑褐色的黏稠液体。汽车和工业使用的液体燃料都是从石油炼制而得的各种石油产品。此外,利用化学方法从煤和油页岩中也可提取各种人造液体燃料。

1) 液体燃料种类

液体燃料按不同的沸点分类,分为最低沸点温度的汽油(沸点范围约 40~180 ℃)、重汽油(沸点范围约 120~230 ℃)、煤油(沸点约 150~300 ℃)、柴油(沸点范围约 200~350 ℃)和沸点高的重质油(重油)。

汽油主要成分为 C5~C12 脂肪烃和环烷烃类以及一定量芳香烃,汽油具有较高的辛烷值(抗爆震燃烧性能),并按辛烷值的高低分为 90 号、93 号、95 号、97号等牌号,主要用作汽车点燃式内燃机的燃料。

柴油是轻质石油产品,复杂烃类(碳原子数约 10~22)混合物,分为轻柴油(沸点范围约 180~370 ℃)和重柴油(沸点范围约 350~410 ℃)两大类,柴油按其凝固点高低区分等级,如轻柴油可分为 10 号、0 号、−10 号、−20 号、−35 号和−50 号六级,重柴油则分为 10 号、20 号、30 号三级,等级值就是它们的凝固点温度值。柴油是大型车辆、铁路机车、船舰内燃机的燃料。

重油是原油提取汽油、柴油后的剩余重质油,成分主要是碳氢化合物,另外含有部分的硫黄及微量的无机化合物,其特点是相对分子质量大、黏度高。重油的相对密度一般在 0.82~0.95,热值在 40 000~50 000 kJ/kg。重油按照其黏度的大小分成四个等级牌号:20、60、100 和 200 号,它的牌号是指它在 50 ℃时的恩氏黏度值。所以,重油输送时需将重油预热到30~60 ℃,重油雾化燃烧时必须预热到 80~110 ℃。

2) 液体燃料的理化性质

• 黏度

燃油的黏度是衡量燃油流动阻力的一项指标,黏度愈低,流动性能愈好。因此,黏度的大小对燃油的输送和雾化有着直接的影响。我国使用恩氏黏度,恩氏黏度是一种条件黏度,具体测定方法可参看国家标准《石油产品恩氏黏度测定法》(GB/T 266—1988)。恩氏黏度除在我国使用外,也为欧洲大部分国家所使用。此外还有美国使用的赛氏黏度、英国使用的雷氏黏度和俄罗斯使用的条件黏度。

燃油的黏度按下列油品顺序依次递增:汽油、煤油、柴油以及重油。

• 闪点和燃点

燃油加热到适当温度后,其中相对分子质量最轻、沸点最低的组分会蒸发汽化,此时若有火源接近,则已汽化的燃油蒸气就会着火燃烧,出现瞬间即灭的蓝色闪光,该时油温即称为油的闪点。闪点越高,着火危险性就越小。重油闪点较高,一般为 80~130 ℃,原油只有 30~60 ℃。

燃点指当燃油加热到此温度后,已汽化的油气遇到明火能着火持续燃烧不少于 5 s 的最低温度。显然,燃点要高于闪点,一般要高出 10~30 ℃或更多。

• 凝固点

凝固点是指当温度降低到某一值时,燃油变得很稠,以致使盛有燃油的器皿倾斜 45°时,其中燃油油面在一分钟内可保持不动。凝固点对寒冷地区来说是一项很重要的性能指标。油的凝固点与它的组成有关。重油凝固点一般在 16~36 ℃或更高,柴油则在 -35~20 ℃。

1.5.5 固体燃料

天然的固体燃料主要是煤,此外还有煤矸石和油页岩等。

1) 煤的种类

煤是埋藏在地下的生物质经数亿年地质演变而来,由于地层中的各种生物质的演变过程和年代的不同,形成煤的性质也有所不同。随着煤中所含的水分和挥发物不断减少,碳的含量不断增多,煤可分为泥煤、褐煤、烟煤和无烟煤四大类(图 1.5)。

(a) 褐煤　　　　　　　　(b) 烟煤　　　　　　　　(c) 无烟煤

图 1.5　不同煤种的外观图

• 泥煤

泥煤是最年轻的煤,碳化程度最浅,水分含量很高,因此,其发热量很低,又因为不便于运输,工业上使用价值不大,一般仅用作产地附近的民用燃料。

• 褐煤

褐煤是进一步地质碳化而形成的,其中已不再有木质素、纤维素和植物的残体。它的外观多呈褐色,少数呈褐黑色或黑色,故名褐煤。中国煤的分类草案规定,褐煤的可燃基挥发分大于 37%,一般均在 46%~55%,固定碳的含量不多,含有较多的灰分、水分等杂质,发热量较低,一般为 10 500~147 00 kJ/kg。褐煤用作民用燃料居多,也可作为气化原料和化工原料。

• 烟煤

烟煤是褐煤继续地质碳化形成的,烟煤外观呈黑色或暗黑色且发亮,机械强度较大,较褐煤坚实。烟煤挥发分较高,一般为 10%~45%,含碳量较褐煤为多,氢、氧含量较少。烟煤中水分为 4%~12%,灰分为 15%~20%,发热量较高,可达 21 000~29 400 kJ/kg。烟煤是固体燃料中优质的燃料,容易着火燃烧。烟煤也是化学工业的重要原料。

• 无烟煤

无烟煤是地质碳化程度最深的一种煤,其含碳量可高达 90% 以上,而挥发物只有 0~10%,含水分也少,约 1%。因含氢量少,发热量为 21 000~25 200 kJ/kg。无烟煤呈浅黑色而有光泽,结构紧密、均匀而坚硬,密度大,几乎全是由固定碳组成。无烟煤大多用作煤化工原料和动力燃料。

2) 其他固体燃料

煤矸石是采煤过程和洗煤过程中排放的固体废物,是在成煤过程中与煤层伴生的一种含碳量较低、比煤坚硬的黑灰色岩石(图 1.6),是碳质、泥质和砂质页岩的混合物,具有低发热值,含碳 20%~30%。煤矸石可与煤混烧发电,以及用于生产矸石水泥、混凝土的轻质骨料、耐火砖等建筑材料。

(a) 煤矸石   (b) 油页岩

图 1.6   煤矸石和油页岩

　　油页岩(又称油母页岩)是一种高灰分的含可燃有机质的沉积岩,是一种片状的含油岩石(图 1.6)。根据沉积环境,油页岩成因类型可以分成陆相、湖相和海相三种基本成因类型。它和煤的主要区别是灰分超过 40%,与碳质页岩的主要区别是含油率大于 3.5%。油页岩经低温干馏可以得到页岩油,页岩油类似原油,可以制成汽油、柴油或作为燃料油。

习题

1. 阐述燃烧的基本内涵,讨论燃烧科学和技术应用于哪些工业领域。

2. 何谓燃烧科学,燃烧科学包含哪些学科? 何谓燃烧技术,有哪些现代燃烧技术,应用于哪些工程技术领域?

3. 阐述燃烧科学与燃烧技术之间的关系。

4. 燃烧有哪些基本类型? 决定燃烧类型的因素是什么? 不同燃烧类型的过渡型燃烧是什么?

5. 说明燃烧只有气体燃烧和气固燃烧两种基本形式的理由。

6. 什么是燃烧技术的燃料? 列举几种清洁燃料。

7. 燃油是如何分类的? 它们的牌号是依据什么确定的?

8. 煤有几种类型? 作为燃料它们各自有什么特点?

9. 石油和煤都是化石燃料,讨论它们成为液体和固体的成因。

第 2 章　燃烧化学热力学基础

化学热力学(chemical thermodynamics)是研究化学变化的方向和限度,及其变化过程中伴随的能量相互转换所遵循规律的科学。化学热力学是一门宏观科学,研究方法是热力学状态函数,不涉及物质的微观结构。燃烧是一个能量转化的过程,化学热力学对燃烧能量转化作定性和定量的阐述;燃烧的化学反应包含了两种以上的分子物质参与其中,热力学是处理多种分子物质混合物热力学参数的有用工具。

本章讨论了化学热力学中对燃烧学非常重要的几个概念。首先,简要回顾了描述理想气体与理想气体混合物的基本参数的关系式,以及热力学第一定律。其次,阐述了焓的定义,以及反应热、热值和绝热燃烧温度等概念。最后,介绍了化学反应的反应当量比、燃烧空气量和燃烧烟气量的计算。

2.1　混合气体系统的热力学

热力学把所研究的对象称为系统,在系统以外与系统有互相影响的其他部分称为环境。与环境之间既有物质交换又有能量交换的系统称为开口系统;与环境之间只有能量交换而没有物质交换的系统称为封闭系统;与环境之间既没有物质交换也没有能量交换的系统称为孤立系统。

2.1.1　热力系统状态函数

系统的状态是系统的各种物理性质和化学性质的综合表现。系统的状态可以用压力、温度、体积、物质的量等宏观性质进行描述,当系统的这些性质都具有确定的数值时,系统就处于一定的状态,这些性质中有一个或几个发生变化,系统的状态也可能发生变化。在热力学中,把这些用来确定系统状态的物理量称为状态函数,主要有内能、焓、熵、吉布斯能等。它们具有下列特性:

- 状态函数是系统状态的单值函数,状态一经确定,状态函数就有唯一确定的数值,此数值与系统到达此状态前的历史无关。

• 系统的状态发生变化,状态函数的数值随之发生变化,变化的多少仅取决于系统的终态与始态,与所经历的途径无关。无论系统发生多么复杂的变化,只要系统恢复原态,则状态函数必定恢复原值,即状态函数经循环过程,其变化必定为零。

内能 u 和焓 h 与压力 p、温度 T 和体积 v 的关系式称为量热状态方程,即:

$$u = u(T, v) \text{ 和 } h = h(T, p) \tag{2.1}$$

其中量热的意义与能量有关,通过对式(2.1)微分得到 u 或 h 的微分变化,即:

$$\mathrm{d}u = \left(\frac{\partial u}{\partial T}\right)_v \mathrm{d}T + \left(\frac{\partial u}{\partial v}\right)_T \mathrm{d}v \qquad \mathrm{d}h = \left(\frac{\partial h}{\partial T}\right)_p \mathrm{d}T + \left(\frac{\partial h}{\partial p}\right)_T \mathrm{d}p \tag{2.2}$$

上式中对温度的偏微分分别为定容比热容 c_v 和定压比热容 c_p,即:

$$c_v \equiv \left(\frac{\partial u}{\partial T}\right)_v \text{ 和 } c_p \equiv \left(\frac{\partial h}{\partial T}\right)_p \tag{2.3}$$

燃烧问题的常用气体定压比热容见表 2.1。

表 2.1a 碳氢化合物定压比热容 c_p(压力 0.1 MPa) 单位:J/(mol·K)

温度 /K	甲烷 CH₄	乙烷 C₂H₆	丙烷 C₃H₈	丁烷 C₄H₁₀	正己烷 C₆H₁₄	正庚烷 C₇H₁₆	正辛烷 C₈H₁₈	正癸烷 C₁₀H₂₂
298	35.69	52.49	73.60	98.49	142.6*	165.2*	187.8*	233.1*
300	35.76	52.71	73.93	98.95	143.26*	165.98*	188.70*	234.18*
400	40.63	65.46	94.01	124.77	181.54	210.66	239.74	297.98*
500	46.63	77.94	112.59	148.66	217.28	252.09	286.81	356.43
600	52.74	89.19	128.70	169.28	248.11	287.44	326.77	405.85
700	58.60	99.14	142.67	187.02	274.05	317.15	360.24	446.43
800	64.08	107.94	154.77	202.38	296.23	342.25	388.28	479.90
900	69.14	115.71	165.35	215.73	315.06	363.59	411.71	508.36
1 000	73.75	122.55	174.60	227.36	331.37	381.58	431.37	531.79
1 100	77.92	128.55	182.67	237.48	345.18	397.06	448.52	551.87
1 200	81.68	133.80	189.74	246.27	357.31	410.45	463.17	569.44
1 300	85.07	138.39	195.85	253.93	368.19	422.58	476.98	585.76
1 400	88.11	142.40	201.21	260.58	376.56	435.14	489.53	598.31
1 500	90.86	145.90	205.89	266.40	389.11	443.50	497.90	610.86

(续表)

温度 /K	甲烷 CH_4	乙烷 C_2H_6	丙烷 C_3H_8	丁烷 C_4H_{10}	正己烷 C_6H_{14}	正庚烷 C_7H_{16}	正辛烷 C_8H_{18}	正癸烷 $C_{10}H_{22}$
1 600	93.33	148.98						
1 700	95.58	151.67						
1 800	97.63	154.04						
1 900	99.51	156.14						
2 000	101.24	158.00						
2 100	102.83	159.65						
2 200	104.31	161.12						
2 300	105.70	162.43						
2 400	107.00	163.61						
2 500	108.23	164.67						
2 600	109.39	165.63						
2 700	110.50	166.49						
2 800	111.56	167.28						
2 900	112.57	168.00						
3 000	113.55	168.65						

注:＊表示该物质的液态参数。

表 2.1b 碳氢氧化合物定压比热容 c_p（压力0.1 MPa） 单位：J/(mol·K)

温度/K	298	300	400	500	600	700	800	900	1 000	1 100
甲醇 CH_3OH	81.18＊	81.58＊	51.63	59.70	67.19	73.86	79.76	84.95	89.54	93.57
乙醇 C_2H_5OH	65.21＊	65.49＊	81.22	95.78	108.24	118.83	127.92	135.81	142.68	148.68
温度/K	1 200	1 300	1 400	1 500	1 750	2 000	2 250	2 500	2 750	3 000
甲醇 CH_3OH	97.12	100.24	102.98	105.40	110.2	113.8	116.5	118.6	120	121
乙醇 C_2H_5OH	153.92	158.49	162.50	166.01	173.0	178.2	182.0	184.9	187	189

注:＊表示该物质的液态参数。

对理想气体而言,对比热容的偏导数 $(\partial u/\partial v)_T$ 和对压力的偏导数 $(\partial h/\partial p)_T$ 为零。据此,将式(2.2)积分,并将式(2.3)代入式(2.2)积分得到的关系式,得到理想气体的量热状态方程:

$$u(T) - u_{ref} = \int_{T_{ref}}^{T} c_v \mathrm{d}T \text{ 和 } h(T) - h_{ref} = \int_{T_{ref}}^{T} c_p \mathrm{d}T \qquad (2.4)$$

式中,下标 ref 是参考状态,对于真实和理想气体,比热容 c_v 和 c_p 一般都是温度的函数,通过热力学数据库很容易得到给定温度范围内任意温度下的平均值 $\overline{c_p}$。

2.1.2 理想气体混合物

混合物的物质的量分数和质量分数是表征混合物组成的两个重要概念。考虑由组分 1 N_1、组分 2 N_2 等 n 个组分组成的多组分气体混合物,组分 i 的物质的量分数 x_i 定义为组分 i 的物质的量占系统总物质的量的百分数,即:

$$x_i \equiv \frac{N_i}{N_1 + N_2 + \cdots + N_n} = \frac{N_i}{\sum\limits_{j=1}^{n} N_j} \tag{2.5}$$

类似的,以 i 组分质量 m_i 可以定义组分的质量分数 Y_i,即组分 i 的质量占混合物总质量的百分数:

$$Y_i \equiv \frac{m_i}{m_1 + m_2 + \cdots + m_n} = \frac{m_i}{\sum\limits_{j=1}^{n} m_j} \tag{2.6}$$

注意到,根据定义显然有混合物各物质的量分数(或质量分数)之和为 1,即:

$$\sum_i x_i = 1 \text{ 和 } \sum_i Y_i = 1 \tag{2.7}$$

物质的量分数和质量分数之间可以通过组分的相对分子质量 MW_i 和混合物的相对分子质量 MW_{mix} 进行换算如下:

$$Y_i = x_i MW_i / MW_{\mathrm{mix}} \qquad x_i = Y_i MW_{\mathrm{mix}} / MW_i \tag{2.8}$$

反之,混合物的相对分子质量 MW_{mix} 可以通过各组分的相对分子质量 MW_i 和物质的量分数或者质量分数计算如下:

$$MW_{\mathrm{mix}} = \sum_i x_i MW_i \qquad MW_{\mathrm{mix}} = \frac{1}{\sum\limits_i (Y_i / MW_i)} \tag{2.9}$$

理想气体混合物的质量比(或物质的量比)可以简单地通过各组分的质量比(或物质的量比)的加权平均计算得到。例如,混合物的焓可以计算为:

$$h_{\mathrm{mix}} = \sum_i Y_i h_i \qquad \overline{h}_{\mathrm{mix}} = \sum_i x_i \overline{h}_i \tag{2.10}$$

其他常用的性质也可以按照类似的方式处理,包括内能 u 和 $\overline{u}$。应该注意的是,在理想气体假设下,纯组分的性质 u_i、h_i,以及混合物的上述性质 $\overline{u}_i$、$\overline{h}_i$ 与分压无关。混合物的熵也可以由各组分的熵加权平均计算：

$$s_{\text{mix}}(T,p) = \sum_i Y_i s_i(T,p_i) \qquad \overline{s}_{\text{mix}}(T,p) = \sum_i x_i \overline{s}_i(T,p_i) \qquad (2.11)$$

但单个组分的熵（s_i 或 $\overline{s}_i$）与该组分分压有关，如式（2.11），式中 i 组分的熵可以由标准状态下（$p_{\text{ref}} = p_0 = 0.1\ \text{MPa}$）的熵计算：

$$s_i(T,p_i) = s_i(T,p_{\text{ref}}) - \frac{R}{MW_i}\ln\frac{p_i}{p_{\text{ref}}}\ \text{或}\ \overline{s}_i(T,p_i) = \overline{s}_i(T,p_{\text{ref}}) - R\ln\frac{p_i}{p_{\text{ref}}}$$

$$(2.12)$$

燃烧过程中常见组分在标准状态下的摩尔比熵和比焓值可以在热力学数据库中获得。

2.1.3 气体输运系数

燃烧过程与气体的输运特性密切相关，气体的输运实质上就是气体分子的输运过程，气体分子输运的不同工作机理形成了气体的动量传递，或者是热量传递，或者是质量传递的效应。

牛顿黏性定律是流体力学的基础，在流体流层之间有速度差存在时，流层之间就有一定的剪切力，流速慢的流层对速度快的流层有相应的阻力。单位面积上剪切力与其速度梯度成正比，其比例系数是流体的动力黏性系数。流体黏性系数是分子运动输运一个重要的特性参数，分子运动与分子的热运动是不可分割的，所以，气体的温度对气体的黏性系数有很大的影响。

不同气体的分子运动具有差异性，温度对气体输运系数的黏性系数的影响作用也有所不同。在表 2.2a 中列出燃烧问题中常见的可燃气体（蒸气）在不同温度下的动力黏性系数。

表 2.2a　燃烧常见可燃气体的动力黏性系数 μ　　　单位：$10^{-6}\,\text{Pa}\cdot\text{s}$

温度/K	甲烷 CH_4	乙烷 C_2H_6	丙烷 C_3H_8	正丁烷 n-C_4H_{10}
300	13.497	12.507	11.242	13.249
400	16.784	15.695	14.144	17.085
500	19.731	18.542	16.736	20.554
600	22.444	21.156	19.112	23.727
700	24.979	23.595	21.329	26.671
800	27.371	25.897	23.420	29.436
1 000	31.818	30.177	27.308	34.561
1 200	35.926	34.122	30.892	39.282
1 400	39.780	37.815	34.245	43.694
1 600	43.437	41.310	37.417	47.856

（续表）

温度/K	正己烷 C_6H_{14}	正庚烷 C_7H_{16}	正辛烷 C_8H_{18}	正癸烷 $C_{10}H_{22}$
300	290.66 *	380.51 *	498.56 *	825.76 *
350	7.805 3	233.24 *	300.14 *	453.43 *
400	8.906 1	8.146	7.552 8	289.22 *
450	9.990 7	9.106 3	8.506 1	7.760 4
500	11.054	10.052	9.443 3	8.629 1

注：* 表示该物质的液态参数。

傅里叶导热定律是气体传热的基本形式。气体导热是由于物质系统内各处分子有强烈不等、杂乱的随机运动，形成热量（焓）的空间能量交换，使热量由高温处传向低温处。单位时间内单位面积上的传热量与温度梯度成正比，比例系数是导热系数。

与气体的动量传递中的输运系数和温度关系一样，气体热量传递中的输运系数也与温度密切相关。表 2.2b 是常用可燃气体的导热系数，它们在燃烧问题的计算中非常有用。表 2.3a 是空气热物性系数，表 2.3b 是常用可燃气体的热物性系数。

表2.2b 常用可燃气体的导热系数 λ 单位：$W \cdot (m \cdot K)^{-1}$

温度/K	甲烷 CH_4	乙烷 C_2H_6	丙烷 C_3H_8	正丁烷 $n-C_4H_{10}$
300	0.038 4	0.026 2	0.021 5	0.024 8
400	0.054 0	0.039 7	0.033 5	0.040 3
500	0.070 1	0.054 5	0.046 6	0.057 0
600	0.087 2	0.070 0	0.060 3	0.074 2
700	0.105 5	0.086 0	0.074 1	0.091 6
800	0.124 8	0.102 0	0.087 8	0.108 8
1 000	0.163 8	0.133 5	0.114 6	0.142 6
1 200	0.199 7	0.162 4	0.139 1	0.175 0
1 400	0.234 4	0.190 6	0.163 0	0.205 4
1 600	0.267 7	0.217 9	0.186 0	0.232 9

温度/K	正己烷 C_6H_{14}	正庚烷 C_7H_{16}	正辛烷 C_8H_{18}	正癸烷 $C_{10}H_{22}$
300	0.125 53 *	0.130 78 *	0.123 88 *	0.129 *
350	0.018	0.118 21 *	0.109 5 *	0.116 44 *
400	0.023 255	0.020 823	0.020 249	0.104 85 *
450	0.029 045	0.026 014	0.025 501	0.021 529
500	0.035 216	0.031 544	0.031 224	0.026 866

注：* 表示该物质的液态参数。

表2.3a   空气热物性系数

温度 T /K	密度 ρ /(kg·m^{-3})	定压比热容 c_p /[kJ·(kg·K)$^{-1}$]	黏性系数 μ /(×10^{-7} Pa·s)	导热系数 λ /[×10^{-3} W·(m·K)$^{-1}$]	Pr
100	3.556 2	1.032	71.1	9.34	0.786
150	2.336 4	1.012	103.4	13.8	0.758
200	1.745 8	1.007	132.5	18.1	0.737
250	1.394 7	1.006	159.6	22.3	0.720
300	1.161 4	1.007	184.6	26.3	0.707
350	0.990 0	1.009	208.2	30.0	0.700
400	0.871 1	1.014	230.1	33.8	0.690
450	0.774 0	1.021	250.7	37.3	0.686
500	0.696 4	1.030	270.1	40.7	0.684
550	0.632 9	1.040	288.4	43.9	0.683
600	0.580 4	1.051	305.8	46.9	0.685
650	0.535 6	1.063	322.5	49.7	0.690
700	0.497 5	1.075	338.8	52.4	0.695
750	0.464 3	1.087	354.6	54.9	0.702
800	0.435 4	1.099	369.8	57.3	0.709
850	0.409 7	1.110	384.3	59.6	0.716
900	0.386 8	1.121	398.1	62.0	0.720
950	0.366 6	1.131	411.3	64.3	0.723
1 000	0.348 2	1.141	424.4	66.7	0.726
1 100	0.316 6	1.159	449.0	71.5	0.728
1 200	0.290 2	1.175	473.0	76.3	0.728
1 300	0.267 9	1.189	496.0	82	0.719
1 400	0.248 8	1.207	530	91	0.703
1 500	0.232 2	1.230	557	100	0.685
1 600	0.217 7	1.248	584	106	0.688
1 700	0.204 9	1.267	611	113	0.685
1 800	0.193 5	1.286	637	120	0.683
1 900	0.183 3	1.307	663	128	0.677
2 000	0.174 1	1.337	689	137	0.672
2 100	0.165 8	1.372	715	147	0.667
2 200	0.158 2	1.417	740	160	0.655

表2.3b　常见气体热物性系数

温度 T/K	O_2					CO_2				
	密度 ρ /(kg·m⁻³)	定容比热容 c_v/[kJ· (kg·K)⁻¹]	定压比热容 c_p/[kJ· (kg·K)⁻¹]	黏性系数 μ /(×10⁻⁵ Pa·s)	导热系数 λ/[W· (m·K)⁻¹]	密度 ρ /(kg·m⁻³)	定容比热容 c_v/[kJ· (kg·K)⁻¹]	定压比热容 c_p/[kJ· (kg·K)⁻¹]	黏性系数 μ /(×10⁻⁵ Pa·s)	导热系数 λ/[W· (m·K)⁻¹]
300	1.283 7	0.658 73	0.919 87	2.06	0.026 657	1.773	0.659 32	0.852 53	1.50	0.016 791
350	1.099 9	0.668 31	0.929 05	2.32	0.030 672	1.516 7	0.707 43	0.899 03	1.74	0.020 924
400	0.962 17	0.681 16	0.941 65	2.57	0.034 689	1.325 7	0.750 99	0.941 73	1.97	0.025 143
450	0.855 16	0.696 08	0.956 41	2.81	0.038 718	1.177 6	0.790 17	0.980 41	2.19	0.029 346
500	0.769 59	0.711 93	0.972 15	3.04	0.042 75	1.059 4	0.825 52	1.015 4	2.40	0.033 491
550	0.699 59	0.727 82	0.987 96	3.26	0.046 764	0.962 83	0.857 55	1.047 2	2.60	0.037 562
600	0.641 28	0.743 17	1.003 3	3.47	0.050 738	0.882 42	0.886 68	1.076 2	2.80	0.041 554
650	0.591 94	0.757 63	1.017 7	3.67	0.054 655	0.814 44	0.913 25	1.102 7	2.99	0.045 466
700	0.549 65	0.771 03	1.031	3.86	0.058 499	0.756 19	0.937 52	1.126 9	3.17	0.049 296
750	0.513 01	0.783 32	1.043 3	4.05	0.062 26	0.705 72	0.959 69	1.149	3.34	0.053 044
800	0.480 95	0.794 53	1.054 5	4.23	0.065 932	0.661 58	0.979 97	1.169 2	3.51	0.056 71
850	0.452 66	0.804 71	1.064 7	4.41	0.069 512	0.622 64	0.998 51	1.187 7	3.67	0.060 295
900	0.427 51	0.813 95	1.073 9	4.58	0.072 997	0.588 03	1.015 5	1.204 6	3.83	0.063 799
950	0.405 01	0.822 32	1.082 2	4.75	0.076 388	0.557 07	1.031	1.220 1	3.98	0.067 224
1 000	0.384 76	0.829 93	1.089 8	4.91	0.079 685	0.529 21	1.045 2	1.234 3	4.13	0.070 571

（续表2.3b）

温度 T /K	H_2					CO				
	密度 ρ /(kg·m⁻³)	定容比热容 c_v/[kJ·(kg·K)⁻¹]	定压比热容 c_p/[kJ·(kg·K)⁻¹]	黏性系数 μ/(×10⁻⁵ Pa·s)	导热系数 λ/[W·(m·K)⁻¹]	密度 ρ /(kg·m⁻³)	定容比热容 c_v/[kJ·(kg·K)⁻¹]	定压比热容 c_p/[kJ·(kg·K)⁻¹]	黏性系数 μ/(×10⁻⁵ Pa·s)	导热系数 λ/[W·(m·K)⁻¹]
300	8.077 3	10.186	14.312	0.895	0.185 76	1.137	0.743 6	1.040 4	1.972	0.027 8
350	6.923 8	10.305	14.43	0.995	0.210 32	0.975	0.746 77	1.043 6	2.208	0.031 3
400	6.058 7	10.354	14.479	1.09	0.234 06	0.853	0.751 88	1.048 7	2.431	0.034 6
450	5.385 7	10.375	14.499	1.18	0.256 95	0.758	0.758 81	1.055 6	2.642	0.037 8
500	4.847 3	10.388	14.513	1.27	0.280 50	0.682	0.767 44	1.064 3	2.844	0.040 9
550	4.406 8	10.403	14.528	1.35	0.304 21	0.620	0.777 58	1.074 4	3.038	0.043 9
600	4.039 7	10.424	14.549	1.43	0.328 09	0.569	0.789 01	1.085 8	3.225	0.047 0
650	3.729 0	10.453	14.577	1.51	0.352 12	0.525	0.801 47	1.098 3	3.406	0.050 0
700	3.462 8	10.489	14.614	1.59	0.376 31	0.487	0.814 66	1.111 5	3.581	0.053 0
750	3.232 0	10.533	14.658	1.67	0.400 66	0.455	0.828 23	1.125 1	3.751	0.056 1
800	3.030 0	10.585	14.709	1.74	0.425 17	0.426	0.841 81	1.138 6	3.917	0.059 1
850	2.851 8	10.645	14.769	1.82	0.449 84	0.401	0.854 97	1.151 8	4.079	0.062 1
900	2.693 4	10.712	14.836	1.89	0.474 66	0.379	0.867 25	1.164 1	4.237	0.065 1
950	2.551 7	10.786	14.91	1.96	0.499 65	0.359	0.878 14	1.175	4.391	0.068 0
1 000	2.424 1	10.867	14.991	2.03	0.524 80	0.341	0.887 11	1.183 9	4.543	0.070 8

（续表2.3b）

温度 T/K	H_2O					N_2				
	密度 ρ /(kg·m⁻³)	定容比热容 c_v/[kJ·(kg·K)⁻¹]	定压比热容 c_p/[kJ·(kg·K)⁻¹]	黏性系数 μ/(×10⁻⁵ Pa·s)	导热系数 λ/[W·(m·K)⁻¹]	密度 ρ /(kg·m⁻³)	定容比热容 c_v/[kJ·(kg·K)⁻¹]	定压比热容 c_p/[kJ·(kg·K)⁻¹]	黏性系数 μ/(×10⁻⁵ Pa·s)	导热系数 λ/[W·(m·K)⁻¹]
300	996.56*	4.130 2*	4.180 6*	85.4*	0.610 32*	1.123 3	0.743 16	1.041 3	1.79	0.025 858
350	973.73*	3.889 4*	4.194 5*	36.9*	0.668 03*	0.962 52	0.744 53	1.042 3	2.01	0.029 106
400	0.547 61	1.508 2	2.007 8	1.33	0.027 008	0.842 08	0.747 46	1.045	2.22	0.032 205
450	0.484 58	1.494 3	1.975 2	1.52	0.031 168	0.748 45	0.752 33	1.049 7	2.42	0.035 205
500	0.435 14	1.508 2	1.981 3	1.73	0.035 861	0.673 58	0.759 21	1.056 4	2.61	0.038 143
550	0.395 07	1.531 9	2.001	1.93	0.040 953	0.612 33	0.767 91	1.065	2.79	0.041 042
600	0.361 85	1.56	2.026 8	2.14	0.046 367	0.561 3	0.778 07	1.075 1	2.96	0.043 917
650	0.333 84	1.590 3	2.055 7	2.35	0.052 049	0.518 12	0.789 26	1.086 3	3.13	0.046 771
700	0.309 88	1.622 2	2.086 7	2.56	0.057 964	0.481 12	0.801 1	1.098 1	3.29	0.049 605
750	0.289 15	1.655 3	2.119 1	2.76	0.064 083	0.449 05	0.813 22	1.110 2	3.44	0.052 414
800	0.271 02	1.689 2	2.152 5	2.97	0.070 385	0.420 99	0.825 35	1.122 3	3.59	0.055 197
850	0.255 04	1.723 8	2.186 8	3.17	0.076 851	0.396 23	0.837 28	1.134 2	3.74	0.057 949
900	0.240 85	1.758 9	2.221 6	3.37	0.083 466	0.374 22	0.848 84	1.145 7	3.88	0.060 666
950	0.228 15	1.795 8	2.258 7	3.57	0.090 215	0.354 53	0.859 94	1.156 8	4.02	0.063 347
1 000	0.216 73	1.831 3	2.294 1	3.76	0.097 085	0.336 81	0.870 52	1.167 4	4.16	0.065 991

注：* 表示该物质的液态参数。

2.2   燃烧反应系统热力学第一定律

2.2.1   闭口系统

热力学第一定律所依据的基本原理是能量守恒。图 2.1(a)为闭口系统,它的质量和体积不变,其能量守恒可以采用从状态 1 到状态 2 的变化:

$$Q_{1-2} - W_{1-2} = \Delta E_{1-2} \tag{2.13}$$

式中,Q_{1-2} 是从状态 1 变化到状态 2 时加入系统的热量;W_{1-2} 是从状态 1 变化到状态 2 时系统对外界所做的功;ΔE_{1-2} 是从状态 1 变化到状态 2 时系统内总能量的变化。其中 Q_{1-2}、W_{1-2} 只是发生在系统边界处的过程函数,$\Delta E_{1-2}(\equiv E_2 - E_1)$ 是系统总能量的变化,系统总能量是内能、动能和势能之和,即:

$$E = m\left(u + \frac{1}{2}V^2 + gz\right) \tag{2.14}$$

式中,u 是单位质量的系统内能;$\frac{1}{2}V^2$ 是单位质量的系统动能;gz 是单位质量的系统势能。

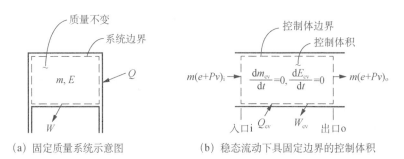

(a) 固定质量系统示意图   (b) 稳态流动下具固定边界的控制体积

图 2.1   热力学能量系统示意图

由于系统能量是一个状态变量,因此 ΔE 与状态变化所经历的过程无关。式(2.13)可以换算为以单位质量为基础的方程:

$$q_{1-2} - w_{1-2} = e_2 - e_1 \tag{2.15}$$

或者可以表达为某个瞬时的方程:

$$Q''_{1-2} - W''_{1-2} = dE/dt \tag{2.16}$$

式中，Q''_{1-2} 是加入系统的瞬时传热速率；W''_{1-2} 是系统或能量对外的瞬时做功速率；dE/dt 是系统能量的瞬时变化速率。同理上式可以表达为：

$$q''_{1-2} - w''_{1-2} = de/dt \tag{2.17}$$

方程中的小写字母表示单位质量的量，例如 $e \equiv E/m$。

2.2.2　开口系统

开口系统考虑如图 2.1(b)所示的控制体积，流体可以稳定地流进或流出控制体积的边界。稳态流动形式下的热力学第一定律在燃烧研究中很常见，这里给予简要介绍。稳态流动形式下的热力学第一定律可以表达为：

$$Q_{cv} - W_{cv} = me_o - me_i + m(p_o v_o - p_i v_i) \tag{2.18}$$

式中，下标 i 和 o 分别表示流进和流出；m 是质量流率；Q_{cv} 是外界通过控制表面向控制体积的传热速率；W_{cv} 是包括轴功在内的控制体积总的做功速率（不包括流动功）；me_o 是流出控制体积的能量流率；me_i 是流进控制体积的能量流率；$m(p_o v_o - p_i v_i)$ 是流体穿过控制表面时与压力有关的净做功速率（流动功）。在将方程(2.18)改写成其他更有用的形式之前，给出方程隐含的假设：

- 控制体积相对于坐标系固定。该假设可以不考虑移动边界处功之间的相互作用，同时也无须考虑控制体积本身动能和势能的变化。
- 控制体积内或控制表面上的每一点处的流体性质不随时间变化。因此，可以将所有过程视为稳态。
- 出口和入口截面上流体性质均匀。因此对出口流和入口流可以采用截面相似，而无须在其截面上进行积分。
- 只有一个出口和一个入口。该假设主要使最终结果在形式上比较简单，而且这种结果也可以很容易地推广到多出口和多入口的情况。

入口和出口流动中的比能量 e 由比内能、比动能和比势能组成，即：

$$e = u + \frac{1}{2}V^2 + gz \tag{2.19}$$

式中，V 和 z 分别为穿过控制表面时流动的速率和高度；e 是单位质量的总能量。

式(2.18)中与流动功有关的压力比热容的乘积项可以与式(2.19)中的比内能组合，从而得到一个非常有用的性质——焓，即：

$$h \equiv u + pv = u + p/\rho \tag{2.20}$$

联立式(2.19)～(2.20),整理后得到控制体积内的能量守恒的最终表达式:

$$Q_{cv} - W_{cv} = m\left[(h_o - h_i) + \frac{1}{2}(V_o^2 - V_i^2) + g(z_o - z_i)\right] \tag{2.21}$$

将式(2.21)两边同时除以质量流率 m,基于单位质量形式的第一定律为:

$$q_{cv} - w_{cv} = (h_o - h_i) + \frac{1}{2}(V_o^2 - V_i^2) + g(z_o - z_i) \tag{2.22}$$

式(2.21)～(2.22)是能量守恒方程的一个形式,针对不同问题,可以对其进行简化讨论。

2.3 化学反应热与燃料热值

发生化学反应时总是伴随着能量变化,燃烧放热就是这种能量转换的过程。在等温非体积功为零的条件下,封闭体系中发生某化学反应,系统与环境之间所交换的能量称为该化学反应的反应热 q_r,表示化学反应热效应关系的方程称为热化学方程式。

2.3.1 热化学方程式与反应热

热化学方程式与一般意义的化学方程式含义相同,只是书写方面略有不同。热化学方程式的书写规则为:注明反应的压力及温度,如果反应在标准状态(298.15 K 和 0.1 MPa)下进行,则习惯上可不注明,反应热以上标"0"标注 q_r^0;要注明反应物和生成物的相态,分别用 s、l 和 g 代表固态、液态和气态。

反应热 q_r^0 与热化学方程式的书写形式有关,同一化学反应写成不同化学当量系数时,反应放热量的数值是不同的。

例如: $2H_2(g) + O_2(g) \longrightarrow 2H_2O(g)$ $q_r^0 = -483.6 \text{ kJ/mol}$

$H_2 + \frac{1}{2}O_2(g) \longrightarrow H_2O(g)$ $q_r^0 = -241.8 \text{ kJ/mol}$

在相同温度和压力下,正逆反应的 q_r^0 数值相等,符号相反。例如:

$H_2O(g) \longrightarrow H_2 + \frac{1}{2}O_2(g)$ $q_r^0 = +241.8 \text{ kJ/mol}$

热化学方程式表示一个 1 mol 反应物已经完成的反应。例如,对于上面第

二个 H_2 和 O_2 的反应,该热化学方程式表明:在 298.15 K 和 0.1 MPa 标准条件下,1 mol $H_2(g)$ 与 1/2 mol $O_2(g)$ 完全反应生成 1 mol $H_2O(g)$ 时,放出 241.8 kJ 的热量。

下面从热力学角度讨论反应热 q_r。

将化学反应关系视为一个热力系统,不难看出,反应热 q_r 是 2.2 节分析的热力系统对外传输热量和边界对外做功之和 $q_{1-2} - w_{1-2}$ 或 $q_{cv} - w_{cv}$。因此,化学反应热计算可直接运用相关结果。同理,化学反应过程可分为闭口系统和开口系统,在忽略了动能和势能的条件下,闭口系统反应热 q_r 为系统的内能变化 Δu,开口系统反应热 q_r 为系统的焓变化 Δh。

针对燃烧问题而言,开口系统燃烧化学反应被视为系统压力不变的过程,称之为等压反应,大多数的火焰燃烧被近似认为是等压反应过程;闭口系统燃烧化学反应的系统体积不变,即等容反应,在燃烧现象中,爆震(爆炸)是最接近等容反应过程的,通常被近似视为等容燃烧过程。

2.3.2　Hess 定律

1840 年,瑞士籍俄罗斯科学家 G.H.Hess 根据大量实验事实总结出一条规律:一个化学反应不论是一步完成或是分几步完成,其热效应总是相同的。这就是 Hess 定律,它只对等容反应或等压反应才是完全正确的。

对于包含了 n 步过程化学反应的总体反应热 q_r:

$$等压反应有:q_r = \sum_{i=1}^{n} (\Delta h)_i \tag{2.23}$$

$$等容反应有:q_r = \sum_{i=1}^{n} (\Delta u)_i \tag{2.24}$$

式中,Δh 和 Δu 是状态函数的改变量,它们只决定于系统的始态和终态,与反应的途径无关。因此,只要化学反应的始态和终态确定了,反应热 q_r 便是定值,与反应进行的途径无关。

Hess 定律的本质是热力学第一定律在化学过程的表述,它的重要意义在于能使热化学方程式像普通代数方程式一样进行运算,从而可以根据一些已经准确测定的反应热效应来计算另一些很难测定或不能直接用实验测定的反应的热效应,在例 2.1 中会看到这样的运用。

2.3.3　燃烧反应热和燃料热值

在标准状态或指定温度下,1 mol 的某物质等压过程完全燃烧,化学反应生成稳定产物时释放的热量,称为此温度下该物质的标准摩尔燃烧反应热 h_r^0,简称为标准燃烧反应热。这里"完全燃烧"是指燃烧产物稳定时不能再继续燃烧,即燃烧化学反应停止,不再释放反应热量。

由燃烧反应热的定义可知,它等于在标准状态下一般化学反应中的开口系统等压反应热 q_r,由于燃烧学研究的对象大部分是火焰(如前所述,火焰燃烧被近似视为等压反应过程),习惯上,燃烧反应热以焓的形式标记为 h_r^0。本教材未涉及爆震(爆炸)燃烧问题,所以,后面均以燃烧反应热 h_r^0 代替反应热 q_r 运用和计算。

1) 由已知的热化学方程式计算燃烧反应热

利用 Hess 定律,很容易从已知的热化学方程式算出它的反应热。Hess 定律是"热化学方程式的代数加减法"。"同类项"(即物质和它的状态均相同)可以合并、消去,移项后要改变相应物质的化学当量系数符号。若运算中反应式要乘以系数,则反应热 h_r^0 也要乘以相应的化学反应当量系数。

【例 2.1】 碳和氧气生成一氧化碳燃烧反应的燃烧反应热 h_r^0 不能由实验直接测得,因为燃烧过程不可避免地会进一步反应生成二氧化碳。

已知:(1) $C(s) + O_2(g) \longrightarrow CO_2(g)$ $h_{r,1}^0 = -393.509 \text{ kJ/mol}$

(2) $CO(g) + \dfrac{1}{2}O_2(g) \longrightarrow CO_2(g)$ $h_{r,2}^0 = -282.984 \text{ kJ/mol}$

求反应(3) $C(s) + \dfrac{1}{2}O_2(g) \longrightarrow CO(g)$ 的 $h_{r,3}^0$。

解:利用 Hess 定律有:反应(1)—反应(2)得反应(3):$C(s) + \dfrac{1}{2}O_2(g) = CO(g)$,故 $h_{r,3}^0 = h_{r,1}^0 - h_{r,2}^0 = -393.509 - (-282.984) = -110.525(\text{kJ/mol})$。

2) 由标准摩尔生成焓计算燃烧反应热

热力学中规定,在指定温度下,由稳定单质生成 1 mol 物质时的焓差称为该物质的摩尔生成焓,用符号 h_f 表示。如果生成物质的反应是在标准状态下进行,这时的生成焓称为该物质的标准摩尔生成焓,简称为标准生成焓,记为 h_f^0,其常用单位为 J/mol、kJ/mol 或 J/kmol。

一种物质的标准生成焓并不是这种物质的焓的绝对值,它是相对于合成它的最稳定的单质的相对焓值。标准生成焓的定义实际上已经规定了稳定单质在指定温度下的标准生成焓为零。需要说明的是,与燃烧相关的碳的稳定单质指定是石墨而不是金刚石。

表 2.4 列出了一些可燃气体物质在 298.15 K 时的标准摩尔生成焓。

表 2.4 燃烧常用化合物标准状态生成焓(298 K, 0.1 MPa)

化合物	分子式	相态	生成焓/ $(\text{kJ} \cdot \text{mol}^{-1})$	化合物	分子式	相态	生成焓/ $(\text{kJ} \cdot \text{mol}^{-1})$
氢气	H_2	气	0	正丁烷	C_4H_{10}	气	-124.72
一氧化碳	CO	气	-110.54	异丁烷	C_4H_{10}	气	-131.58
二氧化碳	CO_2	气	-393.305	正戊烷	C_5H_{12}	气	-146.44
甲烷	CH_4	气	-74.89	1-戊烯	C_5H_{10}	气	-20.92
乙炔	C_2H_2	气	226.90	正戊烷	C_5H_{12}	气	-124.73
乙烯	C_2H_4	气	52.55	正己烷	C_6H_{14}	气	-167.92
苯	C_6H_6	气	82.93	正庚烷	C_7H_{16}	气	-187.81
苯	C_6H_6	液	49.04	丙烯	C_3H_6	气	20.29
正辛烷	C_8H_{18}	液	-249.95	甲醛	CH_2O	气	-115.90
正辛烷	C_8H_{18}	气	-208.45	乙醛	C_2H_4O	气	-166.36
氧化钙	CaO	晶	-635.13	甲醇	CH_3OH	液	-238.57
碳酸钙	$CaCO_3$	晶	-211.27	乙醇	C_2H_6O	液	-277.65
氧	O_2	气	0	甲酸	CH_2O_2	液	-409.19
氮	N_2	气	0	乙酸	$C_2H_4O_2$	液	-487.02
碳(石墨)	C	晶	0	醋酸(乙酸)	$C_2H_4O_2$	固	-826.76
碳(金刚石)	C	晶	1.88	四氯化碳	CCl_4	液	-139.32
水	H_2O	气	-241.83	氨基乙酸	$C_2H_5O_2N$	固	-528.56
水	H_2O	液	-285.85	氨	NH_3	气	-46.02
乙烷	C_2H_6	气	-84.68	溴化氢	HBr	气	-35.98
丙烷	C_3H_8	气	-103.85	碘化氢	HI	气	25.14

根据生成焓的概念并结合 Hess 定律,等压燃烧反应热 h_r^0 与燃烧反应中物质的生成焓关系为:

$$h_r^0 = \sum_{i=1}^{K} (\beta_i h_f^0)_{\text{生成物}} - \sum_{i=1}^{L} (\beta_i h_f^0)_{\text{反应物}} \tag{2.25}$$

上式表示一个燃烧反应系统的反应热 h_r^0 等于燃烧系统中 K 种生成物的生成焓之和减去 L 种反应物的生成焓之和。其中 K 是生成物组分的总数,L 是反应物组分的总数,β_i 是 i 组分在燃烧热反应方程式中的反应当量系数。

在指定温度或标准状态下,化学反应的热效应等于同温度下参加反应的各物质的标准摩尔生成热与其化学计量数乘积的总和。只要写出燃烧热反应方程式并知道参加反应的各种物质标准摩尔生成热,就可以利用式(2.25)计算出反应的等压燃烧反应热。

利用参加反应的各种物质的标准生成焓,可以方便地计算出反应在标准状态下的等压燃烧反应热。

【例 2.2】 由标准生成焓计算氢气燃烧标准反应热。燃烧反应如下:

$$2H_2(g) + O_2(g) \longrightarrow 2H_2O(g)$$

各物质的标准生成焓数据如下:

$$h^0_{f,H_2(g)} = 0 \ kJ/mol, h^0_{f,O_2(g)} = 0 \ kJ/mol, h^0_{f,H_2O(g)} = -241.83 \ kJ/mol$$

解:按式(2.25),用各物质的标准生成焓数据求出反应的燃烧热:

$$h^0_r = \sum_{i=1}^{K} (\beta_i h^0_f)_{生成物} - \sum_{i=1}^{L} (\beta_i h^0_f)_{反应物}$$
$$= 2 \times (-241.83) - (2 \times 0 + 1 \times 0)$$
$$= -483.66 \ (kJ/mol)$$

3) 燃料热值

在燃烧技术计算中,常用燃料热值 Δh_c 概念,即燃料燃烧释放热量。Δh_c 在数值上等于燃烧反应热,但符号相反。

对于产物中有 H_2O 存在的燃烧反应,有所谓"高位热值 HHV"和"低位热值 LHV"的定义和区分。高位热值 HHV 是假设产物中的水全部凝结为液体时计算得到的燃烧热,这种情形下,所放出的能量最大,因此用"高位"来表示。低位热值 LHV 对应产物中的水不会发生凝结放热的情况。

以 H_2 与 O_2 在标准状态燃烧反应生成气相 $H_2O(g)$ 为例:$H_2(g) + \frac{1}{2}O_2(g) \longrightarrow H_2O(g)$,燃料热值 Δh_c 等于燃烧反应热 $h^0_{r,H_2O(g)} = -241.83$ kJ/mol。 如反应生成液态 $H_2O(l)$:$H_2(g) + \frac{1}{2}O_2(g) \longrightarrow H_2O(l)$,则燃料热值 Δh_c 等于燃烧反应热 $h^0_{r,H_2O(g)} = -285.85$ kJ/mol。 前者是低位发热量,后者是高位发热量,两者相差 H_2O 的汽化潜热。

表 2.5 中给出了各种碳氢燃料在标准状态下的燃烧热值。

表 2.5　各种碳氢化合物在标准状态下的燃烧参数

分子式	名称	相对分子质量/(g·mol^{-1})	HHV/(kJ·kg^{-1})	LHV/(kJ·kg^{-1})	分子式	名称	相对分子质量/(g·mol^{-1})	HHV/(kJ·kg^{-1})	LHV/(kJ·kg^{-1})
CH_4	甲烷	16.043	55 528	50 016	C_7H_{14}	1-庚烯	98.188	47 817	44 665
C_2H_2	乙炔	26.038	49 923	48 225	C_7H_{16}	正庚烷	100.203	48 456	44 926
C_2H_4	乙烯	28.054	50 313	47 161	C_8H_{16}	1-辛烯	112.214	47 712	44 560
C_2H_6	乙烷	30.069	51 901	47 489	C_8H_{18}	正辛烷	114.230	48 275	44 791
C_3H_6	丙烯	42.080	48 936	45 784	C_9H_{18}	1-壬烯	126.241	47 631	44 478
C_3H_8	丙烷	44.096	50 368	46 357	C_9H_{20}	正壬烷	128.257	48 134	44 686
C_4H_8	1-丁烯	51.107	48 471	45 319	$C_{10}H_{20}$	1-癸烯	140.268	47 565	44 413
C_4H_{10}	正丁烷	58.123	49 546	45 742	$C_{10}H_{22}$	正癸烷	142.284	48 020	44 602
C_5H_{10}	1-戊烯	70.134	48 152	45 000	$C_{11}H_{22}$	1-十一烯	154.295	47 512	44 360
C_5H_{12}	正戊烷	72.150	49 032	45 355	$C_{11}H_{24}$	正十一烷	156.311	47 926	44 532
C_6H_6	苯	78.113	42 277	40 579	$C_{12}H_{24}$	1-十二烯	168.322	47 468	44 316
C_6H_{12}	1-己烯	84.161	47 955	44 803	$C_{12}H_{26}$	正十二烷	170.337	47 841	44 467
C_6H_{14}	正己烷	86.177	48 696	45 105					

2.4　绝热燃烧温度

绝热燃烧温度指燃烧过程发生在绝热热力学系统,燃烧化学反应完成后,热力系统所处的最终稳定温度。

根据 Hess 定律,燃烧的热力学过程不同,系统的最终稳定温度也不同。因此可以定义两个绝热燃烧温度,分别是定压燃烧和定容燃烧两种情况。

2.4.1　定压绝热燃烧温度

燃烧发生在绝热条件和等压过程,根据式(2.25),等压燃烧的燃烧反应热是反应物生成焓与燃烧产物生成焓之和。绝热条件下,燃烧反应热被用于加热燃烧产物,整体温度最终升至一个稳定温度,该温度称为定压绝热燃烧温度。所以,燃烧反应热等于燃烧产物温升的焓增量。

绝热燃烧系统的总能量不发生变化,燃烧前状态的能量应等于燃烧后状态的能量,如果考虑到燃烧产物的生成焓与温升焓增值之和是燃烧产物的绝对焓,则在初始状态下(一般为标准状态)反应物的生成焓等于终止状态(如 $T = T_{ad}$,$p = 0.1$ MPa)产物的绝对焓,可以得到:

$$h^0_{f,\text{reac}}(T_i,p) = h_{\text{prod}}(T_{\text{ad}},p) \tag{2.26}$$

的表达式,如图2.2所示。式(2.26)与定压绝热火焰温度的定义完全一致,只是表述的角度不同而已,式(2.26)更便于计算。

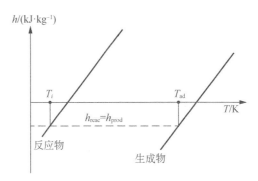

图2.2　在 h-T 坐标上定压绝热火焰温度示意图

绝热火焰温度在概念上非常简单,但其计算则需要知道燃烧产物的组成。在实际的火焰温度下,火焰温度通常在几千开尔文,产物会发生离解,因此产物的组成十分复杂。下面的例子中,对燃烧产物混合物组成以及焓的计算作了粗略的假设,从而说明了定压绝热火焰的概念。由于产物的平衡组分取决于温度和压力,因此利用理想气体定律、合适的量热状态方程[例如 $h=h(T,p)=h(T)$,后者只是对理想气体成立],代入式(2.26)就可以直接求出 T_{ad}。

【例2.3】　计算甲烷空气混合物当量燃烧时的定压绝热火焰温度。压力为0.1 MPa,反应物初始温度为298 K。

解:甲烷空气混合物当量燃烧热化学反应方程式为:

$$CH_4 + 2(O_2 + 3.76N_2) \longrightarrow CO_2 + 2H_2O + 7.52N_2$$

其中各反应物的当量系数 $\beta_{CO_2}=1, \beta_{H_2O}=2, \beta_{N_2}=7.52$。

气体标准生成焓 h^0_f 由表2.4查得:CH_4:$-74\ 890$,CO_2:$-393\ 305$,H_2O:$-241\ 830$,N_2:0,O_2:0(单位:kJ/kmol)。假设生成物的焓以$(T_i+T_{\text{ad}})/2 \approx 1\ 200$ K下的平均定压比热容来计算,从表2.3查表并转换单位得到:$\bar{c}_{pj,CO_2} = 56.21$ kJ/(kmol·K),$\bar{c}_{pj,H_2O} = 43.87$ kJ/(kmol·K),$\bar{c}_{pj,N_2} = 33.71$ kJ/(kmol·K)。

因此,燃烧产物混合气体绝对焓:

$$\begin{aligned}
h_{\text{prod}} &= \sum_{\text{prod}} \beta_i h_i = \sum_{\text{prod}} \beta_i [h^0_{f,i} + \bar{c}_{p,i}(T_{\text{ad}} - T_{\text{ref}})] \\
&= 1 \times [-393\ 305 + 56.21 \times (T_{\text{ad}} - 298)] + 2 \times [-241\ 830 + \\
&\quad 43.87 \times (T_{\text{ad}} - 298)] + 7.52 \times [0 + 33.71 \times (T_{\text{ad}} - 298)]
\end{aligned}$$

反应物的生成焓：$h_f^0 = \sum\limits_{reac} h_{f,i}^0 = 1 \times (-74\ 890) + 2 \times (0 + 3.76 \times 0) = -74\ 890$ (kJ/kmol)

运用等压绝热燃烧温度式(2.26)，将 h_{prod} 和 h_f^0 相等并求 T_{ad} 得到：$T_{ad} = 2\ 316$ K。

在上述例题中对燃烧产物焓计算中近似取 1 200 K 的比热容值作为计算值。如果采用精确计算比热容，即：$\bar{h}_i = \bar{h}_{f,i}^\circ + \int_{298}^{T} \bar{c}_{p,i} dT$。得到的结果是 $T_{ad} = 2\ 328$ K。 因此，简化分析方法对于大多数气体火焰燃烧其误差是可以接受的。

一些常见碳氢化合物的等压绝热燃烧温度见表 2.6。

表 2.6 常用碳氢化合物等压燃烧绝热温度 T_{ad} (298 K, 0.1 MPa)

名称	分子式	T_{ad}/K	名称	分子式	T_{ad}/K	名称	分子式	T_{ad}/K
甲烷	CH_4	2 226	正戊烷	C_5H_{12}	2 272	1-壬烯	C_9H_{18}	2 300
乙炔	C_2H_2	2 539	苯	C_6H_6	2 342	正壬烷	C_9H_{20}	2 276
乙烯	C_2H_4	2 369	1-己烯	C_6H_{12}	2 308	1-癸烯	$C_{10}H_{20}$	2 298
乙烷	C_2H_6	2 259	正己烷	C_6H_{14}	2 273	正癸烷	$C_{10}H_{22}$	2 277
丙烯	C_3H_6	2 334	1-庚烯	C_7H_{14}	2 305	1-十一烯	$C_{11}H_{22}$	2 296
丙烷	C_3H_8	2 267	正庚烷	C_7H_{16}	2 274	正十一烷	$C_{11}H_{24}$	2 277
1-丁烯	C_4H_8	2 322	1-辛烯	C_8H_{16}	2 302	1-十二烯	$C_{12}H_{24}$	2 295
正丁烷	C_4H_{10}	2 270	正辛烷	C_8H_{18}	2 275	正十二烷	$C_{12}H_{26}$	2 277
1-戊烯	C_5H_{10}	2 314						

2.4.2 定容绝热燃烧温度

考察定容绝热火焰温度，根据 Hess 定律，燃烧反应热由式(2.24)确定，与等压绝热燃烧温度的定义相似，定容绝热燃烧温度定义式为：

$$u_{f,reac}^0(T_0, p_0) = u_{prod}(T_{ad}, p_f) \tag{2.27}$$

式中，u 是混合物的内能，上、下标的意义与等压状态一致。式(2.27)的图示和表示定压绝热火焰温度的图 2.2 相似，只是将图 2.2 中纵坐标用内能 u 代替焓 h，这里不再给出。由于大多数热力学数据表只提供 h 而不是 u，因此有必要将式(2.27)改写成下述形式：

$$h_{f,reac}^0 - h_{prod} = v(p_0 - p_f) \tag{2.28}$$

利用理想气体状态方程消去 pv 项，

$$p_0 v = N_{reac} R_u T_0 \qquad p_f v = N_{prod} R_u T_{ad} \qquad (2.29)$$

因而有：

$$h^0_{f,reac} - h_{prod} - R_u (N_{reac} T_0 - N_{prod} T_{ad}) = 0 \qquad (2.30)$$

上式是计算等容绝热燃烧温度的基本公式。它较式(2.26)多出一项,计算等压绝热燃烧温度时用同样方法可以计算出 T_{ad}。

【例2.4】 采用例2.3中同样的假设,估算化学当量条件下甲烷空气混合物燃烧时的定容绝热燃烧温度,压力为 0.1 MPa,反应物初始温度为 $T_i = 298$ K。

解：例2.3中的产物组成和性质在本例中同样成立。但注意到计算 $c_{p,i}$ 值的温度应采用比 1 200 K 高一些的温度,因为定容绝热火焰温度 T_{ad} 要比定压绝热火焰温度高。但在本例中,仍然采用上例中的温度值进行计算。

根据方程(2.30) $h^0_{f,reac} - h_{prod} = R_u (N_{reac} T_0 - N_{prod} T_{ad})$

反应物生成焓： $h^0_f = \sum_{reac} h^0_{f,i} = 1 \times (-74\ 890) = -74\ 890$ (kJ/kmol)

燃烧产物绝对焓： $h_{prod} = [-393\ 305 + 56.21 \times (T_{ad} - 298)]$
$$+ 2 \times [-241\ 830 + 43.87 \times (T_{ad} - 298)]$$
$$+ 7.52 \times [33.71 \times (T_{ad} - 298)]$$
$$= -995\ 405 + 397.45 T_{ad} (kJ/kmol)$$

反应物的摩尔计量： $N_{reac} = 1 + 2 \times 4.76 = 10.52$, $N_{prod} = 10.52$

代入方程得：
$$-74\ 890 + 995\ 405 - 397.45 T_{ad} = 8.315 \times (10.52 \times 298 - 10.52 T_{ad})$$

求解 T_{ad} 得到： $T_{ad} = 2\ 886$ K

如果初始条件相同,定容绝热燃烧产生的温度比定压绝热燃烧产生的温度要高,这是因为容积固定时,压力对外不做功。根据上述例题的计算,可以得到最终压力 $p_f = p_0 \left(\dfrac{T_{ad}}{T_0} \right) = 0.969$ MPa。

2.5 燃烧反应质量平衡计算

2.5.1 化学反应当量比 Φ

化学反应(燃烧)的氧化剂和燃料在当量化学反应情况下的完全燃烧,称之为当量燃烧。如果供给的氧化剂小于其当量时，则称此混合物燃烧为贫燃；相反，当所供给的氧化剂量大于当量时，则称此混合物燃烧为富燃。

当燃烧处于当量完全燃烧化学反应时，可以通过写出氧化剂（或空气）与燃料的质量平衡，确定燃烧反应产物。如碳氢燃料 C_xH_y，其化学当量关系可以表示为：

$$C_xH_y + a(O_2 + 3.76N_2) \longrightarrow xCO_2 + (y/2)H_2O + 3.76aN_2 \quad (2.31)$$

式中
$$a = x + y/4 \quad (2.32)$$

一般情况下，空气的组成为体积百分比为 21% 的氧气和体积百分比为 79% 的氮气，也即空气中有 1 mol 的氧气就有 3.76 mol 的氮气。因此，在化学当量条件下，空气与燃料比可以定义为：

$$(A/F)_{stoic} \equiv \left(\frac{m_{air}}{m_{fuel}}\right)_{stoic} = \frac{4.76 \cdot a}{1}\frac{MW_{air}}{MW_{fuel}} = 4.76 \times a \times \frac{MW_{air}}{MW_{fuel}} \quad (2.33)$$

式中，MW_{air} 和 MW_{fuel} 分别为空气和燃料的相对分子质量。

表 2.7 给出了甲烷和固体碳在化学当量时的空-燃比，同时还给出了氢气在纯氧中燃烧时的氧-燃比。从表中可以看出，这些反应系统的氧化剂质量比燃料质量大许多倍。

表 2.7　298 K 时甲烷、氢气和固体碳的燃烧特性

	燃料热值 $\Delta h_c/(kJ \cdot kg^{-1})$	$(A/F)_{stoic}/(kg \cdot kg^{-1})$	T_{ad}/K
CH_4+空气	55 528	17.11	2 226
H_2-O_2	142 919	8.0	3 079
C(s)+空气	32 794	11.4	2 301

通常采用当量比 Φ 来定量地表示燃料氧化剂混合物是富氧、贫氧燃烧状态，还是化学当量状态下的燃烧。当量比的定义是：

$$\Phi = \frac{(A/F)_{stoic}}{(A/F)} = \frac{(F/A)}{(F/A)_{stoic}} \quad (2.34)$$

由上述定义，$\Phi > 1$，贫氧燃烧；$\Phi < 1$，富氧燃烧；$\Phi = 1$，化学当量燃烧。在许多实际燃烧应用中，当量比是确定系统燃烧性能最重要的因素。

【例 2.5】　一个天然气（甲烷）工业锅炉正常工作时，其燃烧烟气中氧气物质的量分数为 3%，确定锅炉正常工作时的空-燃比和当量比。

解：已知：$x_{O_2} = 0.03$，$MW_{fuel} = 16.4$ kg/kmol，$MW_{air} = 28.85$ kg/kmol，求：(A/F) 和 Φ。

写出甲烷燃烧的总反应方程,利用给定的氧气的物质的量分数来计算空-燃比。

$$CH_4 + a(O_2 + 3.76N_2) \longrightarrow CO_2 + 2H_2O + bO_2 + 3.76aN_2$$

其中的 a 和 b 可以通过 O 原子守恒关联起来,有:$2a = 2 + 2 + 2b$ 或 $b = a - 2$。

根据物质的量分数的定义式(2.5),有:$x_{O_2} = \dfrac{N_{O_2}}{N_{mix}} = \dfrac{b}{1 + 2 + b + 3.76a} = \dfrac{b}{1 + 4.76a}$

将氧气的物质的量分数代入上式,得到:$a = 2.368$

通常,基于质量的空-燃比可以表示为:$(A/F) = \dfrac{N_{air}}{N_{fuel}} \times \dfrac{MW_{air}}{MW_{fuel}}$,所以有:

$$(A/F) = \frac{4.76a}{1} \times \frac{MW_{air}}{MW_{fuel}} = \frac{4.76 \times 2.368 \times 28.85}{16.04} = 20.3$$

为求得 Φ,需要先求出 $(A/F)_{stoic}$,根据式(2.33)有 $a = 2$。因此 $(A/F)_{stoic} = \dfrac{4.76 \times 2 \times 28.85}{16.04} = 17.1$

利用 Φ 的定义,即方程(2.34),有 $\Phi = \dfrac{(A/F)_{stoic}}{(A/F)} = \dfrac{17.1}{20.3} = 0.84$

2.5.2　燃烧反应的空气量和烟气量

当以一定燃料量进行燃烧时,燃烧所需的氧化剂量(或空气量)和燃烧产生的烟气量的求解,是燃烧技术的基本计算。此类计算本质上是化学反应的质量平衡计算,包括了当量燃烧和非当量燃烧状态。

现在分析碳氢燃料 C_xH_y 的燃烧空气量和烟气量的计算过程,碳氢燃料的燃烧反应仍然由式(2.31)~(2.32)描述,分别考虑 $\Phi = 1$ 和 $\Phi < 1$ 的燃烧情况。

1) 当量燃烧 $\Phi = 1$

由反应式(2.31),$1\ Nm^3$ 碳氢燃料 C_xH_y 在空气中燃烧,a 由式(2.32)确定。

故所需氧气量:$a\ (Nm^3/Nm^3$ 燃料),

所需空气量:$a \times (1 + 3.76)\ (Nm^3/Nm^3$ 燃料),

产生烟气量:$x + \dfrac{y}{2} + 3.76 \times a\ (Nm^3/Nm^3$ 燃料)。

2) 富氧燃烧 $\Phi < 1$

在此状态下,空气中的部分氧气将不发生燃烧化学反应,考虑当量比 Φ 的定义式(2.34),可以确定参与空气量:$a \times (1+3.76) \times \dfrac{1}{\varPhi}$ $(Nm^3/Nm^3$ 燃料)

不发生燃烧化学反应部分多余的空气量:$\Delta A = A - A_{\text{stoic}} = \dfrac{1}{\varPhi} A_{\text{stoic}} - A_{\text{stoic}} =$ $\left(\dfrac{1}{\varPhi} - 1\right) A_{\text{stoic}}$。

式中 A_{stoic} 是 $\varPhi = 1$ 当量燃烧所需空气量,如前计算所示,A 为实际空气量;此部分过剩空气量加上当量燃烧时产生的烟气量,即为过氧燃烧状态下产生的烟气量。因此产生烟气量为:

$$\left(x + \dfrac{y}{2} + 3.76 \times a\right) + \left(\dfrac{1}{\varPhi} - 1\right) \times a \times (1+3.76) \ (Nm^3/Nm^3 \text{燃料})$$

有几点需要说明:首先,实际工程中绝大多数燃烧是富氧燃烧,贫氧燃烧的计算在此就不再详述,计算方法相同;其次,固体燃料和液体燃料的燃烧计算,较上述气体燃料燃烧更为复杂,但是,计算的基本原则是一样的。

习题

1. 气体混合物由下列气体组成:$CO = 0.08$ mol,$CO_2 = 7$ mol,$H_2O = 6$ mol,$N_2 = 33$ mol,$SO_2 = 0.005$ mol,$NO = 0.001$ mol。

　(1) 计算混合物各个气体组分的物质的量分数;

　(2) 计算混合物摩尔质量;

　(3) 计算混合物各个气体组分的质量分数。

2. 什么是焓?非定压过程是否有焓变?并解释原因。

3. 已知 $C(s) + O_2(g) \longrightarrow CO_2(g)$,$h_f^0 = -393$ kJ/mol;

　$H_2(g) + 1/2 O_2(g) \longrightarrow H_2O(l)$,$h_f^0 = -283$ kJ/mol;

　$CH_4(g) + 2O_2(g) \longrightarrow CO_2(g) + 2H_2O(2)$,$h_f^0 = -890$ kJ/mol;

　求反应:$C(s) + 2H_2(g) \longrightarrow CH_4(g)$ 的反应热 h_f^0。

4. 在一量热计中燃烧 0.20 mol 的 $H_2(g)$ 生成 $H_2O(l)$,使量热计温度升高 0.88 K,当 0.010 mol 甲苯在此量热计中燃烧时,量热计温度升高 0.615 K,甲苯的燃烧反应为

$$C_7H_8(l) + 9O_2(g) \longrightarrow 7CO_2(g) + 4H_2O(l)$$

　求该反应的 h_r^0。

5. 何谓燃烧绝热温度? 热力学状态变化过程对燃烧绝热温度有何影响?

6. 数学推导证明等压绝热燃烧温度的计算表达式(2.26)。

7. 估算化学计量条件下氢气-空气混合物燃烧时的定压绝热燃烧温度。压力为 0.1 MPa,反应物初始温度为 298 K。

8. 估算化学计量条件下氢气-空气混合物燃烧时的定容绝热燃烧温度。压力为 0.1 MPa,反应物初始温度为 298 K。

9. 甲烷-空气当量燃烧情况下,计算:(1) 混合摩尔质量;(2) 空气-燃气比(质量比)。

10. 丙烷-空气燃烧,空气-燃气比(质量比)为 18∶1,求其燃烧当量比 Φ。

11. 计算乙烷-空气混合物燃烧的需要空气量和产生烟气量,燃烧当量比分别为: (1) $\Phi=1$,(2) $\Phi=0.8$。

第3章　燃烧传质学基础

燃烧现象中的一个重要物理环节是质量传递(传质)。同时,传质作为许多化学工程中的一个基本问题,经常呈现非常复杂的态势,涉及气、液、固多相态过程,因此,传质学是由一个完整系统的理论体系和诸多专题所组成,内容广泛而系统的专门学科。本章除了对传质学基本概念和基础理论进行介绍外,主要针对燃烧中的气相传质、液体蒸发传质等问题做了全面的讲解。更多传质学的内容,例如液体溶液和液固间传质问题,本书并未涉及。本章所讨论的传质现象均指与燃烧相关性的气相传质和气-液、气-固表面的相间传质。

3.1　传质学基本概述

质量传递在物理学范畴即为质量的迁徙,质量迁徙有多种方式,其发生的原因和"推动力"各不相同。传质学阐述的对象有其具体界定,并非所有的质量迁徙都在传质学的学科描述范围之内。

3.1.1　传质的定义

首先,看一个生活实例,如果在房间中央放置一瓶打开的香水瓶,在香水瓶附近很快就会闻到香水的气味,随后就会在整个房间都闻到香水的芬芳,这是香水分子从高浓度区域迁徙到远离瓶盖的低浓度区域,这一过程就呈现出质量迁徙的现象。这个过程就是传质学的问题。

必须强调说明的是,香水分子的迁徙是在空气的氧气分子和氮气分子的背景下进行的,如在房间中原本已经完全充满香水分子,而不存在空气的氧气分子和氮气分子,瓶中香水分子向房间空间迁徙过程则不属于传质学研究的范围,而是一个流体力学问题。

由此可见,传质学的研究对象是混合气体或混合液体中某个组分分子或微团的迁徙。

质量传递(传质)是指在两种或两种以上分子(或微团)组成的混合系统中,某些形式的势(或推动力)所引起的分子(或微团)的运动。

传质的"推动力"在不同的系统之中是不同的,具备相当的复杂性,这也是传质问题至今仍然存在许多难题的原因所在。一般而言,无生命的系统的传质"推动力"主要由浓度势、温度势、压力势、化学势等充当。生命系统的传质远比无生命系统复杂,除了无生命系统的那些"推动力",在生命系统中还可能出现一些特殊的传质现象。

3.1.2　传质的形式

气体分子传质存在分子扩散、对流传质和湍流扩散三种形式,对于分子团簇的扩散有所谓的混合扩散。本节下面所阐述的传质问题只包括气体传质,并不涉及液体溶液内和液固间的液体传质问题。

1) 分子扩散

分子扩散是指在浓度差或其他推动力的作用下,由于分子、原子等的热运动所引起的物质在空间的迁移现象,是质量传递的一种基本方式,是以浓度差为推动力的扩散,即物质组分从高浓度区向低浓度区的迁移,是自然界和工程上最普遍的扩散现象。

分子扩散的推动力有多种,形成了分子扩散的多种相应形式。浓度梯度引起的分子扩散为最一般的普通分子扩散传质;以温度梯度为推动力的扩散称为热扩散;压力梯度引起的分子扩散称为压力扩散;除重力以外的其他外力,如电场力、磁场力等作用下发生的分子(离子)扩散,则称为强制扩散。

分子扩散的机理和方法将在后面章节详细阐述。

2) 对流传质

对流传质通常指运动气体与固体壁面或液体表面间的质量传递,是相际传质的基础。其过程既包括由气体位移所产生的对流作用,同时也包括流体分子间的扩散作用。这种分子扩散和对流扩散的总作用称为对流传质。

对流传质问题对应于传热学的对流传热问题,它们都是研究固体近壁面处(或液体表面处)气体的传递物理特性,前者关联了质量的传递,后者则是关乎热量的传递。因此,传热学的知识基础对理解对流传质非常有益。类似于传热学对流传热的强迫对流传热、自然对流传热、湍流传热和相间传热,传质学对流传质同样存在四种传质的形式:强迫对流传质、自然对流传质、湍流传质和相间传质,它们的物理过程和特性与传热学对流传热非常类似,因此,描述和研究方法亦基本相同。

3）湍流扩散

与热量传递和动量传递类似，质量输运可以通过分子运动（如理想气体中分子的碰撞）进行，也可以通过湍流现象进行输运。分子输运过程相对较慢，且是在较小的空间尺度上进行的。而湍流输运则取决于涡的速度和大小，这些湍流涡携带物质形成输运。

湍流扩散是指湍流运动导致混合气体的某组分与其他组分的混合。湍流是大量分子组成的湍涡的宏观运动，湍流扩散也属于宏观运动范畴，有别于大量单个分子微观迁移构成的分子扩散。在湍流流体中湍流扩散能力远比分子扩散强，一般来说，不必考虑分子扩散作用。

4）混合扩散

气体中的分子团簇扩散呈现气溶胶运动特性，因此，气溶胶动力学能够很好地描述此类传质过程。大多数的燃烧火焰都会产生碳氢化合物的分子团簇，即所谓的燃烧微粒（soot）。燃烧微粒的形成机理太过复杂，目前尚不清楚具体机理，因此，燃烧微粒的形成和传质是至今尚未解决的难题。

3.1.3 燃烧相关传质问题

燃烧是燃料、气相氧化剂和燃烧产物组成的多组分气体化学反应体系，组分间的分子扩散传质是燃烧的基本现象，研究燃烧问题时无法回避气体间传质过程。

在燃烧的最普遍形式——火焰燃烧中，火焰中伴随着不同气体间的化学反应，可燃气体、氧气和反应产物气体相互混合和渗透。假设一个稳定、安静的燃烧火苗，如果它的气体流动从流体力学方面分类属于层流流动，那么，此类燃烧火焰称之为层流火焰。在这样的层流火焰中，由于燃烧化学反应的出现，火焰内部的不同气体的浓度分布将有所不同，燃烧反应强烈的地方，燃气和氧气浓度低一些，燃烧产生烟气浓度高一些，燃气、氧气和烟气必然交叉渗透，这种由于不同气体浓度差异造成的不同气体相互质量传递，从传质学角度来看，就是分子扩散传质的过程。

相对于层流火焰，如果提高火焰气流的速度，使气体流动呈现湍流状态，这种火焰称之为湍流火焰。湍流火焰的不同气体物质的相互质量传递明显较层流火焰复杂，除了各气体浓度差造成不同气体的分子扩散型传质，显然，流体湍流的强烈涡流结构也将有效地混合燃气、氧气和烟气，这种气体间的质量传递称为湍流扩散。在高度湍动的湍流火焰里，涡流扩散的效应是非常大的。所以，在湍流火焰中存在所谓的自由湍流的涡流扩散传质过程，也就是上节所述的湍流扩散。

液体燃料和固体燃料的燃烧传质问题与气体燃料燃烧的有所不同,存在两个其他类型的传质过程。分析液体和固体燃料在液体表面或固体壁面燃烧的细节,在这个区域有所谓的边界层效应,液体或固体物质通过相间面的边界层与氧气发生燃烧反应,各种气体的混合运动所呈现的质量传递正是对流传质。

实际液体燃料和固体燃料在工程燃烧应用中,液体和固体将被制备成很小的液滴和颗粒,然后再燃烧形成工业火焰。补充说明一点,几乎所有的工业火焰都是湍流火焰。当液滴和颗粒足够小时,液滴、颗粒和湍流气体形成了湍流多相流,这里发生的质量传递问题极为复杂,也就是燃烧中存在的多相流传质问题。

3.2　分子扩散

分子扩散是燃烧火焰的主要物理过程之一,无论是何种燃烧,只要出现火焰,那么,必然存在分子扩散形式的传质。本节讨论的分子扩散是指气体混合物中的物质依靠分子运动从高浓度转移到低浓度的过程,分子扩散在静止或呈层流流动的流体中进行。

3.2.1　分子扩散基本概念

气体分子扩散的理论描述将涉及一些基本的参数,其中浓度的概念同第 2 章中相关内容相似,扩散速度和质量通量则是传质学的重要参数。

1) 浓度分数

• 质量分数:用 Y_A 表示,其意义与 2.1.2 节所定义的质量分数式(2.6)相同。以 A、B 二组分混合物为例,有:

$$Y_A = \frac{m_A}{m_A + m_B} \tag{3.1a}$$

• 物质的量分数:用 x_A 表示,同理,x_A 与物质的量分数式(2.5)意义相同。以 A、B 二组分混合物为例,则:

$$x_A = \frac{N_A}{N_A + N_B} \tag{3.1b}$$

2) 分子扩散速度

在多组分气体混合物系统中,各组分气体的分子通常以不同的速度运动,这种气体分子的运动即为分子扩散过程。为了度量这种分子扩散传质,定义了 n 种气体分子混合物的 i 组分的分子扩散速度:

$$V = \frac{\sum\limits_{i=1}^{n} m_i V_i}{\sum\limits_{i=1}^{n} m_i} = \frac{\sum\limits_{i=1}^{n} m_i V_i}{m} \tag{3.2}$$

式中,V 是气体混合物的整体速度,也是流体力学速度;V_i 即为 i 种气体组分的速度。按照上述定义,混合气体的整体流动速度等于混合气体中各气体组分速度的加权平均值。

组分 i 的分子扩散速度是指相对于整体平均速度的运动速度:$V_i - V$,这个分子扩散速度是分子扩散另一个表达形式,i 组分的分子扩散传质是 i 组分扩散速度 $V_i - V$ 运动的结果,扩散速度是 i 组分净运动的速度,代表了 i 组分在分子扩散中的净传质量。

3) 质量通量与分子扩散通量

"质量通量"是指在单位面积上,单位时间内所通过的 A 物质的质量,简称通量:

$$m''_A = m_A / A_s \tag{3.3}$$

式中,m_A 是 A 物质质量流量,kg/s;A_s 是传质截面积,m²。m''_A 的单位是 kg/(m²·s)。质量通量的概念类似于"热通量",即单位面积上传热的速率,$Q'' = Q/A_s$。 通量单位由相应的浓度和扩散速度的单位决定,可以是质量通量 kg/(m²·s)或物质的量通量 mol/(m²·s)等。

分子扩散通量指多组分混合气体中,A 物质由于分子扩散效应所引发质量传递的质量通量。如果是由浓度势引发的,则质量传递发生在与浓度梯度垂直的不同面之间,方向与浓度梯度方向相反。

在讨论分子扩散速度 $V_i - V$ 时,已经表明,分子扩散速度 $V_i - V$ 是分子扩散的一个重要度量参数。那么,根据一般质量流量的计算定义,质量流量是质量密度和质量运动速度的乘积。按照质量通量的定义,分子扩散通量可以由某物质的质量密度乘以分子扩散速度而计算。因此,A 组分分子扩散质量通量可以表达为:

$$m''_A = \rho_A (V_A - V) \tag{3.4}$$

其单位同式(3.3)。式(3.4)可以理解为分子扩散通量的定义式。

3.2.2　分子扩散基本定律

1855 年德国人 A.E.Fick 提出描述分子扩散规律的基本定律——Fick 第一定律,它是描述分子扩散传质速率的基本关系式。

Fick 第一定律阐述如下:在组分 A 和 B 的混合物中,组分 A 的扩散速率(也称扩散通量),即单位时间内组分 A 通过垂直于浓度梯度的 x 方向的单位截面扩散的物质质量为:

$$m''_A = -\rho D_{AB} \frac{dY_A}{dx} \tag{3.5}$$

式中,m''_A 是 A 的分子扩散通量,kg/(m²·s);D_{AB} 是 A 气体相对于 B 气体的扩散系数,m²/s,常见双组分气体扩散系数见表 3.1;"—"号表示 A 物质的传质方向是 A 物质的气体浓度梯度的反方向,即从高浓度分子区域传递到低浓度区域。式(3.5)是 Fick 第一定律数学表达式。

表 3.1　常见双元气体扩散系数(293 K,0.1 MPa)

气体对	D /(×10⁻⁴ m²·s⁻¹)	气体对	D /(×10⁻⁴ m²·s⁻¹)	气体对	D /(×10⁻⁴ m²·s⁻¹)	气体对	D /(×10⁻⁴ m²·s⁻¹)
N_2—He	0.71	H_2—C_4H_{10}	0.38	CO_2—CO	0.14	空气—O_2	0.18
N_2—Ar	0.20	H_2—O_2	0.81	CO_2—C_2H_4	0.15	空气—CO_2	0.14
N_2—H_2	0.78	H_2—CO	0.75	CO_2—CH_4	0.15	空气—CS_2	0.10
N_2—O_2	0.22	H_2—CO_2	0.65	CO_2—H_2O	0.19	空气—$C_4H_{10}O$	0.08
N_2—CO	0.22	H_2—CH_4	0.73	CO_2—C_3H_8	0.09	空气—CH_3OH	0.11
N_2—CO_2	0.16	H_2—C_2H_4	0.60	CO_2—CH_3OH	0.09	空气—C_6H_6	0.77
N_2—H_2O	0.24	H_2—C_2H_8	0.54	CO_2—C_6H_6	0.06	空气—$C_{10}H_{22}$	0.86
N_2—C_2H_4	0.16	H_2—H_2O	0.90	N_2—$C_{10}H_{22}$	0.84	空气—C_2H_6O	1.02
N_2—C_2H_6	0.15	H_2—Br_2	0.58	N_2—$C_{12}H_{26}$	0.81	空气—C_8H_{18}	0.505
N_2—C_4H_{10}	0.10	H_2—C_6H_6	0.34	N_2—C_6H_{14}	0.757	空气—C_7H_8	0.88
CO_2—O_2	0.18	H_2—空气	0.63	N_2—C_8H_{18}	0.71	空气—H_2O	2.2
H_2O—CH_4	0.28	O_2—C_6H_8	0.07	N_2—C_8H_{18}	0.705		
H_2O—C_2H_4	0.20	O_2—CO	0.21	N_2—C_7H_{14}	0.684		
H_2O—O_2	0.27	CO—C_2H_4	0.13				

【例 3.1】　有一管道内充满了氮(N_2)-氦(He)混合气体,其温度为 300 K,总压力为 10^5 Pa,一端氮气的分压力为 $0.6×10^5$ Pa,另一端为 $0.1×10^5$ Pa,两端相距 30 cm,已知扩散系数 $D_{N_2-He}=0.687×10^{-4}$ m²/s,试计算稳态下氮的分子扩散质量通量。

解：此题为稳定状态下分子扩散传质问题，故扩散质量通量 m_A'' 为不变量。可对分子扩散方程式（3.5）直接积分：$\int_{Z_1}^{Z_2} m_A'' \, dz = -D_{N2-He} \int_{Y_{a1}}^{Y_{a2}} d\rho Y_A$ 得：

$$m_A'' = \frac{D_{N2-He}(\rho Y_{A2} - \rho Y_{A1})}{Z_2 - Z_1} \ 。$$

由热力学可知，对于理想气体 $p = \dfrac{R_u}{MW}\rho T$，根据道尔顿分压定律，气体组分分压力 $x_A = \dfrac{p_A}{p}$；

管子一端的混合气体平均分子量：$MW_{mix} = x_{N2} MW_{N2} + x_{He} MW_{He} = 0.6 \times 28 + (1 - 0.6) \times 4 = 18.4$ kg/kmol，混合气体密度：$\rho = \dfrac{p}{(R_u/MW_{mix})T} = \dfrac{10^5}{(8\,314/18.4) \times 300} = 0.737\,7$ kg/m³，氮气质量分数：$Y_{N2} = x_{N2} MW_{N2}/MW_{mix} = 0.6 \times 28/18.4 = 0.913$

同理计算，管子另一端的混合气体平均分子量 6.4 kg/kmol，混合气体密度 $\rho = 0.256\,6$ kg/m³，氮气质量分数 $Y_{N2} = 0.437\,5$

代入上式：

$$m_A'' = \frac{D_{N2-He}(\rho Y_{A2} - \rho Y_{A1})}{Z_2 - Z_1}$$

$$= \frac{0.687 \times 10^{-4} \times (0.737\,7 \times 0.913 - 0.256\,6 \times 0.437\,5)}{(0.3 - 0)}$$

$$= 1.285 \times 10^{-4} \ \text{kg/(m}^2 \cdot \text{s)}$$

对于气体 A 和 B 的双组分分子扩散系统（如图 3.1 所示的相互扩散实验），开始分隔开的两个气室，分别有温度和压力相同的组分 A 和组分 B，在保持温度、压力热力学参数不变的条件下，瞬间去除气室的中间隔板，气体 A 和气体 B 将分别向对方气室扩散，左气室的 A 分子扩散到右气室留出的空间，应由右气室扩散至左气室的 B 分子占据，同理，右气室的 A 和 B 分子交换空间。瞬间的分子扩散时两侧气室里的气体分子密度将和扩散前一样，基本保持不变。由此可知，从左到右通过隔板截面的 A 分子数量等于从右到左通过隔板截面的 B 分子数量。所以，可以得到两个重要的结论：

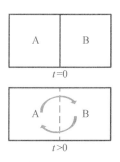

图 3.1　瞬间分子扩散示意图

（1）双组分系统总传质的扩散通量为 0，即所谓分子扩散系统的"零和效应"：

$$m''_A + m''_B = 0 \tag{3.6}$$

这个结论可以推广到 n 组分系统，即：

$$\sum_{i=1}^{n} m''_i = 0 \tag{3.7}$$

（2）对于气体二组分系统的相互扩散，将上述扩散"零和效应"的式(3.6)和 Fick 第一定律式(3.5)结合运用，扩散系数间存在以下关系：

$$D_{AB} = D_{BA} \tag{3.8}$$

上述两个结论对于分子扩散传质方程的理论推导具有重要作用，相关内容可参阅有关传质学教材。

3.2.3　分子扩散的分子运动论

为了进一步理解这种宏观质量扩散和分子扩散 Fick 第一定律，本节将从气体分子运动理论的角度来阐述这种物理现象。

考虑一个最简单的分子扩散问题，静止的 A、B 双组分气体薄层，气体分子为刚性球体，分子之间无吸引力，两种分子的质量基本相等，如图 3.2 所示。假设在气体薄层的 x 方向存在一个足够小的浓度梯度，可以认为在几个分子平均自由程 λ 范围内，这种组分浓度基本呈线性分布。在上述假设基础上，根据分子动力学理论，给出下列分子运动参数定义：

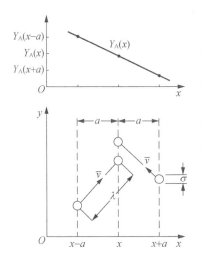

图 3.2　A 组分分子从高浓度区域向低浓度区域扩散的示意图
（最上面的图为质量分数的分布情况）

- $\overline{V} \equiv$ A 组分分子的平均速度 $\left(\dfrac{8k_B T}{\pi m_A}\right)^{1/2}$

- $Z_A \equiv$ 单位面积上 A 组分分子与平面碰撞的频率 $\dfrac{1}{4}\left(\dfrac{n_A}{V}\right)\overline{V}$

- $\lambda \equiv$ 分子平均自由程 $\dfrac{4}{\sqrt{2}\,\pi\sigma^2 n_0}$

- $a \equiv$ 某分子从最后一次碰撞所在的平面到下一次碰撞所在平面的平均

距离 $\frac{2}{3}\lambda$

其中 k_B 为 Boltzmann 常数(1.831×10^{-23} J/K);m_A 为单个 A 分子的质量;$\frac{n_A}{V}$ 是单位体积内 A 分子的数量,σ 是两种分子的平均直径。

为简单起见,假设流体没有宏观流动。在 x 平面上,A 分子的净通量是 A 分子在 x 正方向通量和在 x 负方向的通量之差,即:

$$m''_A = m''_{A(+)} - m''_{A(-)} \tag{3.9}$$

用碰撞频率来表示,上式变为:

$$m''_A = Z_{A,x-a} m_A - Z_{A,x+a} m_A \tag{3.10}$$

式中,m''_A 是组分 A 的净质量通量;$Z_{A,x-a}$ 是来自 $x-a$ 平面处的 A 分子单位时间、单位面积上穿过 x 平面的分子数;m_A 是单个分子的质量;$Z_{A,x+a}$ 是来自 $x+a$ 平面处的 A 分子单位时间、单位面积上穿过 x 平面的分子数。

利用密度的定义 $\rho = \frac{m_0}{V}$,将 Z_A 定义式和 A 组分的质量分数联系起来:

$$Z_A m_A = \frac{1}{4} \frac{n_A m_A}{m_0} \rho \overline{V} = \frac{1}{4} Y_A \rho \overline{V} \tag{3.11}$$

将式(3.11)代入式(3.10),并将混合物密度和分子平均速度作为常数,得到:

$$m''_A = \frac{1}{4} \rho \overline{V}(Y_{A,x-a} - Y_{A,x+a}) \tag{3.12}$$

由于假设为线性浓度分布,所以:

$$\frac{dY_A}{dx} = \frac{Y_{A,x+a} - Y_{A,x-a}}{2a} = \frac{Y_{A,x+a} - Y_{A,x-a}}{4\lambda/3} \tag{3.13}$$

对式(3.13)求解浓度差,并代入式(3.12),得到最终的结果为:

$$m''_A = -\rho \frac{\overline{V}\lambda}{3} \frac{dY_A}{dx} \tag{3.14}$$

比较式(3.14)和式(3.5),得到双组分的扩散系数 D_{AB}:

$$D_{AB} = \frac{\overline{V}\lambda}{3} \tag{3.15}$$

根据分子平均速度的定义、平均自由程以及理想气体状态方程 $p = \frac{n}{N_{AV}} RT$,其中 R 是气体常数,N_{AV} 为 Avogadro 数(6.022×10^{26} 分子/kmol),很容易确定扩

散系数 D_{AB} 和温度、压力的关系如下：

$$D_{AB} = \frac{8R}{3N_{AV}\sigma^2 p}\left(\frac{k_B T^3}{\pi^3 m_A}\right)^{1/2} \tag{3.16a}$$

$$D_{AB} \propto T^{3/2} p^{-1} \tag{3.16b}$$

由此可见，扩散系数受温度影响极大（3/2 次幂），与压力成反比。

一些常用气体在常温常压条件下的扩散系数列于表 3.1。部分常用气体扩散系数随温度的变化关系列于表 3.2。

【例 3.2】 估算二氧化碳在 0.1 MPa, 20 ℃空气中的扩散系数，已知二氧化碳和空气的分子直径分别为 3.966×10^{-10} m 和 3.617×10^{-10} m。

解： 二氧化碳分子质量 $m_{CO_2} = 0.044/N_{AV} = 0.044/(6.022\,1\times10^{23}) = 7.306\times10^{-26}$ (kg)，

分子平均直径 $\sigma = \dfrac{\sigma_{CO_2} + \sigma_{air}}{2} = \dfrac{3.996\times10^{-10} + 3.617\times10^{-10}}{2} = 3.806\times10^{-10}$ (m)

因此，应用[3.16(a)]计算扩散系数：

$$
\begin{aligned}
D_{AB} &= \frac{8R}{3N_{AV}\sigma^2 p}\left(\frac{k_B T^3}{\pi^3 m_A}\right)^{1/2}\\
&= \frac{8\times8.314}{3\times6.022\,1\times10^{23}\times(3.806\times10^{-10})^2\times10^5}\times\\
&\quad\left[\frac{1.38\times10^{-23}\times(273+20)^3}{\pi^3\times(7.306\times10^{-26})}\right]^{1/2}\\
&= 3.146\times10^{-5}\ (\text{m}^2/\text{s})
\end{aligned}
$$

表 3.2　部分常用气体在空气中扩散系数随温度的变化　　单位：10^{-4} m² · s⁻¹

温度/K	N_2	O_2	CO_2	H_2O	CH_4	C_2H_6
300	0.20	0.21	0.16	0.22	0.22	0.15
400	0.34	0.34	0.26	0.38	0.37	0.25
500	0.49	0.50	0.38	0.57	0.54	0.36
600	0.67	0.68	0.53	0.80	0.74	0.50
700	0.86	0.88	0.68	1.05	0.96	0.65
800	1.08	1.10	0.86	1.34	1.20	0.81
1 000	1.56	1.60	1.25	1.97	1.74	1.18
1 200	2.11	2.16	1.69	2.70	2.36	1.61
1 400	2.72	2.79	2.19	3.51	3.05	2.08
1 600	3.40	3.49	2.73	4.40	3.81	2.60

3.3　对流传质

对流传质是指当气体流经一个相界面时与界面之间发生的质量传递。这种界面可以是固体表面也可以是液体表面。这种质量传递既可在气体单相内发生,亦可在气-固或气-液两相间发生。例如,气体流过发生化学反应的固体表面,气体流经发生蒸发的液体表面过程,都是对流传质的研究范畴。固体燃料燃烧和液体燃料燃烧过程囊括了上述所有过程。

3.3.1　近壁面处传质过程

气体以湍流流过固体壁面或液体表面,气体与气体、气体与壁面之间将进行对流传质。湍流流体流过壁面时,在与壁面垂直的方向上将形成速度边界层,它由三部分组成:层流内层、缓冲层和湍流主体,各部分的传质机理差别很大。如果存在传热,根据对流传热知识,有一个温度边界层。

在层流内层中,流体沿着壁面平行流动,在与流向相垂直的方向上,只有分子的无规则热运动,故壁面与流体之间的质量传递是以分子扩散形式进行的;由于仅依靠分子扩散进行传质,故其中的浓度梯度很大,传质速率用 Fick 第一定律描述。通常将壁面附近具有较大浓度梯度的区域称为浓度边界层或传质边界层,如图 3.3 所示。

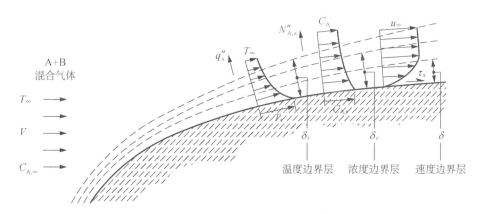

图 3.3　对流传质的固体壁面浓度边界层示意图

在缓冲层中,流体既有沿壁面方向的层流流动,又有一些旋涡运动,所以在该区域内,其浓度梯度介于层流内层与湍流中心之间,浓度分布曲线也介于二者之间。质量传递既有分子扩散的贡献,又有涡流扩散的贡献,二者的作用同样重要,必须同时考虑它们的影响。从层流内层到湍流主体,这两种传质机理的贡献作用此消彼长。

在湍流主体中,发生强烈的旋涡运动,其运动十分激烈,其浓度梯度必然很小,浓度分布曲线较为平坦,传质主要依靠涡流传递;在此层中,虽然分子扩散与涡流扩散同时存在,但涡流扩散远远大于分子扩散,所以,分子扩散的影响可忽略不计。

3.3.2 对流传质速率公式

1) 对流传质牛顿输运公式

气体与相界面之间所发生的对流传质速率公式采用牛顿输运定律形式,混合气体中 i 组分的对流传质质量速率定义为:

$$m''_i = k_c \Delta(\rho Y_i) \tag{3.17a}$$

$$\Delta(\rho Y_i) = \rho Y_{i,s} - \rho Y_{i,\infty} \tag{3.17b}$$

式中,m''_i 是 i 组分的对流传质速率,$kg/(m^2 \cdot s)$;$Y_{i,s}$ 和 $Y_{i,\infty}$ 分别为 i 组分在界面处和主流中的质量浓度分数;ρ 为气体整体质量浓度,kg/m^3;k_c 为对流传质系数,m/s。

2) 对流传质系数 k_c

对流传质速率公式表明,传质速率由两部分组成,一部分是对流传质系数,另一部分是传质推动力,这里的传质推动力采用的是浓度差,而非浓度梯度,有别于分子扩散传质。用这个简单的数学公式来描述如前所述的复合传质过程时,如何确定对流传质系数 k_c 是非常重要的。

如前所述,对流传质过程是由两种机理作用完成的。一是流动传递作用(如湍流),在壁面对流条件下,流体质点不断运动和混合,把物质由一处带到另一处,称为质量对流;二是分子扩散作用,由于流体各处存在着浓度差,质量也必然会以分子扩散方式传递,而且浓度梯度越大的地方,分子扩散作用也越显著。对流传质系数 k_c 就是这两种作用的综合体现。显然一切支配这两种作用的因素和规律,诸如流动状态、流速、流体物性、壁面几何参数等都会影响对流传质过程,由此可见,它是一个比较复杂的物理现象。

确定对流传质系数 k_c 的主要方法是浓度边界层理论,从分析对流传质的浓度边界层开始,通过边界层微分方程的求解,是理论推导传质系数的基本途径。

动量、热量和质量传递的相似比拟法是求解复杂对流传质的对流传质系数 k_c

的方法之一。由于质量传递、热量传递、动量传递三者都牵涉到流体质点间的交换（涡流传递）和分子交换（分子传递），因此三种传递之间必然存在一定的内在联系。湍流传质是工业设备中对流传质的常见现象。由于湍流时质点的脉动和涡流，过程的质量传递大大强化，但问题也趋于复杂。因此，对于这一问题处理方法往往是根据微分方程式应用类比关系，从流动摩擦的实验数据来确定对流传质的计算关系。一则它对于对流传质系数难以直接测定的某些情况具有重要意义；二则通过动量、热量和质量传递的相似性分析，有助于深入理解湍流传质的机理。

3.3.3　对流传质常用准则数

在对动量传递和热量传递的研究过程中出现过许多用以表征它们物理特性的无量纲准则数，如雷诺数、普朗特数和努赛尔特数等。相应的，在对流传质过程中，也应用一些准则数来表示传质特性。同动量传递和热量传递一样，这些传质准则数将组成对流传质的关联式，用于计算对流传质系数 k_c。

• Sherwood 数

$$\text{Sherwood 数的定义：} Sh = \frac{k_c L}{D_{AB}} = \frac{\text{分子扩散传质阻力}}{\text{对流传质阻力}} \tag{3.18}$$

式中，L 是对流传质的特征长度，m。Sh 在对流传质中的作用类似于对流换热中的努赛尔特数 Nu，其表征对流传质的强弱，一定程度上代表了表面处的浓度梯度与总浓度梯度之比。

• Schmidt 数

$$\text{Schmidt 数的定义：} Sc = \frac{\mu}{\rho D_{AB}} = \frac{\text{动量扩散率}}{\text{质量扩散率}} \tag{3.19}$$

式中，μ 是流体的动力黏性系数；ρ 是流体密度。Sc 数表示了动量扩散能力和质量扩散能力的对比关系。当过程同时涉及质量和动量传递时，就要用到 Sc 数。

3.3.4　对流传质关联式

对流传质关联式的意义和对流传热关联式的意义一致，它是通过理论分析和实验数据修正而得到，用于各类对流传质的传质速率计算，对工程技术问题具有重要的实际意义。本节给出一些常用的对流传质关联式。

1）气体平行流过平壁传质

相对于流动 Re 数（$Re = \dfrac{UL}{\mu}$）而言，对流传质同样分为层流和湍流两种情况。

$$层流：Sh = 0.664\,Re^{\frac{1}{2}}Sc^{\frac{1}{3}} \quad (Re < 5 \times 10^5) \tag{3.20a}$$

$$湍流：Sh = 0.036\,Re^{0.8}Sc^{\frac{1}{3}} \quad (Re \geqslant 5 \times 10^5) \tag{3.20b}$$

从以上的结果来看,其实对流换热和对流传质的关系式是很相似的,主要是由于传递机理类似的原因。

2) 气体绕单圆球传质

气体绕过颗粒圆球时,在表面形成边界层(速度边界层和浓度边界层)。圆球表面各点的传质系数是不同的,在前驻点其值最大。与前驻点成 80°处(即分离点)达到最小值。对流传质关联式所计算的对流传质系数是整个球体的对流传质系数的平均值。

对于气体,当 $Re = 2 \sim 800$,$Sc = 0.6 \sim 2.7$ 时,推荐应用下列关联式:

$$Sh = 2.0 + 0.552\,Re^{\frac{1}{2}}Sc^{\frac{1}{3}} \tag{3.21}$$

其中绕球流动的 Re 数的特征长度是球体的直径。

【例 3.3】 湿空气流经直径为 0.025 4 m 的圆球固体表面时,圆球吸收空气中水分。空气温度 65.6 ℃,压力 0.1 MPa,空气来流速度 3.66 m/s,水蒸气对空气的扩散系数 $D_{AB} = 0.33 \times 10^{-4}$ m^2/s。试计算绕球体的平均对流传质系数。

解:温度为 65.6 ℃,压力为 0.1 MPa 的空气密度为 $\rho = 1.045$ kg/m^3,黏性系数 $\mu = 2 \times 10^{-5}$ Pa·s。

相关准则数为：$Re = \dfrac{\rho U d_p}{\mu} = \dfrac{1.045 \times 3.66 \times 0.025\,4}{2 \times 10^{-5}} = 4\,857$

$$Sc = \frac{\mu}{\rho D_{AB}} = \frac{2 \times 10^{-5}}{1.045 \times 0.33 \times 10^{-4}} = 0.58$$

所以应用式(3.21)：$Sh = 2.0 + 0.552\,Re^{1/2}Sc^{1/3} = 2 + 0.552 \times (4\,857)^{1/2} \times (0.58)^{1/3} = 34.08$

按照 Sh 数的定义,平均对流传质系数：$k_c = \dfrac{Sh D_{AB}}{d_p} = \dfrac{34.08 \times 0.33 \times 10^{-4}}{0.025\,4} =$

0.044 28 m/s

3.4 传质微分方程

在流体力学和传热学中运用微元控制体的概念,曾导出了动量传递的 N-S

方程和热量传递的传热微分方程。采用类似的方法，将再一次应用上述方法来推导传质的微分方程式。通过建立一个微元控制体质量守恒的方法，把前面给出的一些质量通量关系式代入，可以导出给定组分的连续方程。

分析一个 N 种组分的具有化学反应的混合气体系统，混合气体的整体流动速度为 (v_x, v_y, v_z)，混合气体的质量密度为 ρ，建立针对系统任一 i 组分质量分数 Y_i 的传质方程。

在传质过程中，多组分中的任何组分 i 是守恒的。在推导过程中采用如图 3.4 所示的微元体。这时 i 组分的质量守恒关系是：

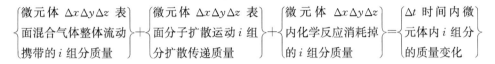

$$\left\{\begin{array}{l}\text{微元体 } \Delta x \Delta y \Delta z \text{ 表}\\ \text{面混合气体整体流动}\\ \text{携带的 } i \text{ 组分质量}\end{array}\right\} + \left\{\begin{array}{l}\text{微元体 } \Delta x \Delta y \Delta z \text{ 表}\\ \text{面分子扩散运动 } i \text{ 组}\\ \text{分扩散传递质量}\end{array}\right\} + \left\{\begin{array}{l}\text{微元体 } \Delta x \Delta y \Delta z\\ \text{内化学反应消耗掉}\\ \text{的 } i \text{ 组分质量}\end{array}\right\} = \left\{\begin{array}{l}\Delta t \text{ 时间内微}\\ \text{元体内 } i \text{ 组分}\\ \text{的质量变化}\end{array}\right\}$$

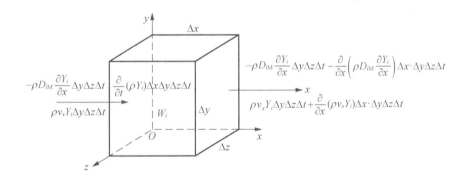

图 3.4　传质微分方程的控制体示意图

下面分别讨论上述各项的计算表达。

1）微元体 $\Delta x \Delta y \Delta z$ 表面混合气体整体流动携带的 i 组分质量

i 组分在 x 方向上的微元表面上随混合气体整体运动携带进入微元体的质量为：

$$\rho v_x Y_i \Delta y \Delta z \Delta t,$$

在 $x + \Delta x$ 的微元表面上随混合气体整体运动携带进入微元体的质量为：

$$\rho v_x Y_i \Delta y \Delta z \Delta t + \frac{\partial}{\partial x}(\rho v_x Y_i)\, \Delta x \Delta y \Delta z \Delta t$$

这里认为质量通量是坐标的连续函数，并且存在着各阶偏导数，只取一阶泰勒展开式等近似规定。因此在 x 方向上由于整体流动造成的 i 组分从微元体的净流出量是：

$$-\frac{\partial}{\partial x}(\rho v_x Y_i)\Delta x \Delta y \Delta z \Delta t \tag{3.22a}$$

同理,在 y 方向和 z 方向流动携带 i 组分净质量为：

$$-\frac{\partial}{\partial y}(\rho v_y Y_i)\Delta x \Delta y \Delta z \Delta t \text{ 和} -\frac{\partial}{\partial z}(\rho v_z Y_i)\Delta x \Delta y \Delta z \Delta t \tag{3.22b}$$

2）微元体 $\Delta x \Delta y \Delta z$ 表面分子扩散运动 i 组分扩散传递质量

在 x 方向上分子扩散出去的 i 组分质量为 $m''_i \Delta y \Delta z \Delta t$,由分子扩散第一定律：$m''_i = -\rho D_{iM}\dfrac{\partial Y_i}{\partial x}$,其中 D_{iM} 是 i 组分对混合气体的扩散系数。x 方向上分子扩散出去的 i 组分质量可表示为 $-\rho D_{iM}\dfrac{\partial Y_i}{\partial x}\Delta y \Delta z \Delta t$。

根据同样的讨论方法,在 x 方向上分子扩散出去的净扩散质量为：

$$-\frac{\partial}{\partial x}\left(\rho D_{iM}\frac{\partial Y_i}{\partial x}\right)\Delta x \Delta y \Delta z \Delta t \tag{3.23a}$$

同理,在 y 方向和 z 方向分子扩散 i 组分传递净质量为：

$$-\frac{\partial}{\partial y}\left(\rho D_{iM}\frac{\partial Y_i}{\partial y}\right)\Delta x \Delta y \Delta z \Delta t \text{ 和} -\frac{\partial}{\partial z}\left(\rho D_{iM}\frac{\partial Y_i}{\partial z}\right)\Delta x \Delta y \Delta z \Delta t \tag{3.23b}$$

3）微元体 $\Delta x \Delta y \Delta z$ 内化学反应消耗 i 组分质量

微元体内由于化学反应使得 i 组分的生成或消耗为 m'''_i,单位 $kg/(m^3 \cdot s)$,按照化学反应动力学的化学反应速率 W_i [单位为 $mol/(m^3 \cdot s)$]的定义,$m'''_i = W_i \cdot MW_i$,其中 MW_i 是 i 组分的相对分子质量。相关概念参见第 4 章的"4.2.2 化学反应速率"。

4）Δt 时间内微元体内 i 组分的质量变化

Δt 时间内微元体内 i 组分的质量变化为：

$$\frac{\partial}{\partial t}(\rho Y_i)\Delta x \Delta y \Delta z \Delta t \tag{3.24}$$

把上边各项表达式(3.22)～(3.24)代入 i 组分的守恒关系,整理后得到了 i 组分的扩散方程：

$$\frac{\partial(\rho Y_i)}{\partial t}+\frac{\partial(\rho v_x Y_i)}{\partial x}+\frac{\partial(\rho v_y Y_i)}{\partial y}+\frac{\partial(\rho v_z Y_i)}{\partial z}$$

$$= \frac{\partial}{\partial x}\left(\rho D_{iM} \frac{\partial Y_i}{\partial x}\right) + \frac{\partial}{\partial y}\left(\rho D_{iM} \frac{\partial Y_i}{\partial y}\right) + \frac{\partial}{\partial z}\left(\rho D_{iM} \frac{\partial Y_i}{\partial z}\right) + W_i \cdot MW_i \quad (3.25)$$

把上式中 $\dfrac{\partial(\rho v_x Y_i)}{\partial x} + \dfrac{\partial(\rho v_y Y_i)}{\partial y} + \dfrac{\partial(\rho v_z Y_i)}{\partial z}$ 项按微分展开,并考虑流体的连续方程:

$$\frac{\partial(\rho v_x)}{\partial x} + \frac{\partial(\rho v_y)}{\partial y} + \frac{\partial(\rho v_z)}{\partial z} = 0$$

式(3.25)可以化简为:

$$\rho \frac{\partial Y_i}{\partial t} + \rho v_x \frac{\partial Y_i}{\partial x} + \rho v_y \frac{\partial Y_i}{\partial y} + \rho v_z \frac{\partial Y_i}{\partial z}$$
$$= \frac{\partial}{\partial x}\left(\rho D_{iM} \frac{\partial Y_i}{\partial x}\right) + \frac{\partial}{\partial y}\left(\rho D_{iM} \frac{\partial Y_i}{\partial y}\right) + \frac{\partial}{\partial z}\left(\rho D_{iM} \frac{\partial Y_i}{\partial z}\right) + W_i \cdot MW_i \quad (3.26)$$

式(3.26)是传质微分方程的一般表达式。在上式中,通常将微元体表面混合气体整体流动携带组分质量通量项称为对流传质项,微元体表面分子扩散传递组分质量通量项称为扩散传质项,微元体内化学反应消耗组分质量速率称为化学反应源项。

对于稳态问题 $\dfrac{\partial}{\partial t} = 0$,则式(3.26)可以简化为:

$$\rho v_x \frac{\partial Y_i}{\partial x} + \rho v_y \frac{\partial Y_i}{\partial y} + \rho v_z \frac{\partial Y_i}{\partial z}$$
$$= \frac{\partial}{\partial x}\left(\rho D_{iM} \frac{\partial Y_i}{\partial x}\right) + \frac{\partial}{\partial y}\left(\rho D_{iM} \frac{\partial Y_i}{\partial y}\right) + \frac{\partial}{\partial z}\left(\rho D_{iM} \frac{\partial Y_i}{\partial z}\right) + W_i \cdot MW_i \quad (3.27)$$

则二维稳态的传质微分方程为:

$$\rho v_x \frac{\partial Y_i}{\partial x} + \rho v_y \frac{\partial Y_i}{\partial y} = \frac{\partial}{\partial x}\left(\rho D_{iM} \frac{\partial Y_i}{\partial x}\right) + \frac{\partial}{\partial y}\left(\rho D_{iM} \frac{\partial Y_i}{\partial y}\right) + W_i \cdot MW_i \quad (3.28)$$

对于定温和定压的系统,则 ρ 为常数,并近似认为传递系数 D_{iM} 不变,视其为常数,二维稳态传质微分方程可以进一步简单表达为:

$$v_x \frac{\partial Y_i}{\partial x} + v_y \frac{\partial Y_i}{\partial y} = D_{iM}\left(\frac{\partial^2 Y_i}{\partial x^2} + \frac{\partial^2 Y_i}{\partial y^2}\right) + \frac{1}{\rho}W_i \cdot MW_i \quad (3.29)$$

一个气相传质过程可以通过求解上述传质微分方程来加以描述。解方程时,要应用一些初始条件或边界条件,或两者都要应用,以保证传质微分方程有定解。在传质计算中使用的初始条件和边界条件类似于传热微分方程所用的初始条件和边界条件。

传质微分方程是燃烧基本方程的重要组成部分,它和流体力学的 N-S 方程和传热学的能量微分方程都是描述燃烧中的质量传递、动量传递和热量传递的基本方程。几乎所有燃烧问题的求解都和传质方程相关。

习题

1. 阐述分子扩散的机理和形式。
2. 证明 Fick 第一定律的重要结论式(3.6):$m''_A + m''_B = 0$。
3. 煤燃烧的烟气,其组成为:$O_2 = 2\%$,$CO_2 = 18\%$,$N_2 = 68\%$,$H_2O = 12\%$(均为物质的量分数)。试估算在 400 K、0.1 MPa 下 CO_2 在气体混合物中的扩散系数。
4. 对流传质有哪些形式?说明它们的各自机理。
5. 从动量、热量和质量传递相似性出发,说明分子扩散系数 D_{AB} 所对应的动量和热量传递中的参数是什么,并解释准则数 Sc, Pr, Le。
6. 压力 0.1 MPa 和温度 45 ℃的空气以 3 m/s 的流速在萘板的一个面上流过,萘板的宽度为 0.1 m、长度为 1 m,已知在该压力、温度下萘-空气的扩散系数为 6.92×10^{-6} m^2/s,萘的饱和蒸气压为 0.555 mmHg(1 mmHg = 133.32 Pa),固体萘密度为 1 152 kg/m^3,摩尔质量为 128 kg/kmol。试求萘板厚度减薄 0.1 mm 所需的时间。
7. 试证明从一球体向周围静止的无限大介质中进行等分子反方向一维稳态扩散时的施伍德数 $Sh = 2.0$。
8. 举一燃烧问题实例,说明其中的分子扩散传质和对流传质现象。

第 4 章　化学动力学

化学动力学是研究化学过程进行的化学反应动力学和化学反应机理的化学分支学科,化学动力学的发展经历了从现象的观察到理论的分析,从宏观的测量到微观的探索,因而它又分为宏观化学动力学和微观反应动力学(又称分子反应动力学)。化学反应动力学是定量描述化学反应速率的基础理论,化学反应机理研究多步化学反应系统的反应历程(包括反应途径)及其对反应结果的影响。

燃烧过程中,化学动力学控制着整个燃烧速率并决定了反应组分的消耗和产物组分的生成,燃烧所依据的化学反应过程对于燃烧研究是十分重要的。化学反应动力学主要研究内容为化学反应中每个基元反应及其反应速率,它决定了点火与熄火等燃烧现象;化学反应机理的研究可以确定从反应物到生成物的反应路径,解释火焰与爆震等燃烧过程的形成机理。化学动力学理论是燃烧研究取得重要进展的基础。

4.1　化学宏观反应与基元反应

化学动力学历经的三大发展阶段化学宏观动力学阶段、基元动力学阶段和微观动力学阶段亦是化学动力学的三个研究层次。化学宏观动力学是唯象动力学,在总反应层次上研究化学反应的速率,即研究温度、浓度、介质、催化剂、反应器等对反应速率的影响。基元反应动力学是研究基元反应的动力学规律和理论,及从基元反应的角度去探索总反应的动力学行为。微观动力学从分子反应层次上研究化学反应的动态行为,直至态-态反应层次,研究一次具体的碰撞行为,完全是微观性质的理论。本章不涉及微观化学动力学的内容。

4.1.1　化学宏观反应

燃烧问题按其化学反应过程的简单和复杂程度,涉及化学动力学不同层次的研究方法。在燃烧技术应用中,工程师设计、运行和控制燃烧设备,通常是采用化学宏观动力学方法解决燃烧反应速率的计算问题。在大多数的工程技术领域，结合实践经验，运用化学宏观动力学方法能够满足一般燃烧动力学问题的计算和设计。

常见的一些化学反应，虽然形式上十分简单，但从化学动力学的观点看，过程往往是非常复杂的。通常所写的化学方程式绝大部分并不代表反应的真正途径，而仅是代表反应的化学当量反应方程式，或者称之为化学宏观反应。例如，H_2-O_2燃烧，根据中学化学知识，化学反应方程式为：

$$2H_2 + O_2 \longrightarrow 2H_2O \tag{R1}$$

化学宏观反应在早期的工业生产中能够满足工程设计和运行。例如，早期的燃烧设备只是关注燃烧的安全性和效率，煤炭和空气燃烧采用 $C+O_2 \longrightarrow CO_2$ 化学宏观反应式计算，能够满足锅炉的设计和运行管理。但是，随着燃烧工业规模的急剧扩大和对环境要求的提高，燃烧设备的氮氧化物排放成为关注的焦点，然而，由 C、O_2、N_2 组成的化学宏观反应方程式无法解释和描述煤炭和空气在锅炉中燃烧是如何形成 NO 气体产物的。因此，进一步运用高一个层次的化学动力学方法——基元反应动力学，才能够很好地解决这个问题。

4.1.2 基元反应

采用化学宏观反应来表示特定问题中的化学反应过程只是一种所谓的"黑箱"方法。虽然该方法可以解决一些问题，但并不能使人们很好地理解系统所发生的详细化学反应过程。事实上，并不会发生 a 个氧化剂分子正好同时与一个燃料分子碰撞反应生成 b 个产物分子，因为这样一种化学反应要同时破坏好几个化学键并形成几个新的化学键，这是难以实现的。化学宏观反应的观点无法解释这些问题，基元反应概念由此被提出。

仍然以 H_2-O_2 燃烧的化学宏观反应（R1）为例，基元反应动力学认为它不是通过 H_2 分子和 O_2 分子在一次化学碰撞中实现的，事实上，是通过一系列化学反应来实现的：

$$H_2 + O_2 \longrightarrow HO_2 + H \tag{R2}$$
$$H + O_2 \longrightarrow OH + O \tag{R3}$$
$$OH + H_2 \longrightarrow H_2O + H \tag{R4}$$
$$H + O_2 + M \longrightarrow HO_2 + M \tag{R5}$$

反应式（R2～R5）即为 H_2-O_2 燃烧的基元反应。

基元反应定义：基元反应（elementary reaction）是能够一步完成的化学反

应。所谓一步完成化学反应,系指反应物的分子、原子、离子或自由基等通过一次碰撞(或化学行为)直接转化为产物。

基元反应反映了真实的化学反应过程,它是一系列连续的反应,并涉及很多中间组分。多数宏观反应的化学过程较为复杂,反应物分子要经过多步基元反应才能转化为生成物,完成化学宏观反应的效应。基元反应具有下列一些重要特性:

① 反应历程

所谓反应历程是指实现化学宏观反应效应的基元反应的集合。从反应 R2 可以看出 H_2 分子和 O_2 分子碰撞发生了化学反应,但这种碰撞反应并没有直接生成水,而是生成了中间产物过氧氢自由基 HO_2 与一个无配对电子的氢原子。为了由 H_2 和 O_2 形成 HO_2,仅需一个化学键断裂和一个新的化学键形成。另外一种可能就是 H_2 和 O_2 反应形成两个羟基 OH,但这种反应不可能发生,因为这种反应需要破坏两个化学键,同时形成两个新的化学键。反应 R2 中形成的氢原子 H 与氧气 O_2 反应形成另外两个自由基,即 OH 和 O,见反应 R3。在随后的反应 R4 中,羟基 OH 与分子态的氢气 H_2 反应生成水 H_2O。反应 R2~R5 只是 H_2 燃烧的部分基元反应,为了描述 H_2-O_2 燃烧的完整过程,需要考虑超过二十个基元反应。

② 基元反应可逆性

基元反应是反应物分子的一次反应碰撞行为,因而它服从力学定律——力学方程的时间反演对称性。时间反演对称意味着力学过程是可逆的,这意味着"一个基元反应的逆反应也必然是基元反应",这就是微观可逆性原理。它表明任何基元反应都是可逆的,只是可逆程度大小不同而已。同时,正、逆反应沿着相同的途径进行,只是方向相反。

③ 反应分子数

基元反应中参加反应的物质(分子、原子、离子、自由基等)数目叫作反应分子数。基元反应按其反应分子数不同分为单分子反应、双分子反应和三分子反应。大多数气相基元反应是单分子或双分子反应,很难有分子数超过三个的反应。因为多分子在同一时间同一空间碰撞而发生反应的概率非常小。

④ 第三体分子 M

一些气相基元反应参加碰撞作用的分子在反应过程中主要起能量转移的作用,自身化学形态并没有变化,称之为第三体分子 M。例如反应 R5 中 M,尽管化学反应的结果是双分子反应,但参加碰撞作用的是三个分子,所以仍然认为是三分子反应。

4.2　化学反应动力学

化学反应动力学的研究对象是性质随时间而变化的非平衡的动态体系,它的主要核心任务是从理论上和实验上建立化学反应速率的基本公式,并且分析相关的影响因素。

4.2.1　浓度的定义

浓度的定义见混合物浓度分数的定义(参见"2.1.2　理想气体混合物"和"3.2.1　基本概念")。对于气体而言,单位体积气体混合物所含的某气体物质的量即为该物质的浓度,其表达和浓度分数相同,有两种方式。

物质的量浓度:单位体积内所包含某物质的物质的量,单位是 mol/m^3,即:

$$C_i = \frac{N_i}{V} \tag{4.1a}$$

式中,N_i 是某物质的分子摩尔数的量;V 是混合物的体积。

质量浓度:单位体积内所包含某物质的质量,单位是 kg/m^3,即:

$$\rho_i = \frac{M_i}{V} \tag{4.1b}$$

式中,M_i 是某物质的质量;V 是混合物的体积。

质量浓度和摩尔浓度的关系为:

$$\rho_i = MW_i \times C_i \tag{4.2}$$

式中,MW_i 是某物质的相对分子质量。

物质的量浓度和物质的量分数的关系为:

$$C_i = x_i C_{mix} \tag{4.3a}$$

式中,C_{mix} 是气体混合物的物质的量浓度。

同理,质量浓度和质量分数的关系为:

$$\rho_i = Y_i \rho \tag{4.3b}$$

式中,ρ 是混合物密度。

4.2.2　化学反应速率

化学反应速率是化学反应快慢程度的量度,是化学反应的反应进度随时间的变化率。化学反应速率是一个标量,通常可以用反应物浓度或产物浓度随时间的变化率来衡量化学反应的快慢程度。

化学反应速率分为平均速率与瞬时速率。平均速率是某时间间隔 Δt 内参与反应的物质数量的变化量,可用单位时间内反应物的减少量或生成物的增加量来表示;瞬时速率是浓度随时间的变化率,即浓度-时间函数在某一特定时间的斜率。

化学反应速率定义:时间 Δt 内,化学反应的某反应物(或生成物)的浓度改变量。

以物质的量浓度计量,则:

$$W_i = \pm \frac{\mathrm{d}C_i}{\mathrm{d}t} \tag{4.4a}$$

式中,化学反应速率 W_i 单位是 $\mathrm{mol/(m^3 \cdot s)}$。以质量浓度计量,则:

$$R_i = \pm \frac{\mathrm{d}\rho_i}{\mathrm{d}t} \tag{4.4b}$$

式中,化学反应速率 R_i 单位是 $\mathrm{kg/(m^3 \cdot s)}$。以反应物浓度计算时,取"$-$";用生成物浓度时则取"$+$"。

在一般化学反应式中,反应物与生成物的化学反应当量系数不相同,如果用反应物或生成物浓度计算同一化学反应方程的反应速率时,其数值就会不同。因此,为了避免混乱,对于一个化学反应方程:

$$a\mathrm{A} + b\mathrm{B} \longleftrightarrow e\mathrm{E} + f\mathrm{F} \tag{R6}$$

其中 A、B 和 E、F 分别表示反应物和生成物,a、b、e、f 表示分别对应于上述物质的化学反应当量系数,各物质的化学反应速率分别为:

$$W_\mathrm{A} = -\frac{\mathrm{d}C_\mathrm{A}}{\mathrm{d}t}, \quad W_\mathrm{B} = -\frac{\mathrm{d}C_\mathrm{B}}{\mathrm{d}t}, \quad W_\mathrm{E} = \frac{\mathrm{d}C_\mathrm{E}}{\mathrm{d}t}, \quad W_\mathrm{F} = \frac{\mathrm{d}C_\mathrm{F}}{\mathrm{d}t} \tag{4.5}$$

显然,它们的值不相等,但是,它们之间有如下关系:

$$W_\mathrm{A} = \frac{a}{b}, \quad W_\mathrm{B} = -\frac{a}{e}W_\mathrm{A}, \quad W_\mathrm{E} = -\frac{a}{f}W_\mathrm{F} \tag{4.6}$$

这样,对于一个化学反应方程,可以根据参与反应的任何一种物质的浓度变化来确定,它们的度量标准是一致的。

4.2.3 化学反应速率方程

化学反应动力学的核心是计算化学反应速率。实验研究表明,除参加反应各物质本身固有的特性外,有许多可变因素影响反应速率,诸如化学性质因素(如物质浓度、化学活性)、热力学性质因素(如系统的温度、压力)以及反应环境因素(如催化剂、等离子体场等)。这些因素对反应速率的影响方式、大小各不相同,一般都比较复杂,但最基本的是浓度与温度。化学反应动力学依据这两个因素影响反应速率的规律,建立了化学反应速率的质量作用定律,奠定了化学反应动力学的基础。

1) 质量作用定律

在定温条件下,基元反应的反应速率与反应物浓度的乘积成正比,各浓度的幂为反应方程中相应组分的当量系数(分子个数),这个规律称为质量作用定律。

以化学反应 R6 为例:

$$W = kC_A^m C_B^n \tag{4.7a}$$

上式即为化学反应速率方程,其中,k 是化学反应速率系数,$(m+n)$ 为该反应的反应级数。如以质量浓度表达为:

$$R = k\rho_A^m \rho_B^n \tag{4.7b}$$

注意式(4.7a)与式(4.7b)中 k 的单位是不一样的,前者是关于物质的量的,后者是关于质量的。

化学反应常数和反应级数是化学反应速率方程的两个重要参数,决定了化学反应速率大小,说明如下:

(1) 反应速率系数 k

化学反应速率系数 k 是化学反应在一定温度下的特征系数,即由反应的性质和温度决定,而与浓度无关。在确定速率方程的实验条件下是一个与浓度无关的常数,所以又被称为化学反应速率常数,它在考察其他因素的影响时非常有用。不同的化学反应有不同的反应速率系数,它的大小直接反映了化学反应速率的快慢和反应的难易。

(2) 反应级数

反应速率式(4.7)中的浓度幂叫作反应的级数。化学反应按反应级数可以分为一级、二级、三级以及零级反应等。基元反应的反应级数为整数,与反应分子数相等。但有时单分子反应也可能表现为二级反应。各级反应都有特定的浓度-时间关系,确定反应级数是研究反应速率的首要问题。

2) 双分子基元反应速率

燃烧问题中的基元反应大多数都是双分子基元反应,所谓双分子反应即是两个分子碰撞反应生成两个不同的新分子的反应,表示如下:

$$A + B \longrightarrow C + D \tag{R7}$$

反应 R2~R4 即是双分子基元反应的例子。

反应速率与两种反应物的物质的量浓度成正比,即:

$$\frac{dC_A}{dt} = -k_b C_A C_B \tag{4.8}$$

所有的基元双分子反应的总反应级数均为 2。双分子基元反应的反应速率系数 k_b 是温度的函数,具有明确的理论依据。反应速率系数 k_b 的单位是 $m^3/(mol \cdot s)$。

3) 单分子基元反应速率

单分子反应是单个组分进行重构或分解,形成另一种或两种产物组分的反应,即:

$$A \longrightarrow B \tag{R8}$$

或

$$A \longrightarrow B + C \tag{R9}$$

单分子反应的例子包括对燃烧非常重要的离解反应,如 $O_2 \longrightarrow O + O$、$H_2 \longrightarrow H + H$ 等。

在高压下,单分子反应为一级反应:

$$\frac{dC_A}{dt} = -k_s C_A \tag{4.9}$$

从反应 R8 和 R9 可知,单分子反应的反应级数为 1,反应常数 k_s 的单位不同于双分子反应的 k_b。

4) 三分子基元反应速率

所谓三分子反应涉及三个反应物组分,三分子反应的一般形式为:

$$A + B + M \longrightarrow C + M \tag{R10}$$

如 $H + H + M \longrightarrow H_2 + M$ 与 $H + OH + M \longrightarrow H_2O + M$ 等都是燃烧中三分子反应重要的例子。三分子反应为三级反应,这里的 M 可以是任意分子,通常称为第三体 M。在自由基-自由基反应中,在生成稳定组分时需要有第三体来转移部分能量。在分子碰撞过程中,新生成分子的内能传递给第三体 M,并以动能的形式体现出来。如果没有这种第三体,则新生成的分子可能会发生离解反应。

反应速率可以表示如下:

$$\frac{dC_A}{dt} = -k_t C_A C_B C_M \tag{4.10}$$

与前面一样,反应级数为3,三体基元反应的反应速率系数 k_t 单位将变化。

5) 化学宏观反应速率

1 mol 燃料与 a mol 氧化剂反应生成 b mol 燃烧产物的整个反应可以用宏观反应机理表示为:

$$F + aO \longrightarrow bPr \tag{R11}$$

按照反应速率方程,可以给出该反应的反应速率:

$$\frac{dC_F}{dt} = -k_G C_F^m C_O^n \tag{4.11}$$

负号表示燃料浓度随时间增加而减小。反应级数为指数和 $(m+n)$,该反应相对于燃料是 n 级反应,相对于氧化剂是 m 级反应,对总反应机理而言,n 和 m 是实验拟合系数,不一定为整数。化学反应速率系数 k_G 称为总反应速率系数,单位是 $m^{3(m+n-1)}/(mol^{m+n-1} \cdot s)$。一般而言,该系数受温度的影响极大,但与前述的基元反应常数具有明确不同的理论依据,总反应速率系数通过实验测定。通常,反应 R11 形式的宏观反应表达式仅在有限的温度和压力范围内才成立,而且与确定反应速率参数所采用实验装置的详细情况有关。例如,在温度范围较宽时,就需要采用 $k_G^{(T)}$ 不同的表达式,而且此时 n 和 m 的取值也不同。

【例 4.1】 甲烷燃烧反应:$CH_4 + 2O_2 \longrightarrow 2H_2O + CO_2$。

已知:$C_{CH_4} = 3.2$ mol/m^3,$C_{O_2} = 8.6$ mol/m^3,燃气反应指数 $m = -0.3$,氧化剂反应级数 $n = 1.3$。在 1 500 K 时反应速率常数 $k_G = 35.3(1/s)$。

求在这个反应温度时:(1) 该宏观反应的速率,(2) 1.0 ms 时 CO_2 的浓度。

解:(1) 按照式(4.11),该宏观反应的速率方程为:

$$\frac{dC_{CH_4}}{dt} = -k_G C_{CH_4}^m C_{O_2}^n = -35.3 \times 3.2^{-0.3} \times 8.6^{1.3} = -408.39 \left[mol/(m^3 \cdot s) \right]$$

(2) 由式(4.6)可知:$\dfrac{dC_{CO_2}}{dt} = -\dfrac{dC_{CH_4}}{dt}$,假设在 1ms 时间内 CH_4 和 O_2 浓度

不随时间变化,则可以简单地对上式积分:

$$C_{CO_2}(t) = \int_0^t \frac{dC_{CO_2}}{dt}dt = \int_0^t \left(-\frac{dC_{CH_4}}{dt}\right)dt = \left(-\frac{dC_{CH_4}}{dt}\right)t$$

所以:$C_{CO_2}(t=10^{-3}) = \left(-\frac{dC_{CH_4}}{dt}\right)t = 408.39 \times 10^{-3} = 0.408\ 39\ (mol/m^3)$

4.2.4　化学反应分子动力学模型

运用分子运动论的观点来讨论双分子反应,从理论上理解式(4.8)的意义,并建立双分子反应速率系数与温度的关系。尽管分子运动论的双分子反应的碰撞理论有许多不足,但它是双分子反应动力学的理论基础,有其重要意义。在第3章讨论分子扩散时("3.2.3　分子扩散的分子运动论"),引入了平面碰撞频率、平均分子运动速度以及平均自由程等概念,这些概念对阐述分子碰撞同样有用。

为了确定一对分子的碰撞频率,从最简单的情况出发,即首先讨论单个直径为 σ 的分子以恒定速度 v 与同样大小的保持静止的分子进行的碰撞。分子运动的随机轨迹如图 4.1(a)所示。两次碰撞之间分子所穿行的距离为平均自由程,运动分子在 Δt 时间内的运动轨迹空间是圆柱形空间,其体积为 $\pi t\sigma^2 \Delta t$。静止分子在空间均匀分布,数密度为 n/V。在单位时间内,静止分子与运动分子所经历的碰撞频率(碰撞数)为:

$$Z \equiv 单位时间内的碰撞次数 = (n/V)v\pi\sigma^2 \tag{4.12}$$

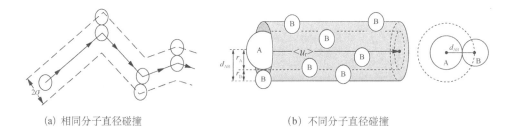

(a) 相同分子直径碰撞　　　　　　　　　　(b) 不同分子直径碰撞

图 4.1　分子碰撞空间示意图

实际气体中,所有分子都处于运动状态,如果假定所有分子运动速率服从 Maxwell 分布,则直径相等的分子的碰撞频率为:

$$Z_c = \sqrt{2}(n/V)\pi\sigma^2\ \overline{v} \tag{4.13}$$

式中,$\overline{v}$ 是分子的平均运动速率,与气体的温度有关(见"3.2.3　分子扩散的分子运动论")。式(4.13)对直径相同的分子是成立的。

可以将这种分析推广到直径分别为 σ_A 和 σ_B 的两种刚性分子球的情况。此时,图 4.1(b)中碰撞空间的直径则为 $\sigma_A + \sigma_B \equiv 2\sigma_{AB}$,因此式(4.13)变为:

$$Z_c = \sqrt{2}\,(n_B/V)\pi\sigma_{AB}^2\,\bar{v}_A \tag{4.14}$$

上式表示了单个 A 分子与所有 B 分子的碰撞频率。关于所有 A 分子与所有 B 分子的碰撞频率,可以将单个 A 分子与所有 B 分子的碰撞频率[即式(4.14)]乘以单位体积内的 A 分子数,并采用恰当的平均分子速率,就可以得到单位时间单位体积内分子碰撞的总数,即:

$$Z_{AB}/V = (\text{所有 A 分子与所有 B 分子的碰撞总数})/(\text{单位体积} \cdot \text{单位时间})$$
$$= (n_A/V)(n_B/V)\pi\sigma_{AB}^2(\bar{v}_A^2 + v_B^2)^{1/2} \tag{4.15}$$

将分子平均运动速率代入上式:

$$\frac{Z_{AB}}{V} = \left(\frac{n_A}{V}\right)\left(\frac{n_B}{V}\right)\pi\sigma_{AB}^2\left(\frac{8k_BT}{\pi\mu}\right)^{1/2} \tag{4.16}$$

式中,k_B 为 Boltzmann 常数(1.831×10^{-23} J/K);$\mu = \dfrac{m_A m_B}{m_A + m_B}$ 为平均质量,其中 m_A、m_B 分别为组分 A、B 的质量;T 是绝对温度。

注意到分子平均运动速率可以通过将单个分子的质量替换为平均质量 μ 来得到。为了将上述分析与反应速率问题关联,可写出:

$$\frac{dC_A}{dt} = \left(\frac{\text{A、B 分子的碰撞总数}}{\text{单位时间} \times \text{单位体积}}\right) \times (\text{一次碰撞发生化学反应的概率}) \times \frac{1}{N_{AV}}$$
$$= \left(\frac{Z_{AB}}{V}\right) \cdot P \cdot \frac{1}{N_{AV}} \tag{4.17}$$

式中,N_{AV} 为 Avogadro 常数(6.021×10^{26} /kmol);P 是一次碰撞发生化学反应的概率,根据键化学理论:

$$P = p \cdot \exp\left(-\frac{E}{RT}\right) \tag{4.18}$$

它是能量因子 $\exp(-E/RT)$ 和几何因子 p 的乘积。几何因子则是考虑发生碰撞的 A 分子和 B 分子的几何因素。能量因子表示能量高于活化能 E 的碰撞所占的百分数,即有效碰撞,如图 4.2 所示,分子碰撞中还存在无效分子碰撞,此类分子碰撞只发生分子间动量交换,并不能发生化学键的重建,即不发生化学反应。活化能 E 是发生化学反应所需能级的阈值,后面将进一步讨论。

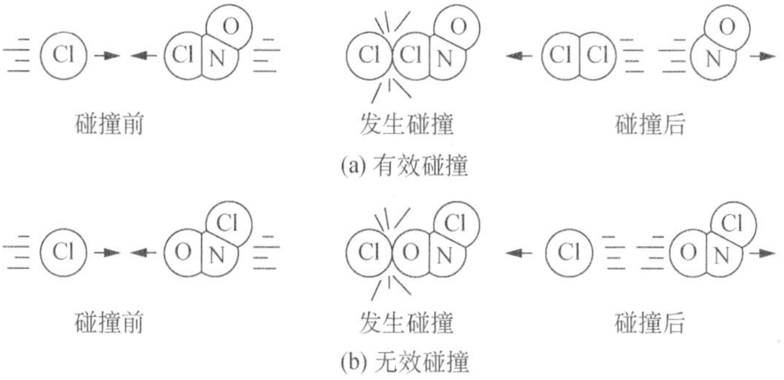

碰撞前　　　　　　发生碰撞　　　　　碰撞后

(a) 有效碰撞

碰撞前　　　　　　发生碰撞　　　　　碰撞后

(b) 无效碰撞

图 4.2　化学反应中分子有效碰撞和无效碰撞示意图

考虑到 $n_A/V = C_A N_{AV}$，$n_B/V = C_B N_{AV}$，将式(4.16)和(4.18)代入式(4.17)：

$$\frac{\mathrm{d}C_A}{\mathrm{d}t} = p N_{AV} \sigma_{AB}^2 \left(\frac{8k_B T}{\pi\mu}\right)^{1/2} \exp\left(-\frac{E}{RT}\right) C_A C_B \tag{4.19}$$

将式(4.19)与式(4.8)比较,双分子反应速率系数为:

$$k(T) = p N_{AV} \sigma_{AB}^2 \left(\frac{8k_B T}{\pi\mu}\right)^{1/2} \exp\left(-\frac{E}{RT}\right) \tag{4.20}$$

基于上述碰撞理论的分析,从理论上揭示了化学反应速率系数的内在意义,证明了化学反应速率系数是一个与温度有关而与反应物或生成物浓度无关的参数。式(4.20)并不能用于定量计算化学反应速率系数,精确的计算依赖于量子化学计算,确定大部分化学反应速率系数的参数来源于实验,下节将予以讨论。

4.2.5　化学反应速率系数

1) Arrhenius 反应速率系数经验公式

1889 年,Arrhenius 根据实验并参考 1884 年 van't Hoff 从热力学函数导出的平衡常数 K 与温度 T 的相互关系,提出了反应速率系数经验公式:

$$k = A \cdot \exp\left(-\frac{E}{RT}\right) \tag{4.21}$$

式中,A 为频率因子;E 为活化能,单位为 J/mol。式(4.21)被称为 Arrhenius 反应速率系数经验公式,简称 Arrhenius 公式。

Arrhenius 公式与分子碰撞理论获得的反应速率系数式(4.20)的数学形式非常一致,因此,化学反应速率系数的计算表达式(4.21)得到了理论和实践经验的证明。Arrhenius 公式在化学动力学的发展过程中所起的作用是非常重要的,特别是其所提出的活化分子的活化能的概念,在反应速率理论的研究中起了很大的作用。

2）活化能

活化能 E 是宏观物理量,具有统计平均意义。对基元反应而言,E 等于活化分子的平均能量与反应分子平均能量之差。对于复杂反应,E 的直接物理意义并不清晰。因此,由实验求得的 E 也叫作"表观活化能"。

依据键化学理论,化学反应过程是一个旧键断裂和新键形成的过程,旧键断裂和新键的形成都需要能量。由反应物到生成物,反应物分子必须经过接触碰撞才能转变成生成物分子。但并非所有分子的碰撞都能够引起反应。因此只有能量高的分子(活化分子)经过碰撞才能转变成生成物。

Arrhenius 认为,普通的反应物分子之间并不能发生反应而形成生成物分子;如能发生化学反应,普通分子必须吸收足够的能量先变成活化分子,活化的反应物分子之间才可能发生反应生成新分子。如图 4.3 所示,Arrhenius 活化能表征了反应前分子能量水平与跃升到发生反应分子能量水平之差。使一般分子(具有平均能量的分子) 变为活化分子(能量超出某一定值的分子)所需要的最小能量称为活化能。

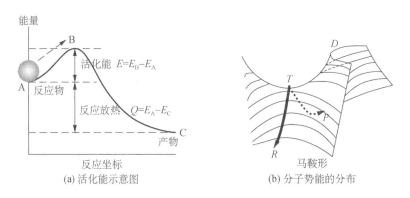

(a) 活化能示意图   (b) 分子势能的分布

图 4.3   活化能与分子势能面示意图

3）Arrhenius 公式的一般形式

尽管很多资料列表给出了 Arrhenius 形式的反应速率系数,但人们更常用下面的三参数形式来给出反应速率系数:

$$k = AT^{b} \cdot \exp\left(-\frac{E}{RT}\right) \tag{4.22}$$

式中,A、b 和 E 为三个经验参数。式(4.22)是应用广泛的标准化学反应速率系数的计算公式,大量化学反应相关三个参数的数据可供使用。

【例 4.2】　计算确定双分子碰撞理论模型中基元反应:$O+H_2O \longrightarrow OH+OH$ 的反应几何因子 p。已知温度为 2 000 K,反应分子为刚性球,分子直径 $\sigma_O = 3.05 \times 10^{-10}$ m,$\sigma_{H_2O} = 2.65 \times 10^{-10}$ m,相关反应速率系数的参数见表 4.2。

解:由碰撞理论的双分子反应速率系数式(4.20)与 Arrhenius 反应速率系数公式(4.22)相等,得到:

$$k(T) = p N_{AV} \sigma_{AB}^2 \left(\frac{8k_B T}{\pi \mu}\right)^{1/2} \exp\left(-\frac{E}{RT}\right) = A T^b \exp\left(-\frac{E}{RT}\right)$$

式中假定两个表达式中的活化能 E 相等。根据上式,可以直接求出几何因子 p 为:

$$p = \frac{A T^b}{N_{AV} \left(\dfrac{8k_B T}{\pi \mu}\right)^{1/2} \sigma_{AB}^2}$$

从表 4.2 中查得:$A = 1.5 \times 10^4$,$b = 1.14$。而 $\sigma = (\sigma_O + \sigma_{H_2O})/2 = (3.05 + 2.65) \times 10^{-10}/2 = 2.85 \times 10^{-10}$ (m)。常数 $k = 1.381 \times 10^{-23}$ J/K。

$$m_O = \frac{MW_O}{N_{AV}} = \frac{0.016(\text{kg/mol})}{6.021 \times 10^{23}(\text{分子数 /mol})} = 2.66 \times 10^{-26} (\text{kg/ 分子})$$

同理:$m_{H_2O} = \dfrac{MW_{H_2O}}{N_{AV}} = \dfrac{0.018}{6.021 \times 10^{23}} = 2.99 \times 10^{-26} (\text{kg/ 分子})$

$$\mu = \frac{m_O m_{H_2O}}{m_O + m_{H_2O}} = \frac{2.66 \times 2.99}{2.66 + 2.99} \times 10^{-26} = 1.408 \times 10^{-26} (\text{kg/ 分子})$$

因此,将上面数据代入计算,得几何因子:$p = 0.796$

应注意 $k(T)$ 所有的单位都在指前因子 A 中,故例题中未给出其量纲。

4)燃烧宏观反应速率系数

燃烧反应的基元反应体系一般都比较复杂,由几十个或几百个甚至数千个基元反应组成的燃烧反应体系,燃烧化学反应动力学的计算十分繁杂。在许多燃烧问题中,可以接受精度相对较低的化学宏观反应描述燃烧的化学反应动力学过程。

对于碳氢可燃物质采用一个通用的化学宏观反应式:

$$C_x H_y + (x + y/4) O_2 \xrightarrow{k_G} x CO_2 + (y/2) H_2O \tag{R11}$$

该单步反应速率的表达式由式(4.11)和(4.22)可得:

$$\frac{\mathrm{d}C_{\mathrm{CxHy}}}{\mathrm{d}t} = -AT^b \exp\left(-\frac{E}{RT}\right) C_{\mathrm{CxHy}}^m C_{\mathrm{O_2}}^n \tag{4.23}$$

式中,参数 $b=0$,参数 $A,E/R$ 和 m,n 的取值见表 4.1,A 的单位是平衡单位,如果浓度单位为 $\mathrm{mol/cm^3}$,则 A 的单位是 $\mathrm{cm^{3(m+n-1)}/(mol^{m+n-1} \cdot s)}$,如果浓度单位为 $\mathrm{mol/m^3}$,则 A 的单位是 $\mathrm{m^{3(m+n-1)}/(mol^{m+n-1} \cdot s)}$。当总反应级数 $m+n=1$ 时,A 的单位为 $\mathrm{s^{-1}}$。E/R 的单位是 K。表中所给出的数据对火焰速度和可燃极限的实验具有良好的吻合度。

在下一节的化学反应机理章节的表 4.2 中,给出了 $\mathrm{H_2}$-$\mathrm{O_2}$ 燃烧基元反应模型的化学反应动力学的参数。其中,双分子基元反应速率运用式(4.8)计算,三分子基元反应速率由式(4.10)计算,表中的化学反应速率系数的参数按式(4.22)计算。

表 4.1　常用碳氢化合物燃烧动力学参数

名称	频率因子 A	反应指数 m	反应指数 n	活化能 (E/R) /K	名称	频率因子 A	反应指数 m	反应指数 n	活化能 (E/R) /K
$\mathrm{CH_4}$	1.3×10^8	-0.3	1.3	24 358	$\mathrm{C_9H_{20}}$	4.2×10^{11}	0.25	1.5	15 098
$\mathrm{CH_4}$	8.3×10^5	-0.3	1.3	15 098	$\mathrm{C_{10}H_{22}}$	3.8×10^{11}	0.25	1.5	15 098
$\mathrm{C_2H_6}$	1.1×10^{12}	0.1	1.65	15 098	$\mathrm{CH_3OH}$	3.2×10^{12}	0.25	1.5	15 098
$\mathrm{C_3H_8}$	8.6×10^{11}	0.1	1.65	15 098	$\mathrm{C_2H_5OH}$	1.5×10^{12}	0.15	1.6	15 098
$\mathrm{C_4H_{10}}$	7.4×10^{11}	0.15	1.6	15 098	$\mathrm{C_6H_6}$	2.0×10^{11}	-0.1	1.85	15 098
$\mathrm{C_5H_{12}}$	6.4×10^{11}	0.25	1.5	15 098	$\mathrm{C_7H_8}$	1.6×10^{11}	-0.1	1.85	15 098
$\mathrm{C_6H_{14}}$	5.7×10^{11}	0.25	1.5	15 098	$\mathrm{C_2H_4}$	2.0×10^{12}	0.1	1.65	15 098
$\mathrm{C_7H_{16}}$	5.1×10^{11}	0.25	1.5	15 098	$\mathrm{C_3H_6}$	4.2×10^{11}	-0.1	1.851	15 098
$\mathrm{C_8H_{18}}$	4.6×10^{11}	0.25	1.5	15 098	$\mathrm{C_2H_2}$	6.5×10^{12}	0.5	1.25	15 098
$\mathrm{C_8H_{18}}$	7.2×10^{12}	0.25	1.5	20 131					

注:采用表 4.1 中参数计算时浓度的单位是 $\mathrm{mol/cm^3}$。

【例 4.3】 在 $\mathrm{H_2}$-$\mathrm{O_2}$ 燃烧化学反应系统中,考虑基元反应:$\mathrm{H_2 + O \longrightarrow OH + H}$,如果忽略该反应的逆反应作用,根据表 4.2 的反应速率系数的参数,已知燃烧气体中,$\mathrm{H_2}$ 物质的量分数 $x_{\mathrm{H_2}}=0.06$,O 物质的量分数 $x_{\mathrm{O}}=0.001\,8$,计算在温度 $T=2\,000$ K,压力 $p=0.3$ MPa 时,该基元反应的 OH 生成率。

解: 根据化学反应速率系数公式(4.22)和表 4.2 提供的动力学参数,反应速率系数为:

$$k_{\mathrm{b}} = AT^b \exp\left(-\frac{E}{RT}\right) = 150 \times 2\,000^2 \exp\left(-\frac{31\,600}{8.31 \times 2\,000}\right)$$
$$= 8.96 \times 10^7 \left[\mathrm{m^3/(mol \cdot s)}\right]$$

将物质的量分数转化为摩尔浓度：

$$C_{\mathrm{H2}} = x_{\mathrm{H2}} \frac{p}{R_{\mathrm{u}}T} = 0.06 \times \frac{0.3 \times 10^6}{8.31 \times 2\,000} = 1.08 \ (\mathrm{mol/m^3})$$

$$C_{\mathrm{O}} = x_{\mathrm{O}} \frac{p}{R_{\mathrm{u}}T} = 0.001\,8 \times \frac{0.3 \times 10^6}{8.31 \times 2\,000} = 0.032 \ (\mathrm{mol/m^3})$$

由双分子反应速率公式(4.8)得基元反应的 OH 生成率：

$$\frac{\mathrm{d}C_{\mathrm{OH}}}{\mathrm{d}t} = -\frac{\mathrm{d}C_{\mathrm{H2}}}{\mathrm{d}t} = k_{\mathrm{b}}C_{\mathrm{H2}}C_{\mathrm{O}} = 8.96 \times 10^7 \times 1.08 \times 0.032$$
$$= 3.10 \times 10^6 \left[\mathrm{mol/(m^3 \cdot s)}\right]$$

4.2.6 影响燃烧化学反应速率的因素

1) 温度对化学反应速率的影响

温度是影响化学反应速率的重要因素之一，它主要影响反应速率系数 k 的值。van't Hoff 根据大量的实验数据总结出一条经验规律：温度每升高 10 K，反应速率近似增加 2～4 倍。这个经验规律可以用来预估温度对反应速率的影响。

从 Arrhenius 公式出发分析温度对反应速率系数的影响，其相关性将非常明显。把式(4.21)改写为：

$$\ln(k) = -\frac{E}{RT} + \ln(A) \tag{4.24}$$

假设温度对活化能的影响作用不大，保持不变，$1/T$ 与 $\ln(k)$ 呈线性关系，直线斜率为 $-E/R$。式(4.24)说明，温度 T 对反应速率系数 k 的影响呈正指数影响作用，所以，温度是气体化学反应速率的最主要控制因素，温度升高，才能使化学反应速率提高，燃烧反应才有可能发生。式(4.24)也是实验确定反应速率系数的参数的主要方法之一。

【例 4.4】 双分子反应：$\mathrm{Cl} + \mathrm{H_2} \longrightarrow \mathrm{HCl} + \mathrm{H}$，不同温度下的反应速率系数值如下：

T/K	298	400	520	600	860	950	1 050
$k/(\mathrm{m^3 \cdot mol^{-1} \cdot s^{-1}})$	1.02	10.9	54.0	105	440	590	792

求该温度范围内反应的活化能 E。

解:利用以上数据作 $\ln(k) - 1/T$ 图,作图数据见下表:

$1/T$	3.36×10^{-3}	2.50×10^{-3}	1.92×10^{-3}	1.67×10^{-3}	1.16×10^{-3}	1.05×10^{-3}	9.52×10^{-4}
$\ln(k)$	0.02	2.389	3.989	4.654	6.087	6.38	6.675

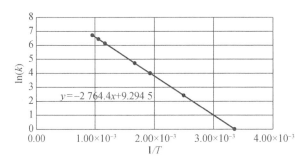

从图中求出直线的斜率:$s = -2\,764.4\,(1/\mathrm{K})$,按照(4.24)式可以求出该反应的活化能:

$$E = -sR = -(-2\,764.4)\times8.31 = 22\,972\ (\mathrm{J/mol})$$

从截距 $\ln(A) = 9.294\,5$,求出频率因子 $A = 10\,878\ \mathrm{m}^3/(\mathrm{mol\cdot s})$

2) 浓度和压力对反应速率的影响

反应物或生成物浓度对于化学反应速率的影响直接体现在化学反应速率公式(4.7)上,反应物浓度 C_A、C_B 越高,则正向反应的反应速率 W 越快,反应浓度和反应速率成正比。反应级数 a、b 对反应速率 W 的影响很大,它通过反应物浓度的指数效应对反应速率结果产生非常大的影响,随着反应级数的增大,反应物浓度对反应速率的作用呈几何级增长。

化学反应系统的压力对反应速率的影响是通过反应浓度的变化体现出来的。

根据气体状态方程:$p_i = \rho_i RT$ 和道尔顿分压定律:$p_i = x_i p$,反应物浓度为:$C_i = \dfrac{\rho_i}{MW_i} = \dfrac{x_i}{RT\cdot MW_i}p$。式中参数意义参见 2.1.3 节和热力学教材。因此化学反应速率公式(4.7)改写为:

$$W = kC_\mathrm{A}^m C_\mathrm{B}^n = k_\mathrm{G} x_\mathrm{A}^m x_\mathrm{B}^n \left(\frac{p}{RT}\right)^{m+n} \tag{4.25}$$

其中反应级数 $m+n$ 是大于 1 的,所以,提高反应压力,可加快反应的进行。增压燃烧的原理就来源于此。

3) 燃料活化能 E 对反应速率的影响

不同的燃料具有不同的活化能 E,燃料的活化能 E 在 60~250 kJ/mol 之间。活化能的影响作用仍然可以通过式(4.23)来讨论。活化能 E 可以决定温度 T 对反应速率系数 k 的影响。因此,活化能是通过温度作用于反应速率系数 k。

不同的活化能 E 可能产生不同的 T-k 曲线,几种常见的 T-k 曲线特性如图 4.4 所示。常见的反应速率随温度的升高而逐渐加快,它们之间呈指数关系。爆炸类反应开始时温度影响不大,到达一定极限温度时,反应以极快的速率进行。如一氧化氮氧化成二氧化氮类反应,温度升高,速率反而下降。还有一些催化反应和碳氢化反应,温度对反应速率呈现非单调函数。

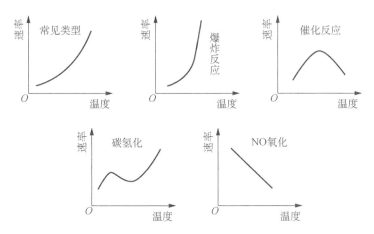

图 4.4　活化能 E 对化学反应速率影响的反应类型

4.3　化学反应机理

4.3.1　概述

虽然化学方程式中各物质的当量比看似简单,但在微观上,一个化学反应通常是经过几步完成的,描述化学反应的微观过程的化学动力学分支称为反应机理。反应机理中,每一步反应称作基元反应,基元反应中反应物的分子数总和称为反应分子数。反应机理由一个或多个基元反应所组成,这些基元反应的净反应即为表观上的宏观化学反应。

若化学宏观反应是经历了两个或两个以上的基元反应完成的,则称为复杂反应。组成复杂反应的基元反应集合代表了反应所经历的步骤,在化学动力学上称为化学反应机理。

反应机理可能只涉及几步反应(即几个基元反应),也可能涉及几百个基元反应。确定反应途径、解释反应和给出结果是化学反应机理的主要任务。对于一个化学宏观反应,如何选择数量最少的基元反应来描述整个反应过程是化学反应机理研究的目标问题之一。

4.3.2　链式反应

几乎所有的燃烧反应都不能够简单地运用化学宏观反应来描述,因为燃烧反应的许多特点都无法用简单的一两个化学宏观反应机理来解释。所有气体燃烧的化学反应都涉及一种重要的化学反应机理——链式反应。

1) 链式反应概念

在化学反应中,出现一种只需较小的活化能便能与气体分子发生化学反应的中间产物——自由原子和自由基,称为活化中心或链载体。这种不断有活化中心参与循环的反应称为链式反应。

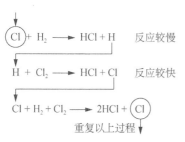

图 4.5　H₂-Cl₂ 直链反应途径示意图

按照活化中心在反应过程中的传递方式,链式反应可分为反应途径不分叉的直链反应和反应途径分叉的支链反应两种。

下面分别以两个化学反应过程说明直链反应和支链反应的概念和区别。

（1）直链反应

考虑化学反应 $H_2 + Cl_2 \longrightarrow 2HCl$ 系统的局部基元反应步骤。

如图 4.5 所示,由活性中心 Cl 生成活性中心 H,再由活性中心 H 生成活性中心 Cl,反应以前面同样方式继续进行,整个反应过程呈链条一样持续发生。反应历程中,只有一个活化中心在传递,活化中心不增殖,这个反应历程反映的就是直链反应。

直链反应:链式反应中,单一活化中心依次传递,持续发生的系列基元反应历程。其重要特征是活化中心不增殖。

（2）支链反应

另一个化学反应系统是 H_2-O_2 燃烧系统,其中的局部基元反应步骤如下:

$$H_2 + M^* \longrightarrow H + H + M$$
$$H + O_2 \longrightarrow OH + O$$
$$OH + H_2 \longrightarrow H_2O + H$$
$$O + H_2 \longrightarrow OH + H$$
$$OH + H_2 \longrightarrow H_2O + H$$

通过分析上述的基元反应组,可以发现反应是在活化中心 H 的传递中进行的,如图 4.6 所示,活性中心 H 的传递路径呈现一种树杈的形式,这种形式的链式反应称之为支链反应。

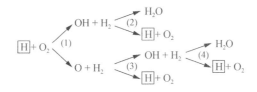

图 4.6 H₂-O₂ 燃烧支链反应途径示意图

支链反应:链式反应中,活化中心随反应历程呈发散增殖的传递,反应持续增强的系列基元反应历程。

在燃烧的许多化学反应过程中都可能发生链式反应,其中,燃烧火焰到爆炸现象是典型的支链反应。在支链反应中自由基数目以几何级数的方式增加,反应链迅猛分支发展而导致爆炸,称为支链爆炸。

2)链式反应机理

链式反应的特点是生成某种自由基组分,该自由基参与多个反应又生成另一种或几种新自由基,这种连续反应过程或链式反应会一直持续;也有可能发生某两种自由基的链断裂,从而生成稳定的化合物。

进一步探讨一个简单的链式反应,通过说明链式基元反应的化学反应历程来阐述链式反应的发生、开展和消亡的机理。

链式反应的总反应方程式为 $A_2 + B_2 \longrightarrow 2AB$,链式反应有三个发展阶段:

① 链式反应开始,称之为引发反应。引发反应产生自由基 A:

$$A_2 + M \longrightarrow A + A + M$$

② 链的传递:在生成产物的同时,能够再生自由基 A 和 B,涉及自由基的传播,反应为:

$$A + B_2 \longrightarrow AB + B$$

$$A_2 + B \longrightarrow AB + A$$

上述反应是链式反应的主体,活化中心的传递可能按照直链途径发展,也可能以支链形式进行。

③ 链的终止:自由基 A 和 B 变为一般分子,链终止反应为:

$$A + B + M \longrightarrow AB$$

该反应消耗活化中心而不产生新的活化中心,衰减了反应进程,是链式反应的末端。

4.3.3 燃烧化学反应机理

简要介绍一些对燃烧问题有着重要意义的化学反应机理,对于反应机理的理解非常有益。

1) H_2-O_2燃烧与爆炸的化学反应机理

H_2-O_2燃烧系统本身具有很多应用,如应用于火箭推进。同时该系统也是碳氢物质氧化以及 CO 和水蒸气系统的重要子系统。这个反应看似简单,但反应机理却很复杂,反应式 R2~R5 只是给出了少数几个反应步骤,表 4.2 给出了较为完整的 H_2-O_2燃烧的基元反应模型和反应动力学参数。

H_2-O_2反应在温度-压力图(图 4.7)中存在三个不同的区域,划分了氢气和氧气混合物火焰燃烧和爆震(爆炸)的临界区域。一系列的基元反应引发了链式反应(如 $H+O_2+M \longrightarrow O+OH+M$)或支链反应爆炸(如 $H+O_2 \longrightarrow O+OH$)或链终止反应(如 $H+H+M \longrightarrow H_2+M$),分别产生了氢的火焰燃烧或爆炸的结果。进一步的反应机理细节解释参阅相关燃烧反应机理的文献资料。

氢的燃烧系统化学反应机理分析表明,在不同环境参数压力、温度条件下,化学反应的途径是不一样的,因此产生的燃烧现象和结果大相径庭,这正是化学反应机理需要研究的地方。具体到燃烧学,火焰、爆燃、爆震的形成机理是由化学反应机理所决定的。

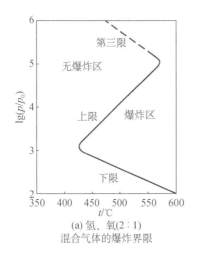

(a) 氢、氧(2:1)
混合气体的爆炸界限

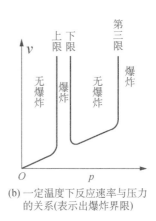

(b) 一定温度下反应速率与压力
的关系(表示出爆炸界限)

图 4.7 H_2-O_2 反应的燃烧和爆炸化学反应机理

表 4.2 氢-氧燃烧的基元反应模型和反应动力学参数

基元反应	频率因子 A /$[(m^3 \cdot mol^{-1})^n \cdot s^{-1}]$	温度指数 b	活化能 E /$(kJ \cdot mol^{-1})$	温度范围 /K	
H+O₂ ⟶ OH+O	1.2×10^{11}	-0.91	69 100	300~2 500	
OH+O ⟶ O₂+H	1.8×10^7	0	0	300~2 500	300~2 500
O+H₂ ⟶ OH+H	1.5×10^2	2.0	31 600	300~2 500 300~2 500	300~2 500
OH+H₂ ⟶ H₂O+H	1.5×10^2	1.6	13 800		
H+H₂O ⟶ OH+H₂	4.6×10^2	1.6	77 700	300~5 000	100~5 000
O+H₂O ⟶ OH+OH	1.5×10^4	1.14	72 200		
H+H+M ⟶ H₂+M					
$\quad M=Ar$(低 p)	6.4×10^8	-1	0	2 500~8 000	2 500~8 000
$\quad M=H_2$(低 p)	0.7×10^7	-0.6	0		
H₂+M ⟶ H+H+M					
$\quad M=Ar$(低 p)	2.2×10^8	0	40 200	1 000~3 000	
$\quad M=H_2$(低 p)	8.8×10^8	0	40 200	2 000~5 000	
H+OH+M ⟶ H₂O+M					
$\quad M=H_2O$(低 p)	1.4×10^{14}	-2	0	300~5 000	
H₂O+M ⟶ H+OH+M					
$\quad M=H_2O$(低 p)	1.6×10^{11}	0	47 800	2 000~10 000	
O+O+M ⟶ O₂+M					
$\quad M=Ar$(低 p)	1.0×10^8	-1	0		
O₂+M ⟶ O+O+M					
$\quad M=Ar$(低 p)	1.2×10^8	0	451		

2) 甲烷燃烧火焰的化学反应机理

在甲烷火焰中的氧化关键步骤如图 4.8 所示,这里仅解释反应开始的一小部分,以说明甲烷火焰燃烧的化学反应机理的本质和过程。

甲烷通过 H、O、OH 提取 H 而产生甲基(自由基)CH₃,甲基自由基 CH₃ 与 O 原子反应生成甲醛:

$$CH_3 + O \longrightarrow CH_2O + H$$

CH₂O 与 H 进一步提取 H:

$$CH_2O + H \longrightarrow CHO + H_2$$

同时甲醛同 OH 反应生成甲醛基,再与 H 和 O₂ 进行反应,提取 H 原子。

甲烷火焰的化学反应机理详细过程不在此阐述,相关内容参阅相关文献。

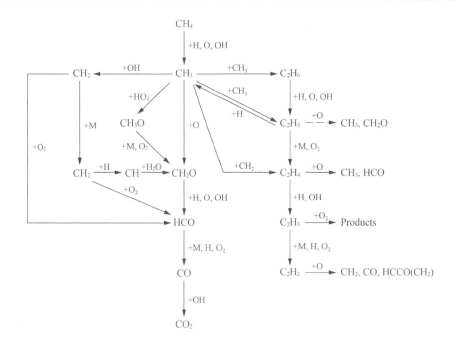

图 4.8　CH₄ 燃烧的化学反应机理模型

　　从上述对 H_2-O_2 系统和甲烷燃烧反应的简要讨论可以看出，对一个化学反应系统而言，其化学反应机理对于实验观察的理解具有非常重要的作用，同时对燃烧现象预测模型的建立也具有非常重要的意义。

习题

1. 什么是化学反应速率的质量作用定律？运用质量作用定律式(4.7)计算的反应速率和运用化学反应定义式(4.4)计算的反应速率有什么区别？

2. 分析双分子反应速率公式(4.8)，其公式左边项是时间的微分，该公式能否运用于稳态燃烧反应的问题？

3. 化学反应速率的碰撞理论的基本要点是什么？为什么在碰撞理论中引入分子碰撞发生化学反应概率因子 P？

4. 气相双分子反应 A ＋B ——→ AB 在不同温度下的反应速率系数值如下：

T/K	600	620	650	680	700	720	750	780	800
$K/[m^3 \cdot (mol \cdot s)^{-1}]$	50.65	54.70	60.27	65.87	67.87	70.91	74.45	77.49	79.52

求该温度范围内反应的活化能 E 和频率因子 A。

5. 分析下列反应是化学宏观反应还是基元反应,对于基元反应说明哪些反应是单分子反应、双分子反应或是三分子反应。

    (1) $CO + OH \longrightarrow CO_2 + H$

    (2) $2CO + O_2 \longrightarrow 2CO_2$

    (3) $H_2 + O_2 \longrightarrow H + H + O_2$

    (4) $HOCO \longrightarrow H + CO_2$

    (5) $CH_4 + 2O_2 \longrightarrow CO_2 + 2H_2O$

    (6) $OH + H + M \longrightarrow H_2O + M$

6. 丁烷燃烧的一步宏观反应: $2C_4H_{10} + 13O_2 \longrightarrow 8CO_2 + 10H_2O$。它的燃烧反应速率为:

$$R_{C_4H_{10}} = 7.4 \times 10^{11} \exp\left(-\frac{15\ 098}{T}\right) C_{C_4H_{10}}^{0.15} C_{O_2}^{1.6}$$

说明该反应的反应级数和活化能分别是多少。

7. 甲烷燃烧中,基元反应: $CH_4 + M \longrightarrow CH_3 + H + M$ 起重要作用,在不考虑逆反应的条件下,已知反应为一级,反应速率系数为:

$$k(1/s) = 0.282 \times T \times \exp\left(-\frac{9\ 835}{T}\right)$$

计算在温度 $T = 1\ 800$ K 和压力 $p = 0.1$ MPa 条件下,甲烷物质的量分数 $x_{CH_4} = 0.01$ 时的反应速率。

8. 计算烃类-空气燃烧的反应速率问题。运用化学宏观一步反应机理,对(1) 乙烷 C_2H_6、(2) 丙烷 C_3H_8 和(3) 辛烷 C_8H_{18} 分别计算它们的 CO_2 生成速率,并比较它们的反应快慢。已知反应条件是 $\Phi = 1, p = 0.1$ MPa, $T = 1\ 800$ K。

9. 分析燃烧反应速率的各种影响因素。

10. 分析说明链式反应的直链反应和支链反应的相同点和不同点。

11. 试讨论在燃烧火焰中直链反应和支链反应各起什么作用,哪一个类型链式反应作用更大一些?

12. 说明气体爆炸的燃烧化学反应机理。

第5章 气体燃烧与着火

关于燃烧的概念,除了火焰的唯象认识外,第1章关于燃烧相关内容描述较为抽象,尚未涉及燃烧学的具体原理问题。从本章开始,将运用第2章至第4章的化学热力学、传质学和化学动力学理论方法,以及已经学习具备的流体力学、传热学知识,对燃烧现象和过程进行系统、科学的阐述。燃烧的实践应用(即燃烧技术)最基本的需求是产生和保持燃料和氧化剂的燃烧。另外,从研究的角度看,气体燃料的燃烧机理必然较其他物态燃料的燃烧机理简单。因此,气体着火和稳定燃烧成为燃烧学对燃烧原理阐述的开始。

本章内容首先叙述了气体燃烧基本概念介绍了一些气体燃烧最基本的定义、概念和知识,为第6章和第7章的气体燃烧火焰机理知识的学习做知识基础准备;其次,重点介绍了着火的概念、形式等,运用化学热力学方法,分析了着火机理;最后,介绍了气体稳定燃烧的方法和气体燃烧器,它是燃烧技术的重要组成部分。

本章的知识内容仅适用于气体燃烧过程。

5.1 气体燃烧基本概念

气体燃烧一般指可燃气体与氧气的燃烧化学反应,它有别于固体可燃物与氧气的燃烧,尽管这两类燃烧都以火焰的形式呈现,但从燃烧学角度,这是两类完全不同的火焰类型,两者燃烧机理存在本质性的差异。前者称之为气相燃烧(或均相燃烧),后者属于气固燃烧(或非均相燃烧)。

5.1.1 气相燃烧与气固燃烧概念

气相燃烧和气固燃烧的区分,正如它们的另一个名称"均相燃烧"和"非均相燃烧",是以"相"的概念区分的。

所谓"相",物理学定义是系统中结构相同,成分和性能均一,并以界面相互分开的组成部分。多相系统中,不同相之间有明显的相分界面。针对燃烧问题,有燃

气—氧气燃烧系统和固体可燃物—氧气燃烧系统。所以,按照相分类,它们的定义是:

气相燃烧:燃烧系统中所有物质都是以气体相态存在,或称为均相燃烧。

气固燃烧:燃烧系统中反应物是以气体和固体两种相态存在,或称为非均相燃烧。

气相燃烧理论是燃烧学的基础,对气相燃烧的理解是研究描述其他复杂燃烧问题(包括气固燃烧)的前提和基础。气相燃烧的宏观呈现形式是火焰,气相燃烧火焰被习惯性地称为气体燃烧火焰,或气体火焰。本书如不作说明,气体(燃烧)火焰即指气相燃烧火焰。

5.1.2　气体燃烧火焰及分类

气体燃烧火焰是指在气相状态下发生燃烧化学反应的外部表现,它由燃烧前沿和正在燃烧的质点所包围的放热发光的区域所构成。

不同的燃烧组织方式产生不同的气体燃烧火焰。在非专业人士看来,所有的气体燃烧火焰都大同小异,但是,燃烧学知识表明,它们的工作机理截然不同。

如图 5.1 所示,气体火焰可以由两种燃烧组织方式产生:一种是将燃气和氧气(空气)先在混合室内混合,然后再射流喷入燃烧室形成燃烧火焰;另一种是燃气射流喷入氧气(空气)大空间的燃烧室,形成射流火焰。上述两种火焰是气体燃烧火焰的两种最基本的方式,从燃烧学角度,按照燃气与氧化剂在进入反应区以前有无接触的燃烧组织方式定义:

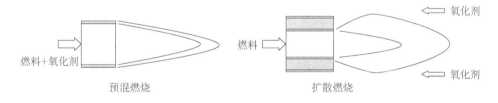

图 5.1　预混火焰和扩散火焰组织方式示意图

预混燃烧:可燃气体与氧化剂在着火前就已经混合接触,气体混合后发生的燃烧。

扩散燃烧:可燃气体与氧化剂在着火前无接触,分别送入燃烧室的燃烧。(说明:这种燃烧方式严格意义上被称之为气体非预混射流燃烧,为了名词上的简洁,在此统一称为扩散燃烧。)

扩散燃烧是人类最早认识火的一种燃烧方式。直到今天,扩散火焰仍是最常见的一种火焰。普通气体打火机火焰、野营中使用的篝火和火把、家庭中使用的蜡烛和煤油灯等的火焰、煤炉中的燃烧以及各种工业窑炉中的燃油燃烧等都属于扩散火焰,威胁和破坏人类文明和生命财产的各种毁灭性火灾也都属于扩散火焰类型。扩散燃烧可以是单相的,也可以是多相的。石油和煤在空气中的燃烧属于多相扩散燃烧,可燃气体射流燃烧属于气相(气体)扩散燃烧。

预混燃烧是人们在使用火的过程中,发现自燃形成的扩散燃烧火焰存在诸多缺点,比如,燃烧稳定性差,热量释放率(燃烧速率)低等,难以满足不断发展的工业生产需求,为了改进燃烧效果而发明的一种先进燃烧方法。焊工使用的乙炔气焊枪火焰能够高温熔化钢铁,就是预混火焰的高强度燃烧才能达到的效果。因此,预混燃烧的出现和使用是燃烧技术进步的标志。

在人们日常生活和生产中,诸如此类的实例不胜枚举。从燃烧学角度,预混燃烧火焰和扩散燃烧火焰的工作机理是完全不同的。

预混(燃烧)火焰机理:燃料和氧化剂预先混合好,这时化学动力学因素对燃烧起控制作用,亦称动力燃烧机理。

扩散(燃烧)火焰机理:燃料和氧化剂边混合边燃烧,这时由于扩散传质作用对燃烧起控制作用,又称扩散燃烧机理。

预混燃烧机理实质上亦是预混燃烧定义的一部分,但是,扩散燃烧机理并非气体非预混射流燃烧(扩散燃烧)的唯一工作机理。关于预混燃烧和扩散燃烧的进一步说明,在第6章和第7章将做专题介绍,这里不再赘述。

按流体力学特性划分,火焰可分为层流火焰和湍流火焰,工业火焰绝大部分属于湍流火焰。

按火焰运动状态可分为移动火焰和驻定火焰,前者即火焰位置在空间是移动的,而后者指火焰位置在空间是固定的。

按火焰的形状可将火焰分为直流火焰、旋流火焰、大张角火焰、平面火焰。

按火焰反应物初始物理相态分类,有均相火焰(气体燃料和气态氧化剂的反应)和多相火焰(液体或固体燃料和气态氧化剂的燃烧),其中多相火焰也称为异相火焰。

5.1.3　气体燃烧火焰唯象性质

预混燃烧与扩散燃烧的唯象火焰结构是不同的,火焰是可燃气与氧气进行化学反应时的气体辐射,图5.2是实验火焰和火焰结构示意图。呈现了清晰的不同燃烧状态的火焰结构。当量燃烧预混火焰($\Phi=1$)呈现两部分组成的火焰区,火焰外区 a 呈紫红色,是已燃气体的微弱的可见光辐射;火焰内侧区 b 呈蓝色。如果预混空气过量(Φ＜1)，火焰仍然是两个区 a 和 b，整体火焰呈现淡蓝色。如果预混气体中空气不足(Φ＞1)，那么在火焰内区氧气燃烧完以后还有部分多余的可燃气会穿过内区 b，与大气中扩散进来的氧气在蓝色内区 b 与绿色外区 a 之间进行扩散燃烧，产生淡绿色火焰区 c。于是，火焰就由三部分构成：蓝色内区 b、蓝绿色中间区 c 和绿色外区 a，该种火焰称为过渡火焰。

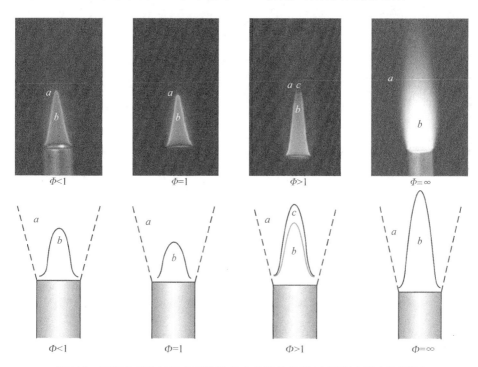

图 5.2　预混火焰和扩散火焰的唯象火焰结构特征(上图是实验火焰照片)

扩散火焰中($\Phi=\infty$)，由于燃料和氧化剂在燃烧之前未接触，导致燃烧不充分而产生碳粒子，碳粒子在高温下辐射出黄色光而使整个火焰呈黄色，如图 5.2 所示，发光强度比预混火焰要大很多，火焰结构的观察比较困难。基于扩散燃烧的特性，扩散火焰也是由未燃烧内区 b 和火焰外区 a 组成。

上述唯象观察仅做宏观的定性分析，可以发现，预混燃烧的火焰结构演变比扩散火焰复杂，这是由它们的各自燃烧机理所决定的。如果能够从分子水平的微观角度观察，那么，揭示的将是传递过程和系统动力学过程的燃烧原理，相关内容将在第 6 章和第 7 章分别详细论述。

5.2 着火概述

在讨论了气体燃烧火焰的概念和一些宏观性质之后,下面讨论气体火焰形成的过程、机理和形成条件,首先阐述第一个燃烧问题——着火。

着火,在工业生产上或日常生活中都会经常遇到,它们所起的作用有时是积极的,有时是消极的。所有工业燃烧设备在开始工作时都有一个着火燃烧的过程。但是对并不期望的燃烧则是要尽力避免的,例如火灾。唯有清楚地理解和掌握气体着火的原理,明白着火发生条件及其影响因素,才能充分有效地利用或抑制着火现象。

着火作为燃烧现象中一个复杂瞬态过程,其燃烧学内容包括了两部分:引发燃烧系统着火的原理与条件和可燃气体从未燃到点燃的复杂燃烧演变瞬态过程。前者是着火理论的主要内容,后者是非稳态燃烧动力学研究的对象。因此,这里讲述的着火理论仅包括气体着火的原理,以及讨论可燃气体着火的条件和限制,并不涉及可燃气体从未燃到形成稳定燃烧火焰的瞬态过程。

5.2.1 着火基本概念

一般意义上人们熟悉的着火概念常指气体燃料的点燃,诸如燃气灶具的打火过程、气体打火机的点火等。任何气体火焰都有一个开始点燃到形成稳定火焰的过程,即所谓通俗意义上的"着火"。但是,燃烧学意义上的"着火"与此有所不同,它所涵盖的现象更为广泛,除了包含形成火焰的着火现象外,还有自燃、爆燃等燃烧现象的广义的"着火",对此燃烧学有严格的定义。

1) 着火的现象与定义

燃烧学意义的气体着火包括了三种不同的物理化学过程,有着三种差异很大的着火后效果现象,这种着火后产生的效果现象简称为着火现象,它们都属于燃烧学的着火范畴。

(1) 第一个着火现象是火焰。

火焰的形成是最常见的着火现象。点燃火焰使可燃气体混合物与点火源接触并发生燃烧升温,以致引起局部空间的火焰出现,随后火焰扩展,并在点火源离开后仍能保持燃烧火焰的状态,形成稳定的气体火焰。物体的自燃,尤其是可燃气体的自燃,并不被常人所熟悉,与连续、稳定的气体火焰相同,它也是一个从无燃烧化学反应到形成燃烧火焰的过渡过程。因此,火焰形成是着火现象之一,也是最广泛的着火现象。

(2) 第二个着火现象是爆燃和爆震(爆炸)。

同上述气体火焰着火性质不同,有些化学活性很强的气体着火现象有其特殊的性质。可燃混合气的燃烧化学反应逐渐加速至燃烧反应速率极快、形成化学火焰局部区域(反应层)快速扩展,这种非常迅速的化学反应层扩展在燃烧学上被称为爆燃或爆震(爆炸)反应。

火焰着火和爆炸可以说具有燃烧学角度的本质一致,都是可燃气体混合物从化学反应未发生的未燃或反应缓慢的缓燃,发展到快速或极速化学反应的过程。但是爆炸的概念一般不运用于工业窑炉类燃烧设备而有其他一些广泛运用。这种着火在极短时间内导入燃烧过程,适合与满足近代热机(如内燃机)和燃气发动机的工作要求。例如在航空喷气发动机的燃烧室中,由于可燃混合气的停留时间极短,就必须要求在顷刻间完成混合气的着火与燃烧过程。

(3) 第三个着火现象是冷焰。

冷焰是指在燃料着火延迟时间区域内发生的一种预反应现象,这种预反应的结果可以使燃料温度升高约 100~150 K 而不形成火焰,可以观察到冷焰燃烧发出的微弱的淡蓝色焰光。其本质是在一定的温度和压力条件下,烃类燃料在空气中发生的分解与转化,并释放自身部分化学能的预燃烧反应。冷焰着火现象是在一定条件下形成的。

形成冷焰的主要原因是烃基链分解反应的热不稳定性:在一定的温度条件下,化学平衡向形成烃基分子团转化而使已氧化的烃基分子团浓度下降,阻止了燃烧反应速率的加速。冷焰现象是烃类液体燃料燃烧前普遍存在的一种预反应现象。实验研究发现,冷焰燃烧的发生和存在不依赖于液体燃料的类型。不同燃料其发生和存在冷焰燃烧的温度范围并无太大差别,均在 300 ℃左右开始,500 ℃左右结束 。

基于上述三种气体着火现象的共性总结,可以给出着火的燃烧学定义。

着火:可燃气体与氧化剂(空气)共存的条件下,当达到某一热力学条件时,燃烧化学反应加速,并升温以至引起空间快速燃烧反应出现的过程。这个过程反映了燃烧现象的一个重要标志,即由空间某一局部扩展到另一部分。

燃烧的熄火过程则与着火过程相反,它是一个从极快的燃烧反应速率到反应速率减缓,以至不能维持火焰的形成,最终停止化学反应的过程。

2) 着火的本质

着火是一个主要受化学动力学控制的过程,化学动力学的两大支柱化学反应动力学和化学反应机理分别在着火中扮演重要的角色,着火的本质就是可燃气体混合物系统的化学动力学特性的瞬态体现。

针对火焰着火,在这个过渡过程中由于稳定火焰尚未形成,反应物和产物气体物质的运动尚不明显,它们之间的相互扩散的化学反应速率量级不大,扩散速度基本上对此过渡过程的化学反应影响极微。因此,着火的火焰形成的过渡过程是一个化学动力学控制的过程。

在实际的气体燃烧问题中,燃烧的化学动力学受控于不同的物理或化学过程。可燃混合气的预热、活化分子的传输以及化学反应等一系列的相互关联的过程,其中任何一个最慢的环节将决定燃烧化学反应速率,对着火过程起决定性的制约作用。例如油滴、喷雾燃烧,未作预混合的气体射流燃烧等均属此类。

一些受火焰传播控制的预混燃气的着火,同时受化学动力学及扩散的控制。例如,汽油机、煤气机、喷灯等燃烧设备。着火过程的火焰扩展从待燃混合气到火焰反应区之间仍有较大的浓度梯度、温度梯度,还存在着传质及传热问题;在火焰反应区还有化学反应速率对燃烧强度的控制问题。因此,这类燃烧同时受物理过程及化学反应过程的控制。

3)着火条件的概念

在一定的初始条件下,系统从长时间保持的低温水平的缓慢化学反应态势逐渐发展,使系统在某个瞬间达到高温反应态势(即燃烧态势),这个初始条件便称为着火条件。

这里有几点需要注意:第一,系统达到着火条件并不意味着已经着火,而只是系统已具备了着火的可能性。第二,着火现象是就系统的初态而言的,其临界性质不能错误地解释为化学反应速率随温度的变化有突跃的性质。第三,着火条件不是一个简单的初温条件,而是化学动力学参数和流体力学参数的综合体现。对一定种类可燃预混气而言,在封闭情况下,其着火条件是环境温度、系统壁面对流换热系数、预混气压力、容器直径、环境气流速度等参数的函数。

5.2.2 着火方式

气体着火的引发方式是着火的重要因素,不同着火方式着火后的现象有所不同。气体着火具有自身演变或外界引发两种情况,对应可燃气体混合物着火的方式有两种:自燃着火(自燃)和强迫着火(点燃)。顾名思义,前者为自发的,后者为外部强制的。

将可燃气体和氧化剂混合物置于一个容器内,逐步均匀加热,随着温度的升高,当混合物加热到某一温度时便会出现着火,这时着火发生在混合物的整个容器中,这就是可燃气体热自燃现象。

　　自燃着火(自燃):指气体可燃混合物系统自身温度达到某一温度或超过此温度,混合物便自发地、不需要任何外界能量作用而引发着火达到燃烧状态。自燃着火表现的是时间上的动态演变特征。

　　可燃气体在常温常压下,化学反应速度不太高,达不到燃烧状态。在给予加热情况下,气体可燃混合物在整个空间内达到一定的温度,化学反应加速,反应放热大于对周围空间的散热,形成热量积累,导致反应速率迅速增加,最终造成气体着火燃烧。

　　需要注意的是,非气相可燃物的着火可能存在另外的着火机理,比如,固体可燃物的化学自燃着火,火柴受摩擦着火、炸药受撞击爆炸、金属钠在空气中自燃、烟煤因堆积过高自燃等,这一类的着火称为化学自燃,不需要外界加热,而是在常温下依靠自身化学反应放出的热量着火。化学自燃的工作原理是由于在着火燃烧反应中,分支链式反应的活化中心自行迅速增殖,从而达到很高的反应速率,形成着火燃烧。

　　强迫着火(点燃):指由于外界能量的加入,例如用电火花等点热源在可燃混合物中局部地方点火,先造成局部燃烧,然后使可燃混合物的反应速率急剧升高并扩展,引起整个混合物气团着火。显然,强迫着火体现的是空间上的动态演变特征。

　　上述的着火方式分类,并不能十分恰当地反映出实际气体着火方式,许多的气体着火是不能严格划分为哪一类的,存在两种或两种以上的复合着火方式。例如化学自燃和热自燃都是既有化学反应的作用,又有热的作用;而热自燃和点燃的差别只是整体加热和局部加热的不同而已,并非"自动"和"强迫"的差别。

5.2.3　着火原理

　　着火本质决定了着火现象,着火方式仅仅改变的是着火问题空间上的复杂性,并不会改变着火的工作机理。因此,着火原理是由着火的本质所决定的,与着火方式无关。无疑,气体着火原理是与化学动力学相关,但仅仅如此是不够的,动量传递、热量传递和质量传递的传递过程动力学也是着火原理不可或缺的因素。

　　在上一节曾提及气体着火现象,火焰着火和爆燃着火工作机理显然是不一样的,火焰和冷焰的形成机理亦不相同。因此,火焰、爆燃和冷焰有各自的着火机理,从它们的着火机理上分类,可以确定为两类气体着火原理:热力着火原理和支链着火原理。鉴于气体着火的化学动力学和动量、热量、质量传递力学的复杂性,根据在上一节曾提到的气体着火知识,下面分别阐述气体着火的两类重要工作原理。

1) 热力着火原理

容器中的可燃气体混合物,在外界输入能量使混合物气体温度升高,如容器壁加热、压缩等,到达某一特定温度时,可燃气体混合物在此温度下发生燃烧化学反应并放出热量,放热速率大于散热损失的速率,则多余的热量使混合物温度增高,然后又促使反应速率增加,从而混合物的温度得以连续加速地增高,直到放热速度达到很高的数值,于是就发生着火并稳定燃烧。

热力着火:可燃混合物由于本身氧化反应放热大于散热,或由于外部热源加热,温度不断升高导致燃烧化学反应不断加速,积累更多能量,最终导致着火。这种主要依靠热量的不断积累而实现的着火被称为热力着火或热着火。

从化学反应动力学分析,随着温度升高,将引发可燃气体混合物整体的分子动能增加,超过活化能的活化分子数按 Arrhenius 函数指数关系迅速地增加,导致燃烧反应自身加速,最终到达能够维持火焰稳定的化学反应速率,形成持续、稳定的火焰。这一时间维度上的演变过程具有突变的特征,开始时反应速率非常慢,难以觉察,经过某一可以测量的燃烧温度,着火的温升突然加速,燃烧反应变得可以观察,最后着火完成。

因此,火焰的着火原理主要是热力着火。大多数气体燃料着火符合热着火的特征,着火呈现的是火焰燃烧,是工业工程中广泛应用的燃烧过程,也是本教材重点介绍的内容。

2) 支链着火原理

支链着火又称为链锁着火、链式着火等,目前尚无统一名称,这里采用的是化学动力学名词。

很多碳氢化合物气体燃料在空气中自燃的实验结果大多符合热力着火理论。但是,也有不少现象与实验结果不同,是热力着火理论无法解释的。例如氢和空气混合气的着火浓度界限的实验结果(参见第 4 章 4.3.3),正好与热力着火理论对双分子反应的分析结果相反。又如在低压下一些可燃混合气,如 $H_2 - O_2$,$CO - O_2$ 和 $CH_4 - O_2$ 等,着火性也有类似的特性。它们共同的着火特性是着火的临界压力与温度的关系曲线并非单调地下降,而是呈 S 形,有着两个或两个以上的着火界限,出现了所谓"着火半岛"的现象(图5.3)。这与热力着火理论相违背,说明着火并非在所有情况下都是由于放热的积累而引起的。这种有别于热力着火的气体着火原理就是支链着火。

支链着火:依靠分支链式反应的活化中心迅速增殖,促使反应不断加速,而不是一定依靠热量积累,实现气体可燃混合物的快速燃烧化学反应的过程。

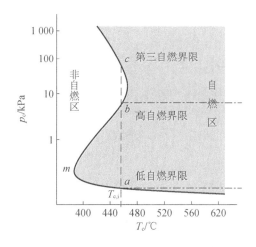

图 5.3　气体的着火界限与"半岛现象"

顾名思义,支链着火是与链式反应中的支链反应密切相关的,在第 4 章的"4.3　化学反应机理"中,介绍了链式反应和可燃气体的链式反应机理。大多数碳氢化合物燃料的燃烧过程都是极复杂的链式反应,真正简单的双分子反应却不多。热力着火理论之所以能用来解释一些实际燃烧现象,这是由于链式反应的中间反应是由简单的分子碰撞所构成。对于这些基元反应,热力着火理论是适用的。但由于其整个反应的真正机理不是简单的分子碰撞反应,而是比较复杂的支链反应,如着火半岛就是由于燃烧反应中的支链反应引起的一种现象。

正如第 4 章的链式反应所述,分支链式反应是可燃气体爆燃和爆震(爆炸)的化学反应机理的成因,所以,支链反应是爆燃和爆震类着火的原理。

支链反应的特点在低温、低压下比较突出。某些低压下着火实验(如 H_2-O_2,CO-O_2 的着火)和低温下的"冷焰"现象符合支链着火的特征。冷焰是燃烧反应中比较特殊的链式分支反应体系。冷焰存在支链反应和退化支链反应,退化支链反应速率一般情况下相对较低,发生支链反应使不稳定中间物不断累积,它又强化了退化支链反应速率,反向消耗了不稳定中间物,形成了化学反应系统的波动性平衡。

所以,冷焰着火现象是支链着火原理的又一个实例。

从链式反应理论可知(参见"4.3.2　链式反应"),链式反应的核心是活化中心(链)的传递。链式着火的原理是活化中心局部增加并加速繁殖引起的,由于活化中心会被销毁,所以链式着火通常局限在活化中心的繁殖速率大于销毁速率的区域,而不引起整个系统的温度大幅度增加,形成"冷焰"。但是,如果活化中心能够在整个系统内加速繁殖并引起系统能量的整体增加,就会形成爆燃和爆震(爆炸)。

在实际燃烧过程中,不可能有纯粹的热力着火原理或支链着火原理的气体着火,在气体着火中一般是两种工作原理同时存在并相互作用。可燃气混合物的自引加热不仅加强了热活化,而且促进了每个链式基元反应;在低温时支链反应可使系统逐渐加热,同时也加强了分子的热活化,所以着火现象不可能用单一的一种着火理论来解释,有些特征可用热力着火理论来说明,而有些则需用支链着火理论来解释。

5.2.4 着火科学本质及理论方法

燃烧系统的着火和稳定燃烧有着燃烧学本质上的一致,前者是阐述燃烧系统能够发生燃烧的条件,后者则描述了一个已经稳定燃烧的成因。因此,在燃烧学研究方法方面,两者非常相似,或者说,着火和燃烧稳定的燃烧学本质一致。

随着燃烧系统的变化,燃烧系统的着火不尽相同,特别是着火的细节更是千差万别。但是,着火问题的根本是燃烧系统的能量水平能否达到燃烧反应所需的能量水平,采用零维系统的能量方程度量系统的能量水平,以判断系统燃烧是否发生,这就是着火理论的燃烧学方法。如前所述,这里着火理论是讨论可燃气体着火的条件和限制,并不涉及可燃气体从未燃到形成稳定燃烧火焰的瞬态过程。

化学热力学方法确定燃烧热力系统的态势和发展方向,被运用于燃烧系统零维模型的能量分析。化学反应动力学用于分析温度水平与可燃气体的系统燃烧释放热量的关系。

着火理论分析方法是零维理论模型,所以,动量传递、能量传递和质量传递这些与空间维度相关的科学未被涉及。

总之,着火理论是以化学热力学和化学反应动力学为基础的理论。

5.3 热自燃着火

热自燃着火指基于热力着火原理的自燃着火,所对应的着火现象是火焰。自燃着火在工程燃烧技术中得到运用。例如,压燃式内燃机利用自燃着火的原理将燃料喷射到压缩后的高温空气中可使其着火燃烧。但是,如煤堆、油库的自燃火灾和煤矿的自燃爆炸等则是应力图避免的自燃着火。热自燃的着火原理对于理解和研究各种形式的火焰着火具有重要的意义。

　　热自燃着火原理不仅仅被用于可燃气体系统的热自燃,它的原理和研究方法可推广运用于气体稳定火焰的理论分析,它所表达的燃烧机理是燃烧学的基本原理。从研究燃烧问题的具体细节来说,按照流体输送理论,火焰的微元体在一定程度上可被视为一个热自燃系统,这对理解燃烧的本质和工作机理非常有帮助。当然,现代燃烧学在定量水平的燃烧问题分析方面已经取得长足进步,计算燃烧学几乎可以描述燃烧现象的所有细节。尽管如此,定性的理论分析的价值和重要性仍然存在。

5.3.1　热自燃着火理论

　　着火是反应放热因素与散热因素相互作用的结果。如果反应放热占优势,系统就会出现热量积累,温度升高,反应加速,发生自燃;相反,如果散热因素占优势,系统温度下降,不能自燃。因此,基于热自燃系统的热力学第一定律的能量守恒的考量,热自燃着火理论阐述了可燃气体混合物系统热自燃的机理。

　　1) 热自燃着火理论

　　Semenov 热自燃着火理论:可燃预混物的着火是反应放热因素与系统散热因素之间相互作用的结果,如果某一系统中反应的放热量大于系统的散热量,那么,热量将会在系统内积累并引起系统温度的升高和化学反应速率的增大,并最终导致可燃预混物的着火;反之,则不能发生着火。

　　Semenov 热自燃着火理论虽然只是简单地叙述了可燃气体混合物系统的能量平衡,决定了系统发生燃烧的可能,但是,它抓住了燃烧问题的本质。化学反应动力学表明,在燃烧系统中,系统温度是燃烧化学反应发生的关键;化学热力学则说明,在系统能量守恒的前提下,外部能量(燃烧系统主要是热量)决定了燃烧系统的温度,进而决定了系统燃烧化学反应速率,再进而决定了系统的燃烧状态:着火或熄火。

　　总之,在某种程度上,一个气体燃烧系统的着火和熄火主要的控制因素是系统的热量增减,能量(热量)守恒分析是气体燃烧系统的重要理论方法。

　　2) 热自燃着火理论模型

　　可燃混合物的燃烧都在有限容积内进行,燃烧反应系统中的可燃气体混合物会进行缓慢氧化而释放出热量,使系统温度升高,同时系统又会通过器壁向外散热,使系统温度下降。在反应释热的同时又必然存在着向外界散热,这样就不仅使反应物的温度降低,而且在容器内部造成反应物温度场不均匀,从而使容器内各处的反应速率和浓度不相同,致使在反应系统中不仅有化学反应过程和热量交换过程,而且还存在质量交换过程及由浓度梯度而产生的扩散,这就使所研究的问题变得相当复杂。为了定性地探讨热自燃的着火条件,有必要对问题进行简化,建立一个基础的热自燃着火理论模型。

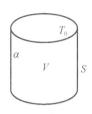

图 5.4　热自燃着火模型示意图

如图 5.4 所示,考虑一个内部充满可燃混合气体的容器,容器外环境温度为 T_0,存在散热情况的热自燃着火问题。为使问题简化,进行了如下模型简化:

• 设容器体积为 V,表面积为 S,其壁温与环境温度 T_0 相同。随着反应的进行,壁温升高,且与混合气体温度相同。

• 反应过程中混合气体的瞬时温度为 T,且容器中各点的温度、浓度相同。开始时混合气体温度 T 与环境温度 T_0 相同。

• 容器中既无自然对流,也无强迫对流。

• 环境与容器之间只有对流换热,不考虑辐射和导热;对流换热系数为 α,不随温度变化。

• 着火前反应物浓度变化很小,即 $C_i = C_{i0} =$ 常数。

热自燃着火理论建立在化学热力学和化学动力学基础之上,根据燃烧反应系统热力学第一定律问题(参见"2.2.1　闭口系统"),建立一个闭口的"体积不变系统"能量守恒问题,因此,运用 Hess 定律(参见"2.3.2　Hess 定律"),建立能量方程。其中燃烧化学反应能量涉及了燃气燃烧热值和化学反应速率的计算,分别由燃烧热力学的燃烧反应热(参见"2.3.3　燃烧反应热和燃料热值")和化学动力学的化学反应速率方程来确定(参见"4.2.3　化学反应速率方程")。散热问题则由传热学的对流传热知识进行计算。

依据上述简化条件和分析,建立一个零维的燃烧问题模型,在存在散热的条件下,反应过程中闭口系统的能量由 Hess 定律(参见"2.3.2　Hess 定律")确定:

$$c_v \frac{\mathrm{d}T}{\mathrm{d}t} = Q_\mathrm{f} - Q_\mathrm{s} \tag{5.1}$$

式中,c_v 是混合气体的定容比热容;Q_f 是容器内单位时间、单位体积可燃气体混合物化学反应释放的热量;Q_s 是容器内单位时间、单位体积可燃气体混合物向容器周围以对流方式散失的热量。

根据化学反应动力学,视复杂的可燃气体混合物的着火化学反应为一个化学宏观反应,因此,燃烧化学反应释放热量:

$$Q_f = Q_r W = Q_r k C_f^m C_{ox}^n = Q_r A \exp\left(-\frac{E}{RT}\right) C_f^m C_{ox}^n \tag{5.2}$$

式中，Q_r 是燃烧反应热(参见 2.3.3 节)；W 是燃烧反应速率,由化学动力学的化学反应速率方程来确定(参见 4.2.3 节)；C_f 和 C_{ox} 分别是可燃气体和氧化剂气体浓度；k 是化学反应速率常数,A、E 和 m、n 是反应动力学参数(参见 4.2.5 节)。

假设着火整个过程的化学反应当量比不变,容器总压力保持不变,C_f 和 C_{ox} 可视为常数,考虑到反应动力学参数对于确定的化学反应是不变的,式(5.2)改写为：

$$Q_f = A_0 \exp\left(-\frac{E}{RT}\right) \tag{5.3}$$

式中,$A_0 = Q_r A C_f^m C_{ox}^n$ 是一个常数。从式中可以看出,Q_f 只与温度 T 有关,式(5.3)称为放热方程。

单位时间、单位体积可燃气体混合物散失的热量 Q_s 按照对流传热原理,可以表达为：

$$Q_s = \frac{\alpha \cdot S}{V}(T - T_0) \tag{5.4}$$

由假设条件可知,Q_s 只与温度 T 和初始温度 T_0 有关,式(5.4)称为散热方程。

由式(5.1)和式(5.3)、式(5.4)组成一个微分方程,这是一阶常微分方程,在给定边界条件时,方程的求解并不困难。通过求解方程,可以得到这个零维热自燃着火系统的温度 T 随时间 t 的升高曲线。但是,由于该微分方程是建立在诸多假设的前提下,计算结果不具备定量上的意义。因此,上述模型的方程组适用于热自燃着火的定性分析。

3) 系统着火和熄火分析

定性分析方法的基础是着火系统的能量平衡性分析,在这个简单系统里,只涉及了两个能量：放热量 Q_f 和散热量 Q_s,并且,它们都可以用温度 T 和 T_0 简单地数学表述,这样问题分析将变得简单。以温度 T 和 T_0 为主要影响参量,通过考察 T 和 T_0 对放热 Q_f 和散热 Q_s 的作用,可揭示系统着火的能量平衡性,系统能量平衡性决定系统是否能够发生着火。

如图 5.5(a)所示,通过作图方法分析两组曲线之间的关系,将式(5.3)和式(5.4)按热量 Q 和温度 T 为坐标作图,绘制在同一张图上进行讨论,下面进行不同情况的分析。

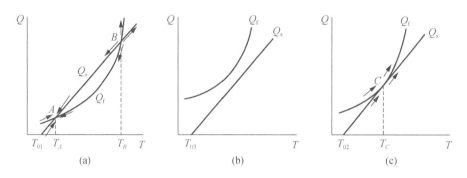

图 5.5   热自燃的燃烧放热和散热分析示意图

在环境温度为 T_{01} 的着火系统中,放热曲线与散热曲线在低温区仅有一个交点的时候,如图所示 A 点时,$Q_f = Q_s$。 在 A 点之前,放热量大于散热量,于是系统温度逐渐升高。到达 A 点的时候,放热量等于散热量,达到平衡。A 点之后,即使存在某种外部因素促使系统温度上升,但是由于系统散热量大于反应放热量,系统仍将被冷却回到 A 点,所以 A 点是一个低温稳定点,可燃气体混合物只能处于缓慢氧化状态。

如果用外部能量加热混合气,使混合气温度上升到达 B 点,若温度稍高于 T_B,由于 $Q_f > Q_s$,温度快速上升,使混合气反应迅速增大,导致热着火爆炸;若温度稍低于 T_B,因 $Q_f < Q_s$,系统受到冷却,重新回到 A 点,所以 B 点是一个高温不稳定点。但是从 A 过渡到 B 很困难。B 不属于自燃范畴。

当 $T_0 = T_{03}$ 时[图 5.5(b)],由于 T_0 很高,反应放热较多,而散热相对较弱,在任何温度范围内都有 $Q_f > Q_s$,所以混合气被不断加热,温度上升导致自燃着火。

当 $T_0 = T_{02}$ 时[图5.5(c)],两条曲线 Q_f 与 Q_s 恰好相切于 C 点。但是 C 点不是稳定点,当 $T < T_C$ 时,由于 $Q_f > Q_s$,混合气温度会自动上升至 T_C;在 C 点,$Q_f = Q_s$,但 C 点是不稳定的,若有微小的热扰动使温度升高,则会由于 $Q_f > Q_s$,混合气被不断加热,导致自燃着火。这时混合气的温度 T_C 称为临界热自燃着火温度或热自燃着火温度。

由前所述,每一放热曲线 $Q_f = f(T)$ 都对应于一定的可燃混合物的压力与组成成分。因此,上述的着火温度就是在一定的混合物压力 p 和一定的壁温 T_0 下引起着火的最小着火温度。相应的,该时混合物的压力 p 就称为该壁温 T_0 下的自燃临界压力,唯有等于或大于此压力时才会发生自燃。

5.3.2   热自燃着火影响因素

尽管热自燃着火模型已经是一个经过简化的燃烧着火系统,仍然包含了燃气燃料特性、热量传递特性和气体组分、压力等参数,进一步掌握这些参数对系统热自燃特性的影响,对理解热自燃着火性质有所帮助。

1）散热条件

不同散热条件下可以得到一组不同斜率的 Q_s 曲线。增加混合气与器壁的对流换热系数 α 或增大单位容积的外表面积 $\dfrac{S}{V}$,都可改善混合气的散热条件。

从图 5.6(a)可以看出,散热条件改变后,将改变原来着火系统的状态,随着 $\dfrac{\alpha S}{V}$ 的增大,原来存在的自燃条件将被破坏,不能实现自燃着火。反之,将提高系统的着火能力。

着火系统的热量传递分为两个部分,一部分是着火系统外表面的对流传热,另一部分是着火系统内部气体的热传导。从可燃混合气体着火系统内部导热到达体系外表面的热流由气体对流带走。气体的流动对着火系统起着散热作用,对流传热不良的着火系统容易蓄热自燃。例如浸油脂的纱团或棉布堆放在不通风的角落就可能自燃,而在通风良好的地方就不容易自燃。

所以,着火系统外表面的对流传热能力弱,则系统着火能力强,混合气体易热自燃。着火系统内部气体的导热系数越小,则总散热速率越小,越易在体系中心蓄热,促进燃烧反应进行而导致自燃。对于气体热自燃系统,气体热传导作用较系统外表面对流传热要小。在气体-固体燃烧着火系统中,内部热传导的作用就比较重要,比如粉末状或纤维状固体可燃物,粉末或纤维之间的空隙会含有气体,由于气体导热系数低,具有一定的隔热作用,所以这样的可燃体系就容易蓄热自燃。

2）初始温度条件

提高着火系统混合气体的初始温度[参见图 5.6(b)],即增加了初始状态可燃混合气的反应速率,由于反应放热增加,在散热条件不变的情况下,容易实现自燃着火。

一个可燃体系如果在常温下经过一定时间能发生自燃,则说明该可燃混合物所处散热条件下的自燃点是在常温之下;一个可燃体系如果在常温下经过无限长时间也不能自燃,那么从热着火理论上则说明该可燃物在所处的散热条件下的最低自燃点高于常温。对于后一种可燃体系来说,若升高温度,化学反应速率提高,释放出的热量也随之提高,因而也有可能发生自燃。例如,一个可燃体系在 25 ℃ 的环境中长时间没有发生自燃,当温度升高到 40 ℃ 发生了自燃,则说明该可燃物在此散热条件下的最低自燃点在 40 ℃ 左右。

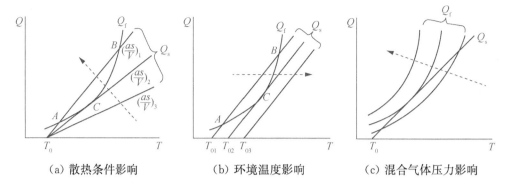

（a）散热条件影响　　　（b）环境温度影响　　　（c）混合气体压力影响

图 5.6　不同因素对着火的影响

若自燃点低于常温，该体系在常温下氧化逐渐升温自燃；若自燃点高于常温，该体系长期在常温下也不会自燃。

总之，提高着火系统混合气体的初始温度，系统的着火能力增强。

3）可燃混合气体压力

增加混合气体压力，实际上就增加了初始状态可燃混合气体的质量浓度，由化学反应速率质量作用定律可知，燃烧反应速率也将提高，使反应放热增加，在散热条件不变的情况下，易于实现自燃着火，如图 5.6(c)所示。

系统所处的压力越大，即参加反应的反应物密度越大，单位体积产生的热量越多，体系越易积累热量，发生自燃。所以压力越大，自燃点越低。

5.3.3　热自燃着火温度

对于一定压力的可燃混合气体，欲使其自燃，不仅可用上述提高容器壁温度（即环境温度）的方法来实现，还可通过环境温度不变，减少容器的相对散热面积或设法降低散热系数、降低散热程度的办法来实现。如图 5.6(a)所示的情况，当 $\dfrac{\alpha S}{V}$ 减小到一定程度后，热曲线与散热曲线就会相切，满足产生热自燃的临界条件，这与上述提高容器壁温度所产生的效果是一样的。

据上分析可见，曲线 Q_f 与 Q_s 相切是实现自燃着火的临界条件，着火温度的意义，不仅是放热量和散热量应相等，而且还应包含两者随温度变化的速率应相等，即：

$$\begin{cases} Q_f = Q_s \\ \dfrac{dQ_f}{dT} = \dfrac{dQ_s}{dT} \end{cases} \tag{5.5}$$

该点所对应的温度 T_C 称为临界热自燃着火温度。

根据热自燃着火温度的定义,将式(5.3)和式(5.4)代入式(5.5),以 $T = T_C$,可得热自燃着火温度 T_C 的计算式:

$$\begin{cases} Q_\tau A C_f^m C_{ox}^n \exp\left(-\dfrac{E}{RT_C}\right) = \dfrac{\alpha S}{V}(T_C - T_0) \\[3mm] Q_\tau A C_f^m C_{ox}^n \exp\left(-\dfrac{E}{RT_C}\right) \cdot \dfrac{E}{RT_C^2} = \dfrac{\alpha S}{V} \end{cases} \tag{5.6}$$

上两式相除,则 $T_C - T_0 = \dfrac{RT_C^2}{E}$,或 $T_C^2 - \dfrac{E}{R}T_C + \dfrac{E}{R}T_0 = 0$,解此二次方程式可得:

$$T_C = \frac{E}{2R} \pm \frac{E}{2R}\sqrt{1 - \frac{4RT_0}{E}}$$

其中取"+"号的解 T_C 值很大,与实际情况不符,所以,此方程的正解取"—"号为:

$$T_C = \frac{E}{2R} - \frac{E}{2R}\sqrt{1 - \frac{4RT_0}{E}} \tag{5.7}$$

上式称为 Semenov 公式。以变量 $\dfrac{RT_0}{E}$ 将 $\sqrt{1 - \dfrac{4RT_0}{E}}$ 展开为幂级数:

$$\sqrt{1 - \frac{4RT_0}{E}} = 1 - \frac{2RT_0}{E} - \frac{2R^2 T_0^2}{E^2} - \frac{4R^3 T_0^3}{E^3} - \cdots\cdots$$

因为 $\dfrac{RT_0}{E} \ll 1$,可取级数的前三项作为近似值代入式(5.7):

$$T_C \approx \frac{E}{2R} - \frac{E}{2R}\left(1 - \frac{2RT_0}{E} - \frac{2R^2 T_0^2}{E^2}\right) = T_0 + \frac{RT_0^2}{E}$$

$$\text{或 } \Delta T = T_C - T_0 \approx \frac{RT_0^2}{E} \tag{5.8}$$

上式是可燃气体混合物的热自燃着火温度 T_C 与环境温度 T_0 之间的关系。若取 $E = 125\ 600 \sim 251\ 200$ kJ/kmol,$T_0 = 1\ 000$ K 时,$T_C - T_0 = 33 \sim 66$ ℃。因此,在系统能够自发地达到热自燃着火温度的情况下,T_C 与 T_0 很接近。

热自燃着火温度 T_C 取决于很多因素,它不仅与可燃混合气体性质有关,还与外界条件有关。因此,临界着火点 T_C 不是只由物质性质决定的物理化学常数,还应由系统的放热量和散热量所决定,也就是说,系统的放热速率和散热速率决定着系统的自燃。

【例5.1】 甲烷和空气在一个直径 $d = 0.1$ m 的球形容器进行热自燃着火试验,甲烷和空气按化学反应当量混合,混合气体压力 0.1 MPa。确定甲烷在空气中的着火温度 T_C。

解: 根据式(5.6): $Q_r A C_f^m C_{ox}^n \exp\left(-\dfrac{E}{RT_C}\right) \cdot \dfrac{E}{RT_C^2} = \dfrac{\alpha S}{V}$

直径为 d 的球形容器有 $\dfrac{S}{V} = \dfrac{\pi d^2}{\pi d^3/6} = \dfrac{6}{d}$。球形容器在一个静止的环境中,故认为容器对环境无对流传热,只有热传导,此时,$Nu = \dfrac{\alpha d}{\lambda} = 2$,所以:$\dfrac{\alpha S}{V} = \alpha \dfrac{6}{d} = \dfrac{12\lambda}{d^2}$。

甲烷在空气中燃烧化学反应方程式:$CH_4 + 2(O_2 + 3.76N_2) \longrightarrow CO_2 + 2H_2O + 7.52N_2$

由表 4.1 查得上述反应的动力学参数:$A = 1.3 \times 10^8 \dfrac{1}{s}$,$m = -0.3$,$n = 1.3$,$E/R = 24\ 358$ K。注意:如果反应级数之和不等于 1,则 A 的数值需要换算。

当量燃烧混合气体有:$x_{CH_4} = \dfrac{1}{1 + 2 \times (1 + 3.75)} = 0.095\ 2$,$x_{O_2} = 0.190$,

换算为摩尔浓度:$C_{CH_4} = x_{CH_4} \dfrac{p}{R_u T_C}$,$C_{O_2} = x_{O_2} \dfrac{p}{R_u T_C}$

将上面各项代入临界着火温度方程:

$$Q_r \left(x_{CH_4} \frac{p}{R_u T_C}\right)^a \left(x_{O_2} \frac{p}{R_u T_C}\right)^b A \exp\left(-\frac{E}{R_u T_C}\right) \cdot \frac{E}{R_u T_C^2} = \frac{12\lambda}{d^2}$$

由表2.5可得 $Q_r = 50\ 016(kJ/kg) = 800\ 256(kJ/kmol)$

由表2.3查得空气在 600 ℃ 的 $\lambda = 0.062\ 2 W/(m \cdot K)$,把全部参数代入:

$800\ 256 \times \left(0.095\ 2 \times \dfrac{0.1 \times 10^6}{8.31 T_C}\right)^{-0.3} \times \left(0.190 \times \dfrac{0.1 \times 10^6}{8.31 T_C}\right)^{1.3} \times 1.3 \times 10^8 \times$

$\exp\left(-\dfrac{24\ 358}{T_C}\right) \times \dfrac{24\ 358}{T_C^2} = \dfrac{12 \times 0.062\ 2}{0.1^2}$,化简得:$9.9 \times 10^{19} \exp\left(-\dfrac{24\ 358}{T_C}\right) = T_C^3$

上式无法进行解析,采用数值解法。数值解法的一个简单方法是将上式作为一个函数:

$$F(T_C) = 9.9 \times 10^{19} \exp\left(-\frac{24\ 358}{T_C}\right) - T_C^3$$

令 $F(T_C) = 0$，可用计算机编程解得着火温度：$T_C = 957\ \mathrm{K} = 684\ ℃$。

上述例题的计算结果与表5.1中数据相差不大。表中碳氢化合物气体的着火温度是在该例题相似条件下得到的，所以，它们不是碳氢化合物气体的物性参数，与试验容器的大小等因素有关。

在相同的测试条件下，各种可燃化合物的热自燃着火温度 T_C 是不同的，因为可燃化合物发生氧化反应的能力不一样。通常以这种方式评价碳氢化合物的着火能力。

对碳氢化合物而言，燃烧反应是通过碳氢化合物断裂分子键及生成中间活性分子和自由基进行的，断裂分子键的能量越大，进行氧化反应也就越难，因而热自燃着火温度 T_C 就越高。例如，断裂甲烷分子 C—H 键的能量等于 425 kJ/mol，而断裂乙烷和甲烷同系物的其他化合物分子 C—H 键的能量则为410.1 kJ/mol，同样测试条件，它们的热自燃着火温度 T_C 分别等于 810 K 和 788 K。具有双键的化合物比饱和化合物通常更容易氧化，因此自燃点更低。一些可燃气体的参考着火温度 T_C 见表5.1。

表 5.1　碳氢化合物气体的参考着火温度 T_C

气体种类	H_2	CO	CH_4	C_2H_6	C_3H_6	C_2H_2	C_2H_4	C_3H_8	C_4H_{10}
着火温度 T_C/℃	571	609	632	472	458	305	450	466	430

碳氢化合物的燃烧反应热 Q_r 对着火温度也有影响。燃烧反应热越大，自燃温度越低；反之，则发生自燃所需要的蓄热条件越苛刻（即保温条件越好或散热条件越差），因而越不容易自燃，着火温度较高。

5.3.4　热自燃着火界限

根据热自燃系统的临界着火条件式(5.5)，可分析各类参数的相互关系，划分出热自燃着火和不能着火的界限。

满足临界着火条件时的压力为临界压力 p_c，可燃气体浓度为临界浓度分数 x_{fc}，由热自燃临界条件：

$$\left.\frac{\mathrm{d}Q_f}{\mathrm{d}T}\right|_{T=T_C} = \left.\frac{\mathrm{d}Q_s}{\mathrm{d}T}\right|_{T=T_C}$$

把式(5.2)和式(5.4)代入上式，并考虑热力学参数之间关系 $C_f = x_f \dfrac{p}{RT}$ 和 $C_{ox} = x_{ox} \dfrac{p}{RT}$，可得：

$$\frac{E}{RT_C^2}Q_r x_f^a x_{ox}^b A \exp\left(-\frac{E}{RT_C}\right) \cdot \left(\frac{p_C}{RT_C}\right)^n = \frac{\alpha S}{V} \qquad (5.9)$$

其中 $n = a + b$。式(5.9)是系统热自燃着火的临界参数间关系式,可以表述为函数:

$$f\left(Q_r, E, A, n, \frac{\alpha S}{V}, p_C, T_C, x_{f,C}, x_{ox,C}\right) = 0$$

不考虑气体化学反应动力学参数对系统的影响,视反应动力学参数 Q_r、A、E、n 和 $\frac{\alpha S}{V}$ 为常数,则:

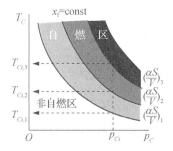

图 5.7　热自燃的 $T_C\text{-}p_C$ 关系示意图

$$f(p_C, T_C, x_{f,C}, x_{ox,C}) = 0$$

对式(5.9)按照上式的函数关系,分别画出参数关系图,可以分析确定着火界限,如图5.7、图5.8 和图5.9所示。

（1）$T_C\text{-}p_C$ 的实际曲线关系如图5.7所示。对于一定空燃比的混合气体,当散热条件确定以后,一个临界压力 p_C 对应一个临界着火温度 T_C;当压力一定时,降低温度,两个浓度极限相互靠近,使着火范围变窄;当温度低至某一临界值时,两极限合二为一;再降低温度,任何比例的混合气体均不能着火。这一临界温度值就称为该压力下的自燃温度极限。热自燃着火温度随着散热条件的改善而提高。

【例5.2】　近似认为 CO 在空气中燃烧的主要反应是 $CO + O_2 \longrightarrow CO_2 + O$,其反应速率系数 $k = 2.5 \times 10^6 \exp\left(-\dfrac{200\,000}{RT}\right)$,单位 $m^3/(mol \cdot s)$。如果以该反应代表整个 CO 着火燃烧反应,计算 CO 在临界着火温度 $T_C = 1\,200$ K 时,混合气体的临界着火压力 p_C。其他条件同例5.1着火试验条件。

解: 以式(5.9)计算确定临界着火温度下的临界着火压力。

参照例5.1,$\dfrac{\alpha S}{V} = \alpha \dfrac{6}{d} = \dfrac{12\lambda}{d^2}$,其中 $d = 0.1$ m。

CO 在空气中燃烧的一步宏观反应式:$CO + \dfrac{1}{2}(O_2 + 3.76N_2) \longrightarrow CO_2 + 1.88N_2$,

当量燃烧时 CO 和 O_2 的物质的量分数 $x_{CO} = 0.295\,8$,$x_{O_2} = 0.147\,9$。

反应级数按主要反应确定，$a=1,b=1$，所以，$n=2$。

由表2.4计算得CO的燃烧反应热 $Q_f=283$ kJ/mol，由表2.3近似查得CO在 1 200 K 的 $\lambda=0.07$ kW/(m·K)。

将式(5.9)改写：

$$p_C=RT_C\left[\frac{\dfrac{\alpha S}{V}}{\dfrac{E}{RT_C^2}Q_r x_{CO}^a x_{O_2}^b A\exp\left(-\dfrac{E}{RT_C}\right)}\right]^{1/n}$$

$$=RT_C\left[\frac{\dfrac{12\lambda}{d^2}}{\dfrac{E}{RT_C^2}Q_r x_{CO}^a x_{O_2}^b A\exp\left(-\dfrac{E}{RT_C}\right)}\right]^{1/n}$$

将所有数据代入

$$p_C=8.315\times1\,200\times$$

$$\left[\frac{\dfrac{12\times0.07}{0.1^2}}{\dfrac{200\,000}{8.315\times1\,200^2}\times283\,000\times0.295\,8\times0.147\,9\times 2.5\times10^6\times\exp\left(-\dfrac{200\,000}{8.315\times1\,200}\right)}\right]^{1/2}$$

$$=91\,111\,(\text{Pa})$$

所以，在 1 200 K 时 CO-空气混合气体燃烧的着火临界压力为91 111 Pa。

(2) p_C-x_i 的实际曲线关系如图 5.8 所示。对于一定初始温度的混合气体，当散热条件确定以后，一定临界压力 p_C 对应着一定临界着火浓度范围 $x_{f_1}\sim x_{f_2}$，在此浓度范围内能实现自燃着火，燃料浓度低于下限或高于上限均不能着火。能自燃着火的浓度范围随着散热条件的改善而缩小。降低压力，两个浓度极限相互靠近，使着火范围变窄；再降低压力，任何比例的混合气体均不能自燃。这一临界压力就称为该温度下的自燃压力极限。很显然，不同的混合气体，其浓度极限、温度极限和压力极限是不相同的。

(3) T_C-x_i 的实际曲线关系如图 5.9 所示。对于一定初始压力的混合气体，当散热条件确定以后，一个临界温度 T_C 对应着一个临界着火浓度范围 $x_{f1}\sim x_{f2}$，在此浓度范围内能实现自燃着火，燃料浓度低于下限或高于上限均不能着火。能自燃着火的浓度范围随着散热条件的改善而缩小。

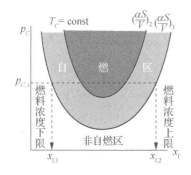
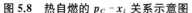
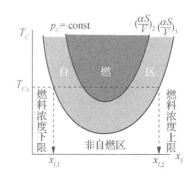

图 5.8　热自燃的 $p_C - x_i$ 关系示意图　　　　图 5.9　热自燃的 $T_C - x_i$ 关系示意图

综上所述,为了提高燃气混合物系统的热自燃能力,提高系统温度或压力,或者同时提高温度和压力,都是非常有效的。

一些常用气体的着火燃烧临界浓度范围参考值见表 5.2,参考值以当量比 Φ 的形式给出,分析实际的燃烧系统着火可能性时,可以依据此表数据估算,例如,用于对可燃气体泄漏时的燃烧爆炸可能性的评估。

表 5.2　可燃气体的着火燃烧临界浓度参考值(以当量比 Φ 给出)

气体	氢气 H_2	一氧化碳 CO	甲烷 CH_4	乙烷 C_2H_6	丙烷 C_3H_8	乙烯 C_2H_4	乙炔 C_2H_2
浓度上限 Φ_{max}	2.54	6.76	1.64	2.72	2.83	6.1	∞
浓度下限 Φ_{min}	0.14	0.34	0.46	0.50	0.51	0.41	0.19

【例 5.3】　按照例 5.2 的相关条件,确定 CO 燃烧的临界着火浓度区间。

解: 要注意 CO 是在空气中着火燃烧的,CO 浓度的增减由空气的减增来补充。因此,认为 $x_{O_2} = 0.21(1 - x_{CO})$。

由式(5.9)并改写为 $p_C - x_i$ 函数关系:

$$p_C = RT_C \left[\frac{\dfrac{12\lambda}{d^2}}{\dfrac{E}{RT_C^2} Q_r A \exp\left(-\dfrac{E}{RT_C}\right)} \right]^{1/n} (x_{CO})^{-a/n} (0.21 - 0.21 x_{CO})^{-b/n}$$

将例 5.2 中相关数据代入上式计算出常数项,并把 $p_C = 91\,111$ Pa 代入,

上式简化为: $91\,111 = 19\,057 (x_{CO})^{-0.5} (0.21 - 0.21 x_{CO})^{-0.5}$,整理后:

$(x_{CO})^{0.5} (1 - x_{CO})^{0.5} = 0.457$,

方程的解:

$$x'_{CO} = 0.296, x''_{CO} = 0.704$$

所以,在例题的条件下 CO 的临界着火浓度的上限为0.704,下限为0.296。

5.3.5　热自燃感应期

热自燃的感应期 τ_i 也称为着火延迟,是指可燃混合气体从满足临界着火条件的时刻开始到出现火焰所需要的时间。

任何着火过程都有一定的感应期,在此期间进行着火前的累积反应。感应期的长短与温度有关,不同气体的感应期长短是不同的。例如甲烷的感应期需几秒钟,而氢则为0.01 s。感应期的长短对自燃有很大的影响,如在高温下(700~900 ℃),感应期很短,高温自燃实际上是在瞬间完成的。

采用能量平衡的方法估算可燃气体混合物的热自燃感应期。假设气体热自燃系统:(1) 着火前温升很小,可忽略不计(即反应过程中温度用 T_0 来计算);(2) 由于感应期很短,散热损失不大,可认为是绝热过程。考虑着火系统的单位体积气体热平衡:

着火感应期 τ_i 内的反应放热 = 气体混合物在温升($T_C - T_0$)内热力学能量的增加

可以近似写出下面的公式:

$$\tau_i Q_f = \rho c_v (T_C - T_0) \tag{5.10}$$

将式(5.2)和式(5.8)代入式(5.10),整理得到:

$$\tau_i = \frac{\rho c_v R T_0^2}{E Q_r x_f^a x_{ox}^b \left(\dfrac{p}{RT_0}\right)^n A \exp\left(-\dfrac{E}{RT_C}\right)} \tag{5.11}$$

由上式可以看出,在较低的压力和初始温度下,热自燃着火的感应期会延长。事实上,燃料燃烧时的感应期 τ_i 是由实验测得的。由实验测得的在不同压力和温度下一定组分的可燃混合气(如甲烷与空气混合气)的感应期,其变化趋势与式(5.11)所得是一致的。

5.4　强迫着火

本节讨论另一个重要的气体着火方式——强迫着火(点燃)。点燃是燃烧技术在工业应用设备中引发燃烧的主要方式,应用广泛。事实上,从燃烧学角度,强迫着火并非一个简单的燃烧问题,如果说,自燃着火的热自燃理论是一个零维空间的时间演变规律阐述,强迫着火则涉及时间维度和空间维度更为复杂的燃烧学问题。因此,下面的内容仅是一般性原理和方法的介绍,不涉及深度的理论知识。

5.4.1　点燃的特征

使可燃混合气体着火燃烧,除了前述的自燃着火外,在工程上使用最广泛的却是靠外加能量使混合气体着火的点燃。所谓点燃,即强迫着火,一般是指用炽热的高温物体,如电火花、炽热物体表面或高温燃烧产物等,使未燃可燃混合气的一小部分着火,形成局部火焰,然后这个火焰再把邻近的混合气点燃。这样逐层依次地扩展,而使整个混合气全部着火燃烧。

因此,点燃的一般概念如下:

强迫着火(点燃):热源局部加热常温下的反应混合气体,在热源附近引发燃烧火焰,并且这个火焰传播到附近的冷反应混合物中去,使燃烧火焰扩展开来。这种产生并引发火焰传播的过程为强迫着火(点燃或引燃)。

热自燃与点燃均具有热力着火原理和支链着火原理推动燃烧化学反应加强的共同特征,燃烧本质相似,都需要外部能量的激发,但引发方式有较大区别。

首先,强迫着火仅在混合气体反应物的局部(点火源周围)进行。所加入的能量快速在小范围引燃可燃混合气体,所形成的火焰向可燃混合气体的其余部分传播。

其次,强迫着火条件下的可燃混合气体通常温度较低,为保证着火成功,并使火焰能在较冷的剩余可燃气混合气体中传播,强迫着火的温度要远高于自燃温度。

再则,强迫着火的全部过程,包括了可燃混合气体局部形成火焰中心以及火焰在剩余可燃混合气体流中传播扩展两个阶段,其过程比自燃要复杂。

最后,热自燃时,燃烧反应自加速过程发展得相当缓慢,就是说延迟期很长,而在点燃时,着火过程进行得相当快,因为受外界热源加热的混合气体虽然是局部的,但是能相当快地达到更高的温度。因此,几乎没有点燃延迟期或延迟期很短,产生的火焰以一定的速率由其发生区向整个能够反应的混合物传播开来。

强迫着火与自燃一样,同样有点火温度、着火感应期和着火浓度极限等概念,但其影响因素更复杂,除混合气体的化学性质、浓度、温度、压力外,还有点火方法、点火能和混合气体流动性质等因素。

5.4.2　点燃方法

在燃烧技术中,为了加速和稳定着火,往往由外界对局部的混合气体进行加热,使局部地区的可燃混合气体着火而燃烧,然后火焰向其他地区传播,使全部可燃混合气体着火和燃烧。外界能源加入的方式即是点燃方法,在工程上较为常用的点燃方法大致有以下几类:

1)炽热物体点燃

当高温固体物体与静止或以一定流速流动的可燃混合气体接触,在一定温度、压力和气体组分环境条件下,可引发可燃混合气体着火。高温固体物体通常采用金属体电流电阻加热方式,或高温耐火材料的热辐射方式加热并保持形成各种炽热物体。

2)电火花或电弧点燃

利用两电极空隙间高压放电产生的等离子体,使部分可燃混合气体温度升高,发生燃烧。电火花和电弧是等离子强弱的体现。电火花大多用来点燃易燃的可燃混合气体,如一般的内燃机气缸电火花点火。它比较简单易行,但由于能量较小,其使用范围受到一定的限制。对于温度较低、流速较大的可燃气混合气体,直接用电火花方式点燃是不可靠的,甚至是不可能的,因此,采用电弧点燃。

等离子体点燃有两种着火机理:一种是热力着火原理,认为等离子体是一个外加的高温热源,如图 5.10 所示,由于它的存在,使靠近它的局部可燃混合气体温度升高,达到临界着火状态而燃烧形成小火焰,然后,火焰的传播使整个容器内可燃混合气体着火燃烧。另一种则是支链着火原理,认为可燃混合气体的着火是由于形成等离子体气体的部分电离,电离气体充当了支链着火的链式反应的活化中心,提供了产生支链反应的条件,支链反应促使可燃混合气体着火。

电极

电弧

图 5.10　电弧点燃

事实上,等离子体点燃可能同时存在这两种机理。电弧点燃以热力着火机理为主,电火花点燃中则支链着火机理起主要作用。根据等离子体理论,气体密度对电离影响甚大,所以,在可燃混合气体压力很低时,气体电离率较高,链式反应的活化中心较多,支链着火机理起主要作用,但当混合气体压力提高后,特别是高于 $0.007 \sim 0.01$ MPa 后,则主要是热力着火机理起作用。

3）火焰点燃

所谓火焰点燃，是利用一股已经稳定的小火焰作为热源，去加热大部分温度较低的可燃混合气体，使小火焰在大空间的可燃混合气体中传播扩展，造成大量可燃混合气体的着火燃烧。这是一种具有较大点火能量的点燃方式，对于温度较低、流速较大的可燃气流，点火能量较小的炽热物体或电火花不易点燃的场合，需要采用此种方法。这种方法在工业燃烧设备中，如锅炉和燃气轮机中，是比较常用的一种点火方法。

5.4.3 炽热固体点燃热力理论

炽热固体点燃由于在着火方式上同其他着火有差异，直接引用前面有关热自燃理论的放热、散热分析方法来讨论是不合适的。由于炽热固体点燃是在局部地区首先发生的，然后依靠火焰在可燃混合气体中传播的特性向空间扩展，因此考察固体壁面的气体能量传递过程是建立理论分析的主要思路。关于炽热固体点燃理论方面的研究，以低速气流的点火问题为多。对低速气流而言，着火首先发生在炽热物体表面的边界层内，形成火焰后向四周传播。至于高速气流着火则有完全不同的机理。

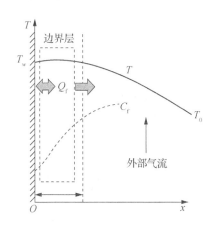

图 5.11 炽热固体表面点燃分析示意图

如图 5.11 所示，有一股温度 T_0 低于燃烧反应温度的可燃混合气流，流过一个温度 T_w 非常高的炽热固体壁面，固体壁面物质与混合气体无化学反应。通过该问题的分析，可以引出点燃的判据。

这是一个典型的固体近壁面对流传热问题，但这里需要考虑燃烧化学反应的效应。在壁面温度边界层有温度差 $\Delta T = T_w - T_0$，若 $\Delta T > 0$，则是固体壁面加热气体；反之，$\Delta T < 0$ 时是气体加热固体壁面。由于燃烧的存在，问题并非如此简单，着火问题需要考虑燃烧放热 Q_f 对整个传热过程的影响。

按照传热学对流传热的分析方法，考虑固体近壁处的气流传热过程，采用的是边界层理论，无燃烧热 Q_f 作用的边界层传热在此不再赘述。

用于点燃可燃气体的固体壁面温度是大于来流气体温度，即 $\Delta T > 0$。在此情况下，壁面温度不同时，可燃混合气体中由此而形成的热流及温度场也不相同。当固体壁面表面温度 T_w 较低时,虽然可燃混合气体在缓慢氧化反应的过程中也释放出热量,但它与固体壁面传过来的热量之和,主要传向外部混合气体气流的散热。这时壁面边界层的气体温度梯度 $\dfrac{\mathrm{d}T}{\mathrm{d}x} < 0$,外部混合气流不可能着火,固体炽热物体向可燃混合气体气流继续导入热流,如图 5.12(a)。

当固体壁面温度 T_w 升高,近壁处边界层中可燃混合气体的燃烧反应加快,因而释放的燃烧反应热 Q_f 增加,但固体壁面向边界层气体的导热热流却因此降低。如果燃烧反应热 Q_f 释放不够大,就不能抵偿边界层向外部气流的散热,仍然依靠固体炽热壁面向边界层气体输入热量,以保持温度场稳定。

当固体壁面温度 T_w 进一步升至足够高时,近壁处边界层气体中,燃烧反应速率足够快,燃烧反应热 Q_f 释放足以抵偿边界层向外部气流的散热,边界层中气体温度升高,使气体温度梯度 $\dfrac{\mathrm{d}T}{\mathrm{d}x} = 0$,壁面热源向边界层可燃混合气体的导热热流率为零,如图 5.12(b)。此时意味着边界层区域的能量处于平衡状态,边界层内的燃烧放热等于边界层对外的传热量,边界层燃烧状态能够保持。

若壁面温度 T_w 再继续升高,边界层可燃混合气体的燃烧反应热 Q_f 就将超过向外部气流的散热,紧靠炽热壁面的边界层可燃气体的温度将继续升高而发生着火,此时边界层温度梯度呈现 $\dfrac{\mathrm{d}T}{\mathrm{d}x} > 0$ 的情况,见图 5.12(c),出现壁面火焰燃烧,壁面火焰将向外部未燃部分气流传播,使外部气流也发生了火焰燃烧,至此,炽热固体壁面点燃可燃混合气流。

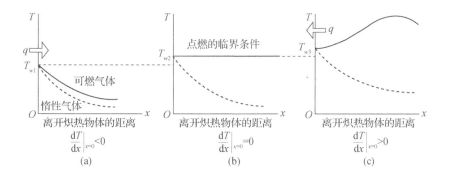

图 5.12　炽热固体壁面点燃临界着火条件

综上所述,认为壁面火焰向外部气流传播的开始,就是炽热固体壁面强迫着火临界点,所以

$$\frac{\mathrm{d}T}{\mathrm{d}x} = 0 \tag{5.12}$$

是炽热固体壁面强迫点燃的临界判据。

5.4.4 点燃最小能量

在使用电火花或电弧点燃时,点燃能量是一个重要的参数,它是实际使用中必不可少的数据。实验表明,当电极间隙内的混合气体比、温度、压力一定时,为形成初始火焰中心,电极放电能量必须有一最小极值。放电能量大于此最小极值,初始火焰中心就可能形成;小于此最小极值,初始火焰中心就不能形成。这个最小放电能量就是点燃最小能量。

表5.3列出了一些常用的可燃混合气体的电火花或电弧点燃的最小能量。从表中可以看出,不同的可燃混合气体所需的最小点火能 E_{min} 是不同的。需要注意的是,可燃混合气体的压力对最小点火能量的影响较大,不同压力状态下的混合气体,最小点火能 E_{min} 不同。

表 5.3　化学当量比混合气体最小点火能(室温,0.1 MPa)

气体混合物	E_{min}/mJ	气体混合物	E_{min}/mJ	气体混合物	E_{min}/mJ	气体混合物	E_{min}/mJ
氢+空气	0.02	苯+空气	0.55	氢 + 氧	0.004	n-丁苯+空气	0.37
环己烯+空气	0.85	甲烷+空气	0.33	环己烷+空气	1.38	丙烷+含氯空气	0.077
甲烷+氧	0.006	n-己烷+空气	0.95	乙炔 + 空气	0.03	1-癸烷+空气	0.28
1-己烷+空气	0.22	乙炔+氧	0.000 4	n-庚烷+空气	1.15	丙烷+含氩空气	0.45
乙烯+空气	0.11	异二辛烷+空气	0.57	乙烯 + 氧	0.002 5		
异丁烷+空气	0.34	丙烷+空气	0.31	n-癸烷+空气	0.30		

5.5　气体火焰燃烧稳定

在燃烧工程技术中,高速气流的燃烧是经常出现的,例如航空发动机燃烧室燃烧、冲压发动机燃烧,以至于工业设备的气体燃烧器也会涉及高速气流的燃烧问题。

高速气流燃烧的主要问题是燃烧稳定问题,燃烧火焰不稳定的主要原因是发生"吹熄"现象。根据气体着火理论不难解释气体火焰的"吹熄",在前面的"5.3.1 热自燃着火理论"中,强调了气体着火最重要的内在本质是燃烧系统的能量平衡。换言之,气体火焰不稳定的根本症结就是燃烧系统的能量不平衡,燃烧热量释放速率慢于燃烧系统向外部系统的传热量速率,气体火焰的"吹熄"由此引起。流体力学和传热学知识表明,高速流体中传热是非常强烈的,火焰向临近外部气流的传热热流使火焰温度下降,导致难以维持燃烧化学反应的进行,出现熄火现象。

因此,在各种涉及高速气流燃烧的燃烧设备中,必须采取一些措施来稳定燃烧火焰。

5.5.1　气体火焰燃烧稳定机理

气体火焰燃烧稳定有两类方法:稳燃火焰稳定和气体流动的回流区。稳燃火焰稳定是热力强迫稳燃,即使用外部的强热源向燃烧系统输入热量,弥补高速气流损失的热量,达到保证火焰燃烧稳定的目的,也称之为值班火焰。

在工业燃烧火焰运用更广泛的是气流回流区稳燃方法。回流区的形成是流体力学问题,采用一些特殊的流道,可以获得回流区现象。燃烧技术常用的形成回流区燃烧的方法在下一节 5.5.2 节讲述,本节讨论钝体回流区的工作原理。

1) 钝体回流区火焰稳定现象和工作原理

钝体回流区是高速气流气体火焰稳定的典型例子。流体绕钝体流动回流区是流体力学的一个已知现象,将其运用于高速气流火焰稳定亦有很长的历史。通过分析气体钝体回流区火焰稳定过程,确定回流区火焰稳定的机理。

图 5.13 是钝体回流区的示意图。由于流体力学特性,在钝体后方形成了由两个稳定旋转涡流组成的回流区。燃气混合气体着火后产生高温气流,在流体旋转涡流的回流作用下,燃烧形成的高温气流回流到钝体后的回流区。因此,回流区气体有很高的温度,在燃烧火焰的内部形成了一个稳定的高温区,起到了点燃和稳定火焰的作用。

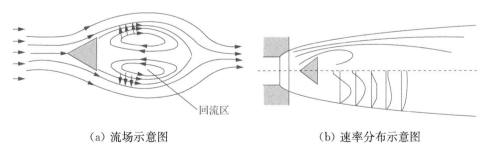

（a）流场示意图　　　　　　　　　　（b）速率分布示意图

图 5.13　钝体回流区流动特性示意图

实验结果表明,在回流区内几乎没有燃烧化学反应,在其中仅充满着几乎充分燃烧的、接近绝热燃烧温度的高温燃烧产物。由于回流大涡的气体旋转,回流和主流气体混合强烈,并借湍流扩散被代入未燃混合气流中去,起到一个固定的连续点火源的作用,它加热并点燃了由钝体后缘流过的未燃混合气体。点燃发生在未燃混合气体和回流区高温燃烧产物相接触的交界面上,在回流区的下游形成一个稳定的火焰面区域(图 5.14)。钝体增强其尾部的湍流强度,加强了未燃混合气体与高温燃气之间湍流的热量和质量的交换,有利于未燃混合气体的点燃与火焰的传播。

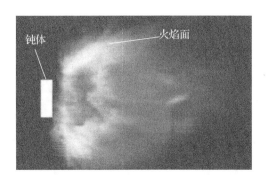

（a）钝体燃烧火焰实验图

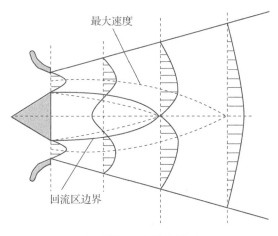

（b）钝体稳定燃烧原理

图 5.14　钝体回流区燃烧火焰及工作原理示意图

2）回流区火焰稳定理论

按照回流区火焰稳定工作原理,回流区是一充满高温燃烧产物气体的区域。

在回流区与主气流之间有一混合边界层,未燃混合气体与高温燃烧产物气体在此混合,其中湍流扩散起很大的作用。火焰的稳定取决于回流区中高温燃烧产物气体传给回流区边界的未燃混合气体的热量。

　　未燃混合气着火所需的时间 τ_C(即着火延迟时间)包括了气体混合传质所需时间 τ_{mix} 和着火感应期 τ_i(参见"5.3.5　热自燃感应期")。同时,在分析未燃混合气在回流区外缘与燃气的接触时间 τ_k 时,可理解为未燃混合气体"走"完回流区边界长度所需的时间。如果使未燃混合气体着火所需的时间 τ_C 小于混合气与高温燃气相接触的时间 τ_k,即

$$\tau_C < \tau_k \tag{5.13a}$$

可保证未燃混合气不断被点燃和获得稳定的火焰。相反,若

$$\tau_C \geqslant \tau_k \tag{5.13b}$$

则混合气体顺着回流区"走"到其末端而仍未着火,火焰未完成在未燃混合气体中的传播,导致熄火。

　　根据实验观察,着火燃烧中化学反应动力学因素起决定性的作用。因此,相比反映燃烧反应速率的着火感应期 τ_i,代表气体传质速率的气体组分混合时间可以忽略。所以:

$$\tau_C = \tau_i \tag{5.14}$$

着火感应期 τ_i 按式(5.11)定义和计算。

　　气体间接触时间 τ_k 根据回流区的流动结构进行估算:

$$\tau_k = \frac{L_{re}}{v_{re}} \tag{5.15}$$

式中,L_{re} 是回流区的长度;v_{re} 是回流流体的平均速率。

　　实验研究中发现的一些现象很有利于证明回流区点燃模型理论的准确性。例如,在钝体后方,着火最初发生在回流区的射流混合区中;在接近熄火时,着火点将向后漂移,当达到回流区的末端时,火焰就被吹熄。因此,回流区火焰稳定理论有其理论和实际价值。

　　3) 回流区稳燃的燃烧热力学解释

　　回流区稳燃的原理可以从燃烧热力学方法予以说明,将整个回流区燃烧看作一个化学反应燃烧系统——燃烧反应器。如图 5.15 所示,系

图 5.15　回流区燃烧稳定模型

统本身工作原理遵循热力学能量守恒第一定律,燃烧反应器中由化学动力学控制生成燃烧热 Q_f,并从燃烧反应器输出,回流区的效应是输出热量的一部分又返回燃烧反应器的输入端,成为燃烧反应器能量输入的一部分,因此,燃烧反应器的热量平衡得到了很大改善,必然增强了燃烧反应器的温度水平,从而实现了燃烧的稳定,这是回流区稳燃的热力学理论的宏观阐述。

5.5.2　气体火焰稳定方法

根据流体力学原理,人们提出和发明了几种利用回流区稳定火焰的方法。

1) 钝体火焰稳定

钝体火焰稳定是被研究得最多的回流区火焰燃烧。针对钝体回流区火焰稳定效果,提出了两种稳定燃烧机理。

钝体稳焰的第一个原理:绕流钝体时会出现回流区(见图5.16),回流区由于吸入大量高温烟气,使燃烧反应物温度升高,在区内某处实现了着火条件,产生了稳定的着火。

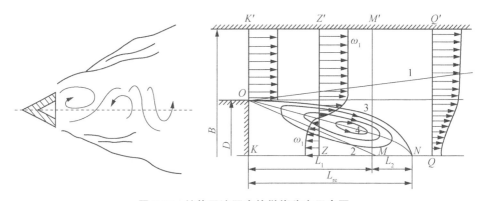

图 5.16　钝体回流区火焰燃烧稳定示意图

钝体稳焰的第二个原理:钝体后方,燃料与空气混合物射流的主流区域中,存在从高速到负流速的分布区域,很容易形成预混火焰稳定的条件(相关知识参见第6章)。

2) 旋流回流区燃烧

从流体力学知,当气流被切向引入圆筒后,受圆筒内壁的引导作用而发生绕轴心的旋转运动,气流边旋转边沿轴向流动。当其脱离圆筒后依靠自身很强的旋转速率向外扩张流动,形成旋转射流[图5.17(a)]。由于旋转的作用,旋转射流中心处压力低于气流边界上的压力,在邻近气流中心处产生了一个负压区,把圆筒外部的气流抽吸进内部形成一股逆向流动的气流[图 5.17(b)]。

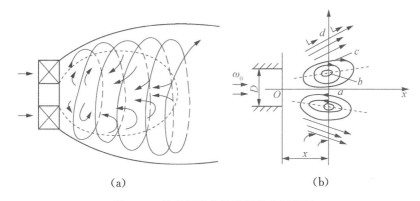

(a)　　　　　　　　　　　(b)

图 5.17　旋转射流火焰燃烧稳定示意图

利用强烈的旋转气流产生回流区。当旋流强度达到一定值时,流场中出现回流区,卷吸高温烟气回流形成稳定的点火源,形成旋流火焰(图 5.18)。高温回流区的存在,强化了未燃混合气体的着火。

3）燃烧室壁回流区稳定火焰

采用如图 5.19 所示的流道结构,在流道壁面可以产生回流区。实验表明,在高速可燃混合气流中利用燃烧室壁凹槽可以使火焰附着,并稳定在燃烧室壁上。当气流流过如图5.19 所示的燃烧室凹槽时,在凹槽边缘处气流产生分离并在凹槽处形成回流区。未燃混合气体由返流回的高温燃气不断点燃与燃烧,维持火焰的稳定。

这种稳焰方法的优点是阻力小,稳定范围大。

图 5.18　气体旋流火焰示意图

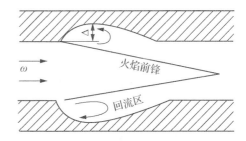

图 5.19　壁面回流区稳定火焰

4）逆向射流稳定火焰

如图 5.20 所示,在高速气流中逆向布置一股高速射流,会产生特殊的回流区气流结构,达到火焰稳定的目的。

在两股相迎的气流作用下,质量较少的一股逆向射流的动能逐渐消失而形

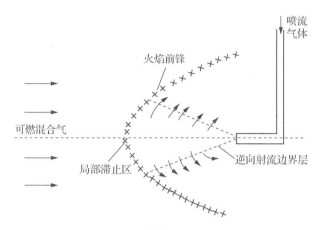

图 5.20　逆向射流稳定火焰示意图

成一个局部滞止区,在局部滞止区和逆向射流之间存在回流区,未燃混合气体主气流、逆向射流气流和回流带返回的高温燃烧产物气体在此进行强烈混合,发生燃烧反应形成火焰面,火焰传播使整个火焰面燃烧区域稳定下来。逆向射流稳定火焰对射流的参数控制比较严格,不当的射流布置和两个射流速率不匹配可能导致稳定火焰失败。

5.6　气体燃烧器

气体燃烧器是燃气燃烧装置,使燃气和空气单独或混合进入燃烧区实现稳定燃烧。燃气包括乙炔、天然气或丙烷。燃气燃烧器已经广泛应用于住宅和工业领域,从普通的厨房炉灶到医院、餐馆、工业炉、锅炉等。

5.6.1　气体燃烧器工作原理与特点

气体燃烧器是将气体燃料通过燃烧转化为热能的一种设备,即将空气与气体燃料充分燃烧。气体燃烧器有数百种,它们的工作原理有所差异。

1) 气体燃烧器工作原理及分类

气体燃烧器是实现可燃气体燃烧的工业或民用装置,它的燃烧基本工作原理是气体火焰的燃烧机理。如前 5.1 节所述,气体燃烧有预混燃烧和扩散燃烧两种基础的气相燃烧机理,气体燃烧器是这两种气相燃烧机理的具体运用体现。

根据燃烧技术的长期工程实践,以直观的燃烧火焰现象观察为基础,工业气体燃烧器分为有焰气体燃烧器和无焰气体燃烧器。顾名思义,有焰气体燃烧器指燃烧器形成的火焰有较强的光辐射,无焰气体燃烧器则火焰光辐射较弱。

有焰气体燃烧器的工作原理是气体扩散燃烧,该燃烧器充分体现扩散火焰的燃烧特性。无焰气体燃烧器的工作原理是气体预混燃烧,同理,该燃烧器是预混火焰的燃烧特性。

实际的气体燃烧器,无论是有焰气体燃烧器或无焰气体燃烧器,往往是扩散燃烧和预混燃烧的混合形式,即所谓的局部预混燃烧。燃烧器在局部是预混燃烧,火焰主体仍然是扩散燃烧。此类燃烧火焰属于复合燃烧火焰,同时存在预混燃烧机理和扩散燃烧机理。

2) 气体燃烧器特征

(1) 有焰燃烧器特征

由于燃烧器的工作原理属于气体扩散燃烧,因此,燃烧速率慢,火焰较长,有明显的火焰轮廓;火焰中有较多的游离碳粒,因此火焰黑度大,形成较大的光辐射和热辐射。燃烧器改变喷嘴的结构,即改变了燃料与空气的混合状况,可得到不同形状的火焰。因此,有焰燃烧器适用于各种形状的燃烧室。

如果采用煤气燃料,煤气及空气的压力较低,一般为 500~3 000 Pa,火焰容易控制,燃烧器调节比大。由于不预先混合,因此可以利用烟气的余热将空气和煤气分别预热到很高的温度,这样有利于低热值煤气的燃烧。

(2) 无焰燃烧器特征

无焰燃烧器采用局部预混的燃烧技术,燃烧器特性有别于完全扩散燃烧的有焰燃烧器。由于燃料与空气预先混合,因此可实现较低的空气消耗系数。局部气体预混燃烧使得燃烧速率快,空间燃烧热强度比有焰燃烧器的大得多,因此,火焰高温区集中,燃烧温度高。同时,由于燃烧速率快,C—H 化合物来不及分解,火焰中游离碳粒少,火焰的黑度较低,光辐射和热辐射不强烈。

由于预先混合,因此预热温度不能高于着火温度,一般不得高于 300~500 ℃。另外为防止回火,每个燃烧器的燃烧功率不能太大。

3) 工业气体燃烧器性能要求

工业气体燃烧器的设计和运用有一系列的相关工业标准,为了保证气体燃烧器的安全、高效使用,必须严格遵守工业气体燃烧器的设计和使用规范。

气体燃烧器的设计和运行,原则上要满足以下一些条件:(1) 燃料的燃烧必须完全充分(要求不完全燃烧的燃烧器除外);(2) 火焰形状及温度分布要能满足加热工艺的要求;(3) 火焰的稳定性要好,负荷调节比要大;(4) 对燃料的性能要求不严,有一定的适应性;(5) 结构简单,操作方便,使用寿命长。

5.6.2 有焰气体燃烧器

由于气体燃烧器的工业应用广泛,有焰气体燃烧器种类繁多,针对不同的工业运用设备,设计和制造了不同类型的有焰气体燃烧器。有焰气体燃烧器按燃气发热量分类,有高热值燃气燃烧器、中热值燃气燃烧器和低热值燃气燃烧器;按燃气射流方式分类,有直流射流、旋流射流、交叉射流等;按火焰形状分类,有火炬形、扁平形(如缝式燃烧器)以及圆盘形(如平焰烧嘴)。

1) 套筒式气体燃烧器

这是一种结构简单的气体燃烧器,由燃气和空气组成同轴射流(图 5.21),外周的空气射流与内侧燃气射流在两个射流边界混合形成局部预混气体。它的基本特点是燃气与空气均为直流,火焰较长;燃气和空气所需压力较低,一般为800~1 000 Pa。

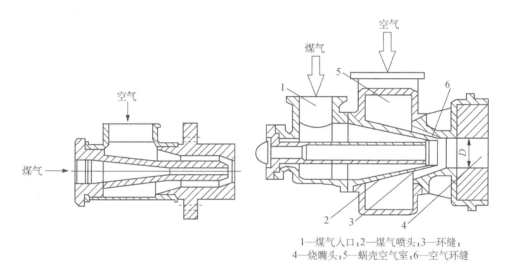

1—煤气入口;2—煤气喷头;3—环缝;
4—烧嘴头;5—蜗壳空气室;6—空气环缝

图 5.21 套筒式气体燃烧器　　**图 5.22 低压涡流气体燃烧器**

2) 低压涡流式燃烧器

空气切向进入燃烧器,经环状缝隙形成圆环状旋转气流(图 5.22),空气在旋转前进的情况下与直流煤气相遇,强化了空气与煤气的混合过程,混合条件较好,燃烧器内无混合室,比较适合燃烧中低热值煤气。若缩小煤气通道面积,也适合中高热值煤气。要求煤气和空气压力约为 2 000~4 000 Pa。

3) 发生炉煤气燃烧器

燃烧器结构示意和外观如图 5.23 所示。

从煤气发生炉出来的煤气由于具有 400～500 ℃的温度,并且含有大量的粉尘和焦油,因此称为热脏发生炉煤气。由于热脏发生炉煤气热值很低,又不能用风机加压,所以燃烧器的煤气通道断面积较大,煤气的流速较低,必须靠提高空气的流速来加强混合。另外,热脏发生炉煤气要就近使用,因为温度低于 350 ℃后,煤气中焦油容易析出,造成积灰堵塞。

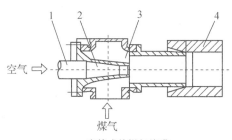

DTR套管式热煤气烧嘴

1—空气管;2—空气通道;3—煤气通道;4—烧嘴砖

图 5.23　发生炉煤气燃烧器的结构和实体图

4）平焰燃烧器

利用较高强度的旋转气流与喷口形状的合理配合,使气流喷出后形成平展气流,这时火焰向四周展开形成圆盘形平面火焰,紧贴炉墙及炉顶上,可以将炉墙或炉顶加热到很高的温度,增加了火焰和炉墙的辐射面积,有利于物料的均匀加热。加热炉的炉顶通常采用平焰燃烧器。

形成平展气流的方法很多,例如气流通过旋流叶片、气流切向进入燃烧器、径向开孔以及在喷口前加分流挡板等都可实现平展气流。

旋流叶片式平焰燃烧器(图 5.24)的中心煤气通道和外环空气通道均装有轴向叶片式旋流器,空气、煤气同心同向旋流喷出,形成平焰燃烧,具有燃烧稳定、平

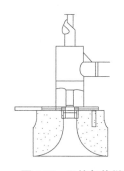

图 5.24　平焰气体燃烧器的结构和外观实体图

面火焰形状规整、对煤气的压力波动适应性强等特点。该燃烧器既可用于高温加热炉,又可用于温度较低的各类热处理炉。

5) 高速燃烧器

图 5.25 是高速气体燃烧器的外观图。燃气在燃烧室和燃烧通道内基本完成燃烧,由于燃烧室是半密封的,并保持有足够高的压力,使燃烧产物以高速(大于 100 m/s)喷出,因而强化了对流传热。高速燃烧器可分为不调温和调温高速燃烧器两种。调温高速燃烧器是通过掺入适当的二次空气来调整燃烧器出口的气体温度,达到加热工艺要求。较好的调温高速燃烧器的燃烧产物温度可在 200~1 800 ℃范围内调节。

由于高速燃烧器在燃烧器内快速完成大部分燃烧,并且高速喷入炉膛,一旦燃烧不稳或熄灭,大量可燃气体喷入炉膛,容易造成爆炸。因此,高速燃烧器都应装有包括自动点火、火焰监测和熄火保护在内的安全保护控制系统。

图 5.25　高速气体燃烧器

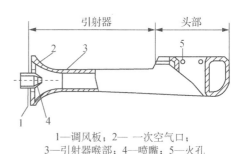

1—调风板;2— 一次空气口;
3—引射器喉部;4—喷嘴;5—火孔

图 5.26　大气式气体燃烧器

6) 大气式燃烧器

大气式燃烧器由喷嘴、引射器和燃烧器头部组成(图 5.26)。一次空气份额为 45%～75%。一定压力的煤气从喷嘴喷出,依靠引射作用将一次空气吸入引射管,燃气和空气混合均匀后经排列在燃烧头部的火孔喷出燃烧,形成火焰。大气式燃烧器广泛用于商业、民用和工业,主要特点是不需要风机,燃烧系统简单,无燃烧噪音。

5.6.3　无焰气体燃烧器

无焰燃烧方法要求可燃气体与空气在进入燃烧室之前必须均匀混合,工业上一般利用喷射器的引射原理来完成燃气与空气的混合过程。

喷射式燃烧器按照空气的温度分为冷风低热值煤气喷射式和热风低热值煤气喷射式,按照燃气的种类分为焦炉煤气喷射式和天然气喷射式燃烧器。

1) 喷射式气体燃烧器结构与工作原理

喷射式气体燃烧器的结构组成如图 5.27 所示,燃烧器结构包括:(1) 混合部分,包括混合器和混合室两部分,其作用是使气体燃料和空气之间实现良好的混合。(2) 喷头,其作用是形成预混可燃气射流,以一定速率喷入燃烧道,防止回火,要尽量保证出口截面气流速率分布均匀,故多采用收缩状喷口。(3) 燃烧室,预混可燃气在燃烧室通道内完成预热、着火和燃烧过程。

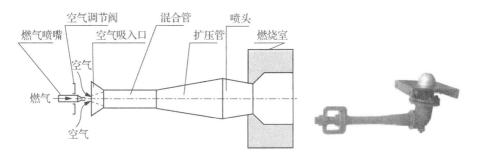

图 5.27　喷射式气体燃烧器

喷射式气体燃烧器的工作原理:高压燃气从喷嘴喷出,依靠自身的能量吸入燃气燃烧所需的全部空气,并在引射器内混合。混合均匀的燃气-空气混合物经喷头进入燃烧道,在赤热的燃烧道壁面通道内进行稳定的燃烧。

喷射式燃烧器的流体力学特性使其具有燃气与空气的自调节性,即在一定条件下,喷射系数能随燃气流量变化而保持恒定,这样可以做到很低的空气消耗系数,只要有 2%~5% 的过剩空气,就可以保证完全燃烧。利用喷射的真空抽射原理,在某些情况下不需要空气风机,燃烧系统简单。

它的缺点是燃烧器外形尺寸大,要求起引射作用的煤气压力高,一般都在 10 kPa 以上,空气与煤气的预热温度有限,负荷调节比小,对燃气的发热量、预热温度、炉压波动非常敏感,在偏离设计条件时便不能保持稳定燃烧。

2) 天然气燃烧器

天然气热值很高,燃烧时需要大量空气,着火范围相对较窄,因此关键技术是解决混合问题。低压燃烧器使燃气通过小孔喷出,加强混合。多孔涡流燃烧器则利用导向叶片使空气呈涡流旋转,并与小孔喷出的燃气混合。天然气燃烧器的结构如图 5.28 所示。

3) 引射式大气燃烧器

依靠燃气自身能量吸入一次空气,并在引射器内相互混合。然后经头部火孔流出,进行燃烧(图 5.29)。燃烧器的一次空气份额通常为 45%~75%,多用于民用燃气灶具。

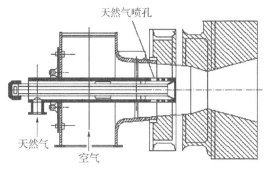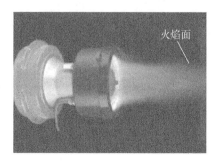

图 5.28　天然气燃烧器的结构和燃烧效果

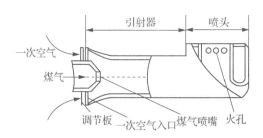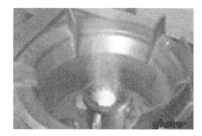

图 5.29　引射式大气燃烧器

　　这种燃烧器的特点是：与无焰燃烧器相比，其工况调节范围更宽，但热强度和燃烧温度较低；与有焰燃烧器相比，其火焰更短，温度较高，燃烧比较完全，但其燃烧稳定性相对较差；燃烧器的一次空气系数基本不随煤气压力变化而变化，具有一定的调节性。

习题

1. 什么是预混燃烧，什么是扩散燃烧？它们的区别是什么？
2. 煤粉和空气预混是否是预混燃烧？说明理由。
3. 着火和燃烧的各自概念是什么？它们之间有什么区别？
4. 着火都包括哪些现象？从着火角度看，爆炸和冷焰有什么异同点？
5. 什么是热力着火？什么是支链着火？它们的区别是什么？热力着火需要满足的条件是什么？
6. 何谓着火半岛现象？举例说明。

7. 计算乙烷在空气中的着火温度 T_c。热自燃着火试验在一个直径 $d=0.1$ m 的球形容器中进行,乙烷和空气按化学反应当量混合,混合气体压力 0.1 MPa。

8. 计算甲烷在不同直径球形容器内与空气的着火温度 T_c,甲烷和空气按化学反应当量混合,混合气体压力 0.1 MPa,球形容器的直径分别为 $d=0.001$ m, 0. 01 m, 0.2 m。

9. 计算不同压力下丙烷在空气中的着火温度 T_c。热自燃着火试验在一个直径 $d=0.1$ m 的球形容器中进行,丙烷和空气按化学反应当量混合,混合气体压力分别为 0.5 MPa, 0.1 MPa, 0.01 MPa。

10. 分别计算甲烷、乙烷和丙烷在临界着火温度 900 K 时的临界着火压力,讨论它们的规律。

11. 计算临界着火温度 T_c 分别为 1 000 K 和 1 400 K 时,CO - 空气混合气体的热自燃的燃气着火浓度范围,计算条件采用例 5.2 的条件。结合例 5.2 的计算结果,分析临界着火温度 T_c 对燃气着火浓度范围的影响。

12. 计算例 5.1 中空气的热自燃的甲烷着火浓度范围,分析和讨论计算结果。

13. 简述热力自燃理论,热自燃必要条件有两个判据,它们的数学表达式是什么? 意义是什么?

14. 何谓着火温度、点火温度? 两者之间的区别与联系是什么?

15. 着火方式和着火原理有什么区别? 它们之间又存在什么联系?

16. 自燃着火和强迫着火的区别是什么? 它们的着火原理是否相同? 理由是什么?

17. 强迫点燃的临界条件是什么,其物理意义是什么? 图示热壁面强迫着火的过程。

18. 建立燃烧回流区有哪些方法? 各自的工作机理是什么?

19. 气体燃烧器的普遍工作原理是什么? 举例阐述一种气体燃烧器其工作原理,并进一步说明它的着火或稳定燃烧的机理。

第6章 气体预混火焰燃烧

燃烧的一般形式是火焰,火焰也是最直观的燃烧现象。气体预混火焰是气体燃烧火焰的两种基本形式之一,在生活、工业装置和生产过程中有许多应用。例如日常生活中的燃气灶具等,工业领域的燃气轮机、玻璃制造等。燃烧技术的主要研究对象是预混燃烧火焰。因此,阐述预混燃烧火焰的性质和机理是燃烧学的基本内容。

第1章的"1.3 燃烧基本概念"叙述了燃烧火焰的特征;第5章的"5.1 气体燃烧基本概念"对气体燃烧做了进一步阐述,建立了预混火焰燃烧和扩散火焰燃烧的概念,这里不再赘述。在学习了第2章的燃烧热力学、第3章的传质学和第4章的化学动力学的基础之后,将在一个新的认识层次对火焰做科学、系统的燃烧理论阐述,从流体力学、传热学、传质学的传递过程和化学热力学、化学动力学的系统动力学过程的视野,构建燃烧学的理论基础。本章内容是此理论基础之上燃烧学的一部分,重点讨论气体预混火焰燃烧的性质和燃烧机理的基础问题。

6.1 概述

预混火焰燃烧的定义和性质在第5章的"5.1.2 气体燃烧火焰及分类"已明确说明,不再赘述,其中层流预混火焰是燃烧学的基础问题,它是燃烧理论研究的开始,湍流预混火焰在燃烧技术中有着广泛的应用,第5章的"5.6 气体燃烧器"详细地说明了这一问题,本章讨论重点围绕层流预混火焰展开。

层流预混火焰在生活、工业装置和生产过程中有许多应用。例如气体燃烧器具、燃气烤箱和取暖装置等,另外玻璃制造业中也常采用层流预混天然气火焰。正如上面的例子所指出,层流预混火焰本身即有很多重要的应用,但更重要的是,对层流预混火焰的理解是研究湍流火焰的前提和基础。

6.1.1　预混火焰特征

前一章讨论的燃烧问题主要是气体的着火和熄火,本章将开始阐述气体着火形成火焰后的燃烧机理。为了便于理解和保持知识的连贯性,现在从分析可燃混合气体着火的强迫着火(点燃)现象出发,探讨气体预混火焰的基本特征。

1) 火焰传播

在第 5 章的"5.4　强迫着火"中有描述,静止的可燃气体混合物用电火花或炽热物体局部点燃后,可以观察到形成一层发光、发热的气体薄层(一般在 1 mm 以下),向未燃的混合气体方向快速运动扩展,如图 6.1 所示,这一薄层被称为火焰面,其燃烧学的术语为"火焰波"或"火焰前锋",这是因为火焰面的扩展好像波浪在水中传播一样。

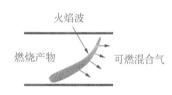

图 6.1　可燃预混气体中的火焰波

需要说明的是,火焰面是直观感觉的概念,所有的火焰燃烧都能感知到火焰面。在预混火焰中,火焰面即为火焰波,而扩散火焰的火焰面则不能称之为火焰波。就燃烧学而言,不同的燃烧有不同的燃烧机理,不能以火焰面之类的概念一概而论。比如,对于气体燃烧,燃烧学的分类就有预混火焰和扩散火焰,它们各自的火焰面现象是不能用统一的燃烧机理解释的。

根据气体燃烧的定义和分类(参见"5.1.2　气体燃烧火焰及分类"),上述气体混合物点燃显然属于气体预混燃烧问题。因此,可燃混合气体着火问题可以重新描述如下:气体预混燃烧存在火焰波现象,预混气体的着火或燃烧是火焰波运动扩展的结果。据此,可以定义气体预混燃烧的两个重要概念:

火焰波(火焰前锋):气体预混火焰中正在激烈燃烧反应的发光发热气体薄层。

火焰传播:气体预混火焰中火焰波向未燃混合气体的运动扩展。

事实上,火焰波是预混火焰的重要特征之一,无论是何种燃烧方式的预混火焰,都存在火焰波现象;火焰传播则是预混燃烧的另一个重要特征。下面分析预混气体燃烧中火焰传播的原理。

根据火焰波薄层的发光发热效应不难推测,火焰面中发生着强烈的燃烧化学反应,由此推断,在火焰面扩展的前面是未燃的可燃气体混合物,在其后面则是温度很高的已燃气体燃烧产物。它们的分界面是火焰面,它与邻近地区之间存在着很大的温度梯度与浓度梯度。因此,预混火焰燃烧的特征,就是燃烧化学反应不是在整个混合气体空间内同时发生,而是集中在火焰波层内部进行,即局部燃烧特性。正是预混燃烧的局部特性产生了火焰传播现象。

火焰传播原理:火焰波内部剧烈的燃烧化学反应,使其在边界上产生了很大的温度和组分浓度梯度,导致了强烈的热量和质量传递。热量和质量交换又引起了邻近的未燃预混气体的化学反应,由此形成化学反应区在空间的移动,火焰传播是一个复杂的传递动力学过程。

如果可燃混合气体是运动气流,在一定的气流速率条件下,也会产生一个燃烧火焰波,火焰波会相对于运动气流而传播,其基本过程和点燃静止气体的着火一样。根据气流流动状况,预混气流中的火焰传播可分为层流火焰传播(或称层流燃烧)和湍流火焰传播(或称湍流燃烧)。

需要强调说明,火焰传播是预混火焰的重要特征,预混燃烧过程就是火焰传播过程。

2)火焰传播形式

预混气体火焰传播的速率取决于预混气体的物理化学性质与气流的流动状况。火焰传播速率的快慢将引发不同的燃烧形式,如火焰、爆燃和爆震。

火焰和爆震是预混气体燃烧的两种形式,但是,它们的燃烧现象和过程不尽相同,燃烧机理则大相径庭。

燃气预混气体通过射流的燃烧火焰是典型的预混火焰[图 6.2(a)],它的工作原理类似前面所述的可燃混合气体气流的点燃问题,其二维问题属性比

(a) 缓燃火焰   (b) 爆震

图 6.2   预混气体燃烧的两种形式

一维复杂一些,但燃烧机理的本质未变,燃烧过程分析不再赘述。在层流情况下,燃气射流速率和火焰传播速率形成动态平衡,火焰面(火焰波)驻留在空间稳定不变。此时,火焰传播速率一般相对较小,火焰传播速率处于较慢状态的预混燃烧称之为"缓燃"(或"火焰燃烧")。

火焰传播有两种机理:热传导理论和分子扩散理论。热传导理论认为,火焰波能在未燃混合气体中传播,是由于火焰波中化学反应放出的热量以热传导的方式传递到波面处未燃的冷混合气体,使得未燃混合气体温度升高,化学反应加速并形成新燃烧区,导致火焰传播。分子扩散理论认为,凡是燃烧都是链式反应,火焰波能在未燃混合气体中传播,是由于火焰波中的自由基向波面处未燃混合气体中扩散,促发未燃混合气体发生链式反应,形成新燃烧区,导致火焰传播。事实上,火焰燃烧的火焰传播机理是热传导和分子扩散共同作用的结果,它们共同影响着火焰传播速率的快慢。所以,火焰燃烧的火焰传播速率一般相对较慢。

爆震可以通过在一个充满可燃预混气体的长管道中的燃烧实验实现。管道一端开口一端封闭,在管道封闭端点燃可燃预混气体,产生的火焰波沿管道向前传播,由于火焰面与封闭端之间的炽热燃烧产物气体膨胀,从而使火焰波得以加速,在不断加速的作用下,导致燃烧区前方生成激波,燃烧波和激波的叠加,使燃烧波传播速率越来越快,最终形成了以超音速传播(常大于 1 000 m/s)的爆震波,这种快速火焰传播的预混燃烧称为"爆震"。爆震波传播速率很快,而且传播稳定[图 6.2(b)]。这种燃烧现象是日常感知的爆炸。

爆震被视为不考虑热传导、热辐射及其黏滞摩擦等耗散效应的一维燃烧流体,爆震波(或"爆轰波")被视为一强间断面,爆震波通过后化学反应瞬间完成,并放出化学反应热,反应产物处于热化学平衡及热力学平衡状态,爆震波阵面传播是定常过程。这就是所谓的爆轰波 CJ 理论(Chapman-Jouguet 爆轰波理论)。

根据爆轰波 CJ 理论,爆震的火焰传播机理不是通过传热、传质发生的,它是依靠激波的压缩作用,使未燃混合气的温度不断升高而引起化学反应,从而使燃烧波不断向未燃混合气中推进,并以超音速传播。

火焰燃烧(或缓燃)和爆震都是稳定的气体预混燃烧,火焰传播速度从火焰燃烧向爆震演变的过渡燃烧状态即为"爆燃",爆燃是不稳定的气体预混燃烧。

缓燃、爆震是不同火焰波传播机理的唯象体现,火焰传播机理的不同才是造成不同现象的根本原因。本章下面的内容仅讨论预混气体的火焰燃烧,又以层流预混火焰燃烧为重点。

6.1.2　火焰传播速度

如果说气体预混燃烧本质是火焰传播的过程,那么,火焰传播速度则是气体预混燃烧的关键参数。燃烧学上的严格定义和度量是气体预混火焰理论的基础。

1) 定义

如图 6.3 所示为在长管内的预混燃烧。火焰面位移速度是火焰波在未燃混合气中相对于混合气体流动坐标系的前进速度,其前沿的法向指向未燃气体,火焰面位移速度为 U_f。混合气体的流动速度为 U_n。当 $U_n = 0$,则火焰传播速度 $S_L = U_f$;当 $U_n = U_f$,火焰面在静止坐标系稳定不动时,火焰传播速度:

$$S_L = U_n \tag{6.1}$$

由于速度是矢量,有空间方向属性。除了长管内一维燃烧,绝大多数的气体预混火焰都具有二维或三维空间性质,因此,在燃烧学上,针对火焰波的空间形态,有定义:

火焰传播速度 S:指火焰波相对于无穷远处的未燃混合气在其法线方向上的传播速度。

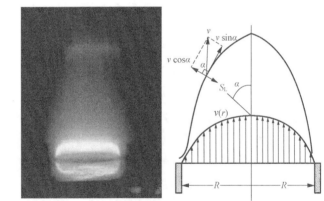

(a) 静止预混气体中火焰传播　　　　　　　(b) 预混气体射流火焰传播

图 6.3　预混气体的火焰传播

对应层流预混火焰和湍流预混火焰,层流预混火焰的火焰传播速度是 S_L,湍流预混火焰的火焰传播速度是 S_T。

2) 火焰传播速度实验观察测量

由于层流火焰传播速度的影响因素较多,所以实际的火焰传播速度更多的是由实验方法来测定。根据测定时火焰前沿是否移动,可将实验方法分为移动火焰法和驻定火焰法两类。移动火焰法包括圆管法、肥皂泡法、密封球弹法等,驻定火焰法包括本生灯法、颗粒示踪法、平面火焰法、直管法等。

(1) 本生灯火焰

本生灯火焰是燃烧学中经典的层流预混火焰的例子。图 6.4(a) 是本生灯的结构示意图及其所形成的火焰。本生灯的底部燃气通过一个面积可调的窗口引射空气进入,当燃气与空气沿管道流动时混合,形成预混火焰。火焰的形状主要取决于管内气流速度的分布以及火焰在管壁附近的热损失情况。对于气流从圆管形喷嘴喷出,轴向速度沿径向呈二次抛物线分布时,其火焰形状为一复杂的曲面。如果气流从圆管形喷嘴喷出,轴向速度沿径向为均匀分布时,此火焰锋面为一圆锥形。除顶点和底边外,圆锥面上火焰传播速度处处相等。火焰波面上每一点处的火焰速度必然等于未燃气体在火焰面法向上的速度分量,其向量关系如图 6.4(b) 所示,火焰形状基本上呈锥形。

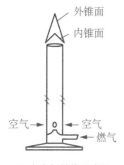

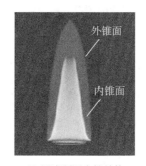

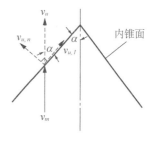

(a) 本生灯结构示意图　　　　(b) 层流预混火焰结构　　　　(c) 火焰面火焰传播速度

图 6.4　本生灯预混火焰特性图

在稳定状态下,单位时间从喷嘴形喷口流出的全部可燃气量应与整个火焰锋面上燃烧消耗的气量相等[图 6.4(c)]。因而有:

$$S_L = v_u \sin \alpha \tag{6.2}$$

式中,v_u 是混合气体喷口速度,由可燃气量计算获得。这一原理使得利用本生灯测量层流气体预混火焰的火焰传播速度成为可能。

(2) 圆柱管法

如图 6.5 所示,玻璃管中充满了被测定的可燃混合气,其一端封闭,另一端与容器相通。容器内装满惰性气体,其体积约为玻璃管体积的 $80 \sim 100$ 倍,以使燃烧时压力稳定。在测定时,打开阀门,用电火花点燃可燃混合气。这时,在点火处立即形成一片极薄(约0.1～0.5 mm)的火焰焰锋并向闭口端的未燃气体方向移动。观察火焰传播的情况,并用摄影机拍下火焰移动的照片[图 6.5(b)],根据拍摄时间及焰锋移动的距离就可求得层流火焰传播速度。

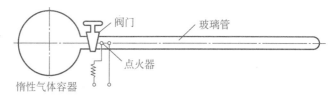

(a) 圆管法预混火焰传播速度测量装置

(b) 测量实验火焰图像

图 6.5　圆柱管法层流预混火焰传播速度测量实验装置和测量火焰面的图像

由于燃烧时气流的湍动和辐射传热,火焰焰锋通常不是一个垂直于管子轴线的平面,而是一个曲面。弯曲焰面的表面积总是大于管子的横截面积,所以观察到的火焰移动速度并不是真正层流(法向)火焰传播速度 S_L,因此,要进行修正计算。

【例 6.1】　甲烷层流预混火焰的传播速度的圆柱管法测量实验如图 6.5 所示。高速摄像的图像拍取时间间隔为 0.02 s,从高速图像上量得不同时间曝光火焰面的平均间隔距离为 16.8 mm,火焰面水平倾角29°。求该实验测得的层流火焰传播速度 S_L。

解:火焰面位移速度:$U_f = \dfrac{L_f}{\Delta t} = \dfrac{16.8 \times 10^{-3}}{0.02} = 0.84$ m/s ;

圆管面积:$A = \dfrac{\pi}{4} d^2$,其中 d 是圆管直径。火焰面的面积:$A_f = \dfrac{A}{\sin 29°}$

根据火焰传播速度的质量守恒:$S_L \cdot A_f = U_f \cdot A$。

所以 $S_L = \dfrac{A}{A_f} U_f = U_f \sin \theta = 0.84 \times \sin 29° = 0.407\ 2$ m/s。

6.1.3　层流预混火焰结构特性

厘清预混火焰的空间结构是了解气体燃烧理论的另一个重要任务。为了说明问题,以层流一维预混火焰为例,说明预混火焰的一些重要空间特性,二维和三维的预混火焰具有和一维相同的空间特性,只是空间表现上要复杂一些。

1) 火焰波面质量守恒

在一个充满可燃混合气的管子内点火,形成层流预混火焰传播,如上一节所述,可以假定火焰是一维的。未燃气体从火焰一侧以法向进入火焰阵面。由于火焰使产物的温度升高,产物的密度必然小于反应物的密度。因而,流动的连续性要求已燃气体的速度大于未燃气体的速度:

$$\rho_u S_L A \equiv \rho_u v_u A = \rho_b v_b A \tag{6.3}$$

式中的下标 u 和 b 分别表示未燃和已燃气体。对标准大气压下典型的碳氢空气混合物火焰,未燃气体与已燃气体的密度比约为 7,气流穿过火焰阵面后速度会大大增加。

2) 火焰结构

预混火焰是火焰波的传播燃烧,火焰波前的未燃混合气体需加热至燃烧化学反应开始,才能保证火焰波的传播,因此,预混火焰可以被划分为两个区域:加热区和反应区。如图 6.6 所示,加热区中主要是气体间的热量传递行为,气体化学反应行为很小;反应区则是以燃烧化学反应行为为主。加热区和反应区间存在非常大的温度梯度和组分浓度梯度,驱动热量和组分的传递,如前所述的火焰传播的机理。

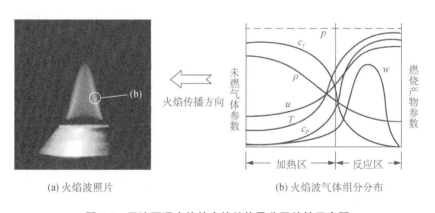

(a) 火焰波照片   (b) 火焰波气体组分分布

图 6.6 层流预混火焰的火焰结构及分区特性示意图

火焰波厚度很薄,可燃气体经过这个薄层放出热量,生成产物。由此可知,火焰波内部进行着强烈的热量和质量的交换,经历加热、着火、燃烧直到燃尽的物理和化学反应过程。其温度、组分、密度、气流速度以及反应速率在空间上都有巨大的变化。化学反应组分分布与之相对应,加热区几乎无燃烧化学反应,燃

气组分 c_f 很大而燃烧产物组分 c_p 非常小;进入反应区后,燃烧化学反应的发生,在燃烧反应热加热下,反应区气体温度快速升至火焰温度,燃烧反应速率急剧增大,使燃气组分浓度 c_f 迅速下降至零。同时,燃烧产物烟气浓度 c_p 快速上升。流体力学参数速度 u 和气体密度 ρ 的分布变化在火焰波面质量守恒中已经阐述。

特别要说明的是,在预混火焰的流体场中,混合气体的总压力波动很小,几乎不变。所以,气体预混火焰燃烧被称之为等压燃烧或等压火焰。

3) 火焰波面(燃烧化学反应区)特性

在标准大气压下,火焰厚度非常薄,约为毫米量级甚至更小。火焰层由化学反应较快的薄层区域及其后面的化学反应较慢的相对较宽区域组成。

在快速化学反应区,主要由双分子基元反应控制。在标准大气压下,快速反应区非常薄,典型的厚度小于 1 mm。由于该区域非常薄,因而温度梯度和组分的浓度梯度非常大,而这种梯度即是火焰得以自持传播的驱动力,即这种梯度引起反应区的热量和自由基组分向加热区扩散。

在化学反应较慢的反应区,化学反应主要是三体自由基的重新组合过程(这些反应通常比双分子反应要慢得多),以及 CO 通过反应 $CO + OH \longrightarrow CO_2 + H$ 的燃尽过程。在一个标准大气压下,化学反应较慢反应区的范围可以达到几个毫米。

6.1.4　预混燃烧机理本质及理论方法

1) 层流预混火焰的燃烧学本质

在探讨层流预混火焰的燃烧学本质之前,有必要厘清层流预混火焰的燃烧机理,在"5.1.2　气体燃烧火焰及分类"章节中,曾给出了层流预混火焰的燃烧机理:动力学因素对燃烧起控制作用,亦称动力燃烧。在学习了本章上面内容之后,如何理解这句话呢?

总结已知的气体层流预混火焰的知识,大体可以得到如下概念:一、层流预混火焰的燃烧反应主要发生在火焰波层内,说明层流预混火焰的燃烧是局部燃烧;二、层流预混火焰的燃烧过程就是火焰波传播的过程;三、层流预混燃烧中火焰波能够实现传播是火焰波面极大的温度梯度引发;四、火焰波内燃烧反应是造成火焰波面极大温度梯度的成因。

由此逻辑,层流预混火焰的关键因素呼之欲出,燃烧反应在层流预混火焰中占有重要的地位,它是火焰波是否存在的根据,亦是火焰波传播的成因。那么,燃烧反应(确切地说是燃烧反应速率)是层流预混火焰第一要素的结论可以成立,所谓"动力燃烧"即为此意。

层流预混燃烧火焰波层内的燃烧反应产生燃烧反应热,燃烧反应热通过火焰波面向波面外传递热量,造成邻近气体温度稳定升高而发生燃烧反应,这是火焰波传播的机理。据此分析,波面的热量传递是火焰波传播的关键因素,换言之,热量传递的快慢将决定火焰波传播的快慢(火焰传播速度)。当火焰波层内燃烧放热量和波面传热量相当时,就形成了稳定的火焰传播速度,如果在气流流动的相对坐标,就是最为常见的层流预混火焰面。当火焰波层内燃烧放热量大于波面传热量时,火焰波层内气体温度越来越高,燃烧反应越来越激烈,波面温度梯度越来越大,波面传热量也越来越大,则火焰传播速度越来越快,流体力学知识表明,此种情况流动将出现激波现象,形成爆震。

综上所述,燃烧反应决定着层流预混火焰的火焰波生存,火焰波面气体热量传递控制了火焰波传播的快慢,气体层流预混火焰的燃烧学本质就是由燃烧反应速率和火焰体内部气体传热能力所决定的燃烧问题。

层流预混火焰燃烧强烈与否取决于燃烧反应速率和传热速率,前者和燃烧强度成正比,后者则成反比。自然联想到,传热速率和燃烧反应速率之比是一个理想的描述层流预混火焰燃烧状态的参数,层流预混火焰的火焰传播速度 S_L 恰好就是这个参数,下一节"6.2　层流预混火焰理论"将就此给出理论上的证明。

2) *层流预混火焰理论方法*

层流预混火焰燃烧问题的理论方法从动量传递、热量传递、质量传递三个方面和化学热力学、化学动力学两个力学角度出发,针对层流预混火焰自身的特点,确定具体的燃烧学基础科学。

　　• 化学热力学:热力学第一定律能量守恒是燃烧系统的基础,是燃烧能量方程的基础;层流预混火焰理论是燃烧现象的研究,并非燃烧热力系统的态势和发展问题,此燃烧问题与化学热力学关联较小,运用有限。

　　• 流体力学:层流预混火焰的核心问题是火焰传播,火焰传播是"波"运动问题,因此动量传递效应对其影响不大,与燃烧问题关联度小,运用有限。

　　• 传热学:如前所述,是层流预混火焰传播的重要学科。

　　• 传质学:在层流预混火焰的火焰波面存在强烈的燃烧组分传质过程,对火焰波传播有重要影响作用,传质学是描述火焰场燃烧组分分布的必需学科。

　　• 化学反应动力学:燃烧反应速率决定层流预混火焰的行为特性,因此,化学反应动力学是层流预混火焰的主要基础学科。

总之,层流预混火焰的理论基础主要由化学热力学的能量守恒原理、传热学原理、传质学原理和化学反应动力学原理组成。

下一节中,建立相应的理论基础问题,以讨论如压力、温度和燃料种类等不同参数如何影响层流火焰的传播速度。

6.2　层流预混火焰理论

层流火焰的理论模型非常多,理论模型的基本方法并无原则上的区别。本节的理论模型分析了控制火焰传播速度和火焰厚度的主要影响因素,通过耦合传热学、传质学和化学动力学以及热力学的基本原理,同时运用了一些热力学和输运性质上的简化假设,建立了一维预混火焰的理论模型,目的是给出关于层流火焰传播速度的理论表述。

6.2.1　层流预混火焰能量模型

在前面介绍的层流预混火焰的知识基础上,依据热力学第一定律(参见"2.2燃烧反应系统热力学第一定律"),建立一维层流预混火焰的理论模型。

一维层流预混火焰能量模型基本内容描述如下:

(1) 稳态、一维、等截面化学反应流动问题。

(2) 预混火焰的火焰传播机理是以热传导理论为主,忽略火焰传播的分子扩散理论机理;近似认为火焰的传热以热传导为主,不计其他传热作用。

(3) 忽略动能和势能以及黏性剪切力所做功。

(4) 燃烧化学反应假设为简单的化学宏观反应,燃料和氧化剂经单步放热反应生成产物,燃烧为当量燃烧或富氧燃烧量,因而在火焰内燃料被完全消耗;不考虑燃烧的复杂链式反应,即认为燃烧温度接近于绝热燃烧温度。

(5) 所有气体视为理想气体,气体混合物的比热容与温度和混合物的组成无关,这相当于假设每一种组分的比热容均相等且为常数。

(6) 燃烧过程是绝热的,即不考虑热量扩散和损失。

(7) 火焰场压力保持不变,火焰两侧压差很小,可以忽略。

根据上述假设,建立层流预混火焰的能量理论模型,从能量守恒方程出发,导出层流火焰传播速度的计算公式。

6.2.2　守恒方程

采用微元控制体的流体理论分析方法,建立层流预混火焰的一维质量守恒方程和能量守恒方程以及动量守恒方程,这些守恒原理可以表述如下:

1) 质量守恒方程

根据流体力学原理,一维不可压缩流体的连续方程:

$$\frac{\mathrm{d}(\rho v_x)}{\mathrm{d}x} = 0 \tag{6.4a}$$

应用在一维层流预混火焰的流体,结合前面的火焰波面质量守恒性质,得公式如下:

$$\rho u = \rho_0 u_0 = \rho_f u_f = \rho_0 S_L = m'' = \text{const} \tag{6.4b}$$

式中,ρ 是混合气体的质量密度;u 是混合气流速度;m''是质量流率,因为质量守恒原理,它为常量。如图 6.7 所示,下标"0"表示未燃状态,"f"表示燃烧后状态。

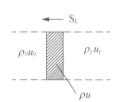

图 6.7　质量守恒示意图

2) 动量守恒方程

火焰燃烧一般近似等压燃烧,同时,已在模型的假设(7) 中说明,

$$\frac{\mathrm{d}p}{\mathrm{d}x} = 0 \tag{6.5}$$

式中,p 是混合气体的压力。

3) 能量守恒方程

依据第 2 章化学热力学"2.2　燃烧反应系统热力学第一定律",采用定压燃烧系统的能量守恒原理,确定了具有化学反应的一维定常层流流动的能量方程,采用微元体分析方法,建立具体的能量方程。

在火焰面中取厚度为 Δx 的微元层,如图 6.8 所示,其横截面积为 1。考虑对流、导热及燃烧化学反应放热的综合影响。

预混可燃气体自左向右流向微元体,其温度 T 沿着流动方向逐渐升高,热量则自右边高温区导入,其值为 $\lambda \dfrac{\mathrm{d}}{\mathrm{d}x}\left(T + \dfrac{\mathrm{d}T}{\mathrm{d}x}\Delta x\right)$,而自微元体 Δx 左边导出为 $\lambda \dfrac{\mathrm{d}T}{\mathrm{d}x}$,$\lambda$ 是混合气体的导热系数。同时,因流体流经微元体,其代入的热量为 $\rho u c_p T$,而带出的热量则为

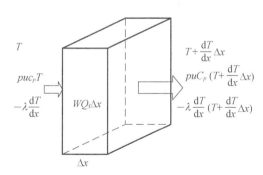

图 6.8　火焰能量方程微元体示意图

$\rho u c_p \left(T + \dfrac{\mathrm{d}T}{\mathrm{d}x} \Delta x \right)$，$c_p$ 是混合气体的定压比热容。此外，依据第 2 章化学热力学"2.3.2　Hess 定律"，微元体中的燃烧化学反应释放热量为 $WQ_f\Delta x$，W 是燃烧速率，Q_f 是气体燃烧热。对于稳定的火焰传播，在微元层 Δx 内没有热量积累，所以对流净增量与导热净增量应等于化学反应的放热量，故

$$\rho u c_p \left(T + \frac{\mathrm{d}T}{\mathrm{d}x} \Delta x \right) - \rho u c_p T + \left[-\lambda \frac{\mathrm{d}}{\mathrm{d}x} \left(T + \frac{\mathrm{d}T}{\mathrm{d}x} \Delta x \right) + \lambda \frac{\mathrm{d}T}{\mathrm{d}x} \right] = WQ_f \Delta x$$

整理上式，并写成微分方程的形式：

$$\lambda \frac{\mathrm{d}^2 T}{\mathrm{d}x^2} - \rho u c_p \frac{\mathrm{d}T}{\mathrm{d}x} + WQ_f = 0 \tag{6.6}$$

式(6.6)即为一维定常层流预混火焰的能量方程。

为了表达简洁，进一步整理微分方程组。注意到连续方程(6.4b)可写成：

$$\rho u = \rho_0 S_L = \text{const} \tag{6.7}$$

将连续方程式(6.7)代入能量方程式(6.6)，即可得：

$$\lambda \frac{\mathrm{d}^2 T}{\mathrm{d}x^2} - (\rho_0 S_L) c_p \frac{\mathrm{d}T}{\mathrm{d}x} + WQ_f = 0 \tag{6.8}$$

式(6.8)是一维定常层流火焰传播方程。考虑火焰上、下游的情况，可以得到边界条件：

$$\text{火焰上游边界：} \begin{cases} T(x \to -\infty) = T_0 \\ \dfrac{\mathrm{d}T}{\mathrm{d}x}(x \to -\infty) = 0 \end{cases}, \text{火焰下游边界：} \begin{cases} T(x \to \infty) = T_f \\ \dfrac{\mathrm{d}T}{\mathrm{d}x}(x \to \infty) = 0 \end{cases}$$

$$\tag{6.9}$$

一维定常层流火焰传播方程式(6.8)和边界条件式(6.9)组成了边界条件确定的微分方程，理论上，微分方程组存在定解。

6.2.3　理论模型分析

为了找出层流火焰传播速度 S_L 与可燃气的燃烧反应动力学因素及相关的物理化学性质的关系，理论上求解层流火焰传播方程，即可解决问题。但一维定常层流火焰传播方程式(6.8)和边界条件式(6.9)包含一个具有复杂指数形式的非奇次项，所以数学解析比较困难。因此，还需要进一步的简化或设定一些假设。

1) Zeldovich-Frank 理论模型

层流预混火焰的 Zeldovich-Frank 理论模型是一维定常层流火焰传播方程式的一个经典理论近似解法。

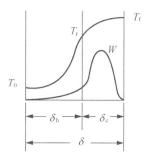

图 6.9 Zeldovich-Frank 模型

Zeldovich-Frank 模型认为,根据层流预混火焰的结构特性,可以将厚度 δ 的层流火焰波层分为两个区(图 6.9):加热区(厚度 δ_h)和反应区(厚度 δ_c)。在加热区中,燃烧化学反应是冻结的,忽略化学反应的影响,预混火焰传播方程中反应项 $WQ_f = 0$;在反应区中,燃烧化学反应强烈,火焰温度接近绝热燃烧温度,相较于燃烧热项,预混火焰传播方程的对流能量项可以忽略(相对温度梯度较小),$(\rho_0 S_L) c_p \dfrac{dT}{dx} = 0$,因此,即认为对流能量比燃烧化学反应热显得次要。

2) 两区近似分析法

在加热区,忽略燃烧化学反应热项,预混火焰传播方程可写为:

$$\lambda \frac{d^2 T}{dx^2} - (\rho_0 S_L) c_p \frac{dT}{dx} = 0 \tag{6.10a}$$

相对应的火焰上游边界条件和着火处(火焰两区分界处)边界条件分别为(图 6.9):

$$\text{火焰上游}: \begin{cases} T(x \rightarrow -\infty) = T_0 \\ \dfrac{dT}{dx}(x \rightarrow -\infty) = 0 \end{cases}, \text{着火处}: \begin{cases} T(x = \delta_h) = T_l \\ \dfrac{dT}{dx}(x = \delta_h) = \left(\dfrac{dT}{dx}\right)_{T=T_l} \end{cases}$$

$$\tag{6.10b}$$

积分式(6.10a)一次,并运用边界条件,可得着火处的温度梯度:

$$\left(\frac{dT}{dx}\right)_{T=T_l} = \frac{(\rho_0 S_L) c_p}{\lambda}(T - T_0) \tag{6.11}$$

在反应区,忽略对流能量项,预混火焰传播方程为:

$$\lambda \frac{d^2 T}{dx^2} + WQ_f = 0 \tag{6.12}$$

同理,着火处和火焰下游的边界条件是:

着火处：$\begin{cases} T(x=\delta_{\mathrm{h}})=T_l \\ \dfrac{\mathrm{d}T}{\mathrm{d}x}(x=\delta_{\mathrm{h}})=\left(\dfrac{\mathrm{d}T}{\mathrm{d}x}\right)_{T=T_l} \end{cases}$，火焰下游：$\begin{cases} T(x\rightarrow\infty)=T_{\mathrm{f}} \\ \dfrac{\mathrm{d}T}{\mathrm{d}x}(x\rightarrow\infty)=0 \end{cases}$

$$(6.13)$$

由于 $\dfrac{\mathrm{d}^2T}{\mathrm{d}x^2}=\dfrac{\mathrm{d}}{\mathrm{d}x}\left(\dfrac{\mathrm{d}T}{\mathrm{d}x}\right)=\dfrac{\mathrm{d}T}{\mathrm{d}x}\cdot\dfrac{\mathrm{d}}{\mathrm{d}T}\left(\dfrac{\mathrm{d}T}{\mathrm{d}x}\right)=\dfrac{1}{2}\dfrac{\mathrm{d}}{\mathrm{d}T}\left[\left(\dfrac{\mathrm{d}T}{\mathrm{d}x}\right)^2\right]$，代入式(6.12)：

$$\frac{\mathrm{d}}{\mathrm{d}T}\left(\left(\frac{\mathrm{d}T}{\mathrm{d}x}\right)^2\right)=-\frac{2WQ_{\mathrm{f}}}{\lambda}$$

关于 T 从 T_l 到 T_{f} 积分上式，并考虑到燃气和混合气体的物性参数为常数，有

$$\left(\frac{\mathrm{d}T}{\mathrm{d}x}\right)^2_{T=T_{\mathrm{f}}}-\left(\frac{\mathrm{d}T}{\mathrm{d}x}\right)^2_{T=T_l}=\int_{T_l}^{T_{\mathrm{f}}}\left(-\frac{2WQ_{\mathrm{f}}}{\lambda}\right)\mathrm{d}T=-\frac{2Q_{\mathrm{f}}}{\lambda}\int_{T_l}^{T_{\mathrm{f}}}W\mathrm{d}T$$

因为边界条件式(6.13)，故 $\left(\dfrac{\mathrm{d}T}{\mathrm{d}x}\right)_{T=T_{\mathrm{f}}}=0$，所以着火处温度梯度为：

$$\left(\frac{\mathrm{d}T}{\mathrm{d}x}\right)_{T=T_l}=\sqrt{\frac{2Q_{\mathrm{f}}}{\lambda}\int_{T_l}^{T_{\mathrm{f}}}W\mathrm{d}T}$$

$$(6.14)$$

联立式(6.11)和式(6.14)，即：

$$\frac{(\rho_0 S_{\mathrm{L}})C_p}{\lambda}(T_l-T_0)=\sqrt{\frac{2Q_{\mathrm{f}}}{\lambda}\int_{T_l}^{T_{\mathrm{f}}}W\mathrm{d}T}$$

$$(6.15)$$

对上式中关于燃烧反应速率 W 的积分项，要分析火焰波层内的温度分布特性，做进一步的近似简化。依据火焰波的加热区和反应区特性，火焰波层内温度的增加主要在加热区，如图 6.9 所示，相对于加热区，反应区的温度变化不大，可以近似认为 $T_l=T_{\mathrm{f}}$，则 $T_l-T_0=T_{\mathrm{f}}-T_0$。

同时，加热区的燃烧反应速率很小，近似的燃烧反应速率 $W\approx 0$，故 W 的积分下限可从 T_l 扩展到 T_0，而不影响该积分的大小。定义一个平均燃烧反应速率：

$$\overline{W}=\frac{1}{T_{\mathrm{f}}-T_0}\int_{T_0}^{T_{\mathrm{f}}}W\mathrm{d}T$$

$$(6.16)$$

结合上述分析条件，改写式(6.15)为层流火焰传播速度 S_{L} 的表达式：

$$S_{\mathrm{L}}=\sqrt{\frac{2\lambda Q_{\mathrm{f}}}{\rho_0^2 c_p^2(T_{\mathrm{f}}-T_0)^2}\int_{T_0}^{T_{\mathrm{f}}}W\mathrm{d}T}=\sqrt{\frac{2\lambda Q_{\mathrm{f}}\overline{W}}{\rho_0^2 c_p^2(T_{\mathrm{f}}-T_0)}}$$

$$(6.17)$$

由热力学第一定律,将火焰波层视为一个绝热燃烧系统,其能量平衡为燃烧反应放热应等于燃烧产物从 T_0 升温至 T_f 所得到的焓。

在混合气体燃烧反应放热部分,未燃混合气体中可燃气体的浓度是 $C_{f,0}$(单位:mol/m³),质量浓度是 $C_{f,0}MW_f$(单位:kg/m³),其中 MW_f 是可燃气体相对分子质量,则未燃混合气体中可燃气体的质量分数为 $\dfrac{C_{f,0}MW_f}{\rho_0}$,所以,混合气体燃烧放热为 $m''\dfrac{C_{f,0}MW_f}{\rho_0} \cdot \dfrac{Q_f}{MW_f}$,其中要注意 Q_f 的单位(kJ/mol)。因此,能量平衡式为:

$$m''\frac{C_{f,0}MW_f}{\rho_0} \cdot \frac{Q_f}{MW_f} = m''c_p(T_f - T_0) \text{ 或 } \frac{Q_f}{T_f - T_0} = \frac{c_p\rho_0}{C_{f,0}} \tag{6.18}$$

考虑传热学的热扩散率: $a = \dfrac{\lambda}{c_p\rho_0}$,并定义特征化学反应时间:

$$\bar{\tau} = \frac{C_{f,0}}{\overline{W}} \tag{6.19}$$

把式(6.18)和式(6.19)代入式(6.17),得最终层流火焰传播速度:

$$S_L = \sqrt{2\left(\frac{\lambda}{c_p\rho_0}\right)\left(\frac{\overline{W}}{C_{f,0}}\right)} = \sqrt{\frac{2a}{\bar{\tau}}} \tag{6.20}$$

层流火焰传播速度 S_L 的表达式表明,层流火焰传播速度 S_L 是一个由混合气体的热物性、混合气体的燃气浓度和燃烧反应速率所确定的燃烧参数。其进一步的物理化学意义是层流火焰传播速度 S_L 与混合气体的热量传递能力的平方根成正比,与特征化学反应时间 $\bar{\tau}$(表征可燃混合气体燃尽时间)成反比。

层流预混火焰传播速度是层流预混火焰的核心燃烧参数,而决定层流火焰传播速度的是能量传递过程动力学和燃烧化学反应动力学,与动量传递和质量传递关系不大,这揭示了层流预混火焰的燃烧本质。同时,这也是该理论模型被称为热力能量模型的原因。

通过预混火焰传播方程的近似解得到的层流预混火焰传播速度存在着许多简化和假设,因此,利用式(6.20)计算的层流火焰传播速度并非精确的理论解,存在一定误差,在定量上仍然属于估算的范畴。但是,这并不影响火焰传播速度方程解式(6.20)的理论和实际价值。正如前面所述,式(6.20)所揭示的层流预混火焰传播速度的本质是正确的,对于理解层流预混火焰的燃烧方程有益;其次,运用式(6.20)计算的层流预混火焰传播速度的值不会在数量级上产生误差,仍然具备实用意义。

3）平均燃烧反应速率 $\overline{W}$

考察火焰传播速度式（6.20），运用其计算的主要困难是平均燃烧反应速率 $\overline{W}$ 的确定，其余参数混合气体热扩散率 a 和来流预混气体燃气浓度 $C_{f,0}$ 是易于获得的。

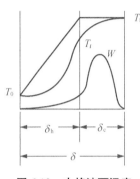

图 6.10　火焰波面温度近似示意图

严格的平均燃烧反应速率 $\overline{W}$ 计算是按照式（6.16）关于 W 的温度 T 积分，从图 6.10 可知，W 并非是 T 的简单函数，数学积分是有一定难度的。可以近似地认为火焰波层是一个零维的燃烧反应区域，这样，平均燃烧反应速率 $\overline{W}$ 只关乎一个反应区的平均燃烧温度 $\overline{T}$。

一个近似确定火焰波层平均温度的方法如下：如图 6.10，根据火焰波的两区特性，反应区的 W 远高于加热区，视反应区为一个 T_f 温度的绝热燃烧区域，在加热区，温度从 T_f 降至 T_0，如此，平均温度可简化为：

$$\overline{T} = \frac{1}{2}\left(\frac{T_0 + T_f}{2} + T_f\right) \tag{6.21}$$

这样，平均燃烧反应速率可以近似为：

$$\overline{W} = \frac{1}{T_f - T_0}\int_{T_0}^{T_f} W\mathrm{d}T \approx k(\overline{T})C_f^a C_{ox}^b \tag{6.22}$$

因为火焰波的反应区被视为绝热燃烧区，T_f 可以用可燃气体的绝热燃烧温度（参见"2.4　绝热燃烧温度"）计算，如此处理具有一定的合理性。

【例 6.2】　计算甲烷-空气预混气体的层流火焰传播速度。可燃混合气体按化学反应当量比混合，未燃混合气体温度 298 K，混合气体压力 0.1 MPa。

解： 采用层流火焰传播速度表达式（6.20）计算：

$$S_L = \sqrt{2\left(\frac{\lambda}{c_p \rho_0}\right)\left(\frac{\overline{W}}{C_{f,0}}\right)} = \sqrt{2a\left(\frac{\overline{W}}{C_{f,0}}\right)}$$

首先计算燃烧平均反应速率 $\overline{W}$，确定计算反应速率的平均温度为：$\overline{T} = \frac{1}{2}\left(\frac{T_0 + T_f}{2} + T_f\right)$。

其中未燃温度 $T_0=298$ K，火焰温度取绝热燃烧温度 $T_f=T_{ad}=2\,316$ K（参见例2.3），故：$\overline{T}=1\,812$ K。

甲烷在空气中燃烧化学反应方程式：$CH_4+2(O_2+3.76N_2)\longrightarrow 1CO_2+2H_2O+7.52N_2$

当量燃烧混合气体有：$x_{CH_4}=\dfrac{1}{1+2\times(1+3.76)}=0.095\,2$，$x_{O_2}=0.190$，

换算为温度 $\overline{T}$ 下组分的摩尔浓度（初始浓度）：

$$C_{CH_4}=x_{CH_4}\frac{p}{R_u\overline{T}}=0.095\,2\times\frac{0.1\times10^6}{8\,315\times1\,812}=6.31\times10^{-4}\ kmol/m^3$$

$$C_{O_2}=x_{O_2}\frac{p}{R_u\overline{T}}=0.190\times\frac{0.1\times10^6}{8\,315\times1\,812}=1.26\times10^{-3}\ kmol/m^3$$

按式（4.22）和表4.1，甲烷燃烧速率（按燃烧过程中组分摩尔浓度平均值计算）：

$$\overline{W}=1.3\times10^8\times\exp\left(-\frac{24\,358}{\overline{T}}\right)C_{CH_4}^{-0.3}\cdot C_{O_2}^{1.3}$$

$$=1.3\times10^8\times\exp\left(-\frac{24\,358}{1\,812}\right)\times(0.000\,631\times0.5)^{-0.3}\times(0.001\,26\times0.5)^{1.3}$$

$$=0.360\ [kmol/(m^3\cdot s)]$$

所以：$\dfrac{\overline{W}}{C_{f,0}}=\dfrac{0.360}{0.000\,631}=569.8\ (s^{-1})$

热扩散系数 α 的计算需要相关物性参数，传热发生在整个火焰区域上，计算物性系数的平均温度为 $\overline{T}_h=\dfrac{T_0+T_f}{2}=\dfrac{298+2\,318}{2}=1\,308$ （K），对于 CH_4-空气混合气体以"2.1.2　理想气体混合物"原则确定混合气体的物性参数。

CH_4 气体：查表 2.1(a) 得 $c_{p,CH_4}=85\,000$ J/(kmol·K)$=5\,312$ J/(kg·K)，查表 2.2(b) 得 $\lambda_{CH_4}=0.22$ W/(m·K)。

空气：查表 2.3(a) 可得 $c_{p,air}=1\,189$ J/(kg·K)，$\lambda_{air}=0.082$ W/(m·K)。

混合气体：$Y_{CH_4}=\dfrac{16}{16+2\times(32+3.76\times28)}=0.055$，$Y_{air}=1-Y_{CH_4}=0.945$，

$\overline{c}_p=Y_{CH_4}\cdot c_{p,CH_4}+Y_{air}\cdot c_{p,air}=0.055\times5\,312+0.945\times1\,189=1\,416$ [J/(kg·K)]，

$\overline{\lambda}=Y_{CH_4}\cdot\lambda_{CH_4}+Y_{air}\cdot\lambda_{air}=0.055\times0.22+0.945\times0.082=0.089\,6$ [W/(m·K)]。

在 T_0 条件下,新鲜混气的平均摩尔质量为 28.3 kg/kmol,密度 $\rho_0 = 1.141$ kg/m^3,热扩散系数:$\alpha = \dfrac{\overline{\lambda}}{\rho_0 \, \overline{c_p}} = \dfrac{0.089\ 6}{1.16 \times 1.416 \times 10^3} = 5.54 \times 10^{-5}\ (m^2/s)$。

将全部数据代入火焰传播速度公式:

$$S_L = \sqrt{2\left(\frac{\lambda}{c_p \rho_0}\right)\left(\frac{\overline{W}}{C_{f,0}}\right)} = \sqrt{2a\left(\frac{\overline{W}}{C_{f,0}}\right)} = \sqrt{2 \times 5.54 \times 10^{-5} \times 569.8} = 0.251\ (m/s)$$

计算值与相关数据(表 6.1)存在一定误差,这是简化计算造成的,它对定性分析和半定量分析非常有用。

6.3 层流预混火焰稳定机理

从预混燃烧火焰传播机理知道,预混火焰的空间维度上火焰波稳定,与燃烧气体的流体力学性质有关联。从前述的火焰传播速度的概念可知,未燃气流速度和火焰传播速度平衡时即可产生空间上的静止火焰波面。所谓的燃烧火焰稳定,即指燃烧火焰面在静止空间的稳定。为了准确地描述层流预混燃烧的火焰稳定机理,将从一维层流预混火焰的稳定分析开始,并进一步研究二维层流预混火焰,进而阐述层流预混火焰的稳定原理。

所谓的气体火焰稳定,其概念等同于气体着火条件。换言之,满足气体着火的条件,气体火焰就能够稳定。所以,分析气体火焰的稳定是离不开气体着火原理和条件的。根据第 5 章"5.2.3 着火原理"的阐述,气体预混火焰属于热自燃着火原理,因此,热力学第一定律的能量守恒原理将是分析气体预混火焰稳定的重要方面。

6.3.1 层流预混火焰第一稳定条件

分析一维层流预混火焰的稳定问题时,为了要在气流中维持预混火焰的静止空间上稳定,首先应观察预混火焰在气流中的现象,进而分析预混火焰静止空间上稳定的条件是什么。

如图 6.11 所示的一维层流预混气体管道中燃烧,未燃的可燃混合气以等速度 u_0 向前流动,如果此时火焰传播速度 S_L 与气流速度 u_0 相等,即 $S_L = u_0$,则所形成的火焰波面就会稳定在管道内某一位置上,如图 6.11(a)所示。若火焰传播速度 S_L 大于未燃的可燃混合气的流速 u_0,即 $S_L > u_0$,火焰波面位置就会向

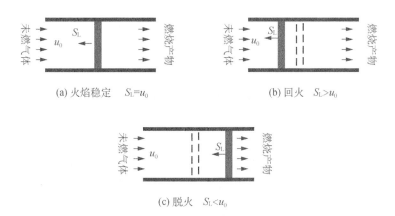

(a) 火焰稳定　$S_L = u_0$　　　　　　　(b) 回火　$S_L > u_0$

(c) 脱火　$S_L < u_0$

图 6.11　层流火焰传播与燃烧稳定关系示意图

着可燃混合气的上游方向移动,如图 6.11(b)所示,这种情况在燃烧学术语中称作"回火"。反之,若火焰传播速度 S_L 小于未燃的可燃混合气流速 u_0,即 $S_L <u_0$,则火焰波面位置就会向着未燃混合气的下游方向移动而被气流吹走,如图 6.11(c)所示,此种情况被称为"脱火"。由此可见,为了保证在一维管道中可燃混合气连续不断地燃烧而不至于产生回火或脱火现象,就要求火焰波面稳定在某一空间位置上不动,这就是所谓的"驻定火焰",也就是燃烧火焰的稳定。

所以,驻定火焰是稳定燃烧火焰,回火和脱火是不稳定燃烧火焰。

层流预混火焰第一稳定条件:层流预混火焰场中,当火焰空间的局部当地的未燃气体流速大小等于当地层流火焰传播速度且方向相反时,局部当地火焰波面在空间上稳定。即:

$$\vec{S_L} = -\vec{u_0} \tag{6.23}$$

是层流预混燃烧火焰稳定的必要条件。

上述层流预混燃烧火焰的火焰稳定分析源自一维层流预混火焰的分析,但该结论适用于空间维度上的层流预混火焰,下面就此问题进行讨论。

观察本生灯的层流预混火焰稳定实验,本生灯层流预混火焰具备三维空间属性,如图 6.12 所示,在喷口处呈现一个圆锥状的稳定火焰。

图 6.12　层流预混火焰二维空间火焰传播速度

下面就来讨论这个问题。在圆锥形火焰锋面上取一微元段,由于该微元段很小,可以认为是一直线段,未燃混合气流与火焰波面的法线方向成 θ 角平行地流向火焰波面,它的速度值为 v,现把未燃混合气流速度 v 分解成一个平行焰火焰波面的切向分速度分量 v_T 与一个垂直于火焰波面的法向速度分量 v_N。法向速度分量 v_N 欲使火焰波面沿法向向外侧扩展,为了维持该段火焰波面在空间位置上的稳定,势必有一个方向相反的动量势平衡法向速度分量 v_N,从一维层流预混火焰的火焰波面的第一稳定条件可知,这个平衡势即为火焰传播速度 S_L。因此,针对本生灯的锥形层流预混火焰,火焰稳定的第一条件形式是:

$$S_L = v_N = v\cos\alpha \tag{6.24}$$

从这一表达式中可看出,当气流速度 v 不等于火焰传播速度 S_L 时,为了维持火焰的稳定,火焰波面法线方向必须与气流方向形成一个倾斜角度。

所谓燃烧就是火焰本身以一定的速度迎着气流传播。式(6.24)一般称为层流预混火焰余弦定律,它表达了层流火焰传播速度与迎面来流气流速度在火焰稳定情况下的平衡关系。它在火焰传播理论中占有极重要的地位,它表明了在气流中燃烧的基本规律。余弦定律表达式(6.24)是层流预混火焰稳定第一条件的另一种表述形式。

6.3.2   层流预混火焰第二稳定条件

依据热自燃着火原理(参见"5.3.1   热自燃着火理论"),层流预混火焰的燃烧稳定必须遵守燃烧系统的能量守恒,仅仅满足预混火焰第一稳定条件是不够的。

继续以上一节本生灯的层流预混火焰稳定问题展开讨论。

造成火焰波面位置在空间移动除了法向速度分量 v_N 外,还有切向分速度分量 v_T 的影响。切向分速度分量 v_T 力图使火焰波面上质点顺着波面表面方向向前移动。为了保证波面上的气体热量守恒和质量守恒,必须有波面上的前部气体微团补充到该点位置,这在远离火焰波面根部的表面上是不成问题的。但是在接近火炬根部的波面表面处,若没有一个稳定热源存在,则被移走的炽热气体微团位置上就不会有另一炽热气体微团从焰锋的根部来补入,火炬根部的气体微团就将被冷却,在切向分速度分量 v_T 作用下,整个火焰波面层将被冷气体微团逐步替代,燃烧火焰反应将停止,火焰波面层将消亡,宏观上体现为火焰随气流被吹熄。

由此推论,为了避免焰锋被吹走以确保焰锋的存在,在火炬根部必须具备一热源,不断地补充火炬根部火焰波面层气体微团的热量。该热源通过加热火炬根部附近未燃可燃混合气,使其着火,产生新的炽热气体微团,以补充在根部被分速度分量 v_T 气流带走的气体微团。显然,这个热源应具备足够高的热量水平,否则仍是不能稳定整个本生灯的锥形火焰波面层的存在。

对于一个本生灯的层流预混火焰,要能保证整个燃烧的火焰波面在空间稳定,在火焰体根部必须要有一足够大的热源。由此看来,对于一般性的层流预混火焰应具有同样的要求。

层流预混火焰第二稳定条件:气体层流预混燃烧的火焰体区域内存在一个或多个稳定的强烈燃烧化学反应局部区域,形成热源效果,是层流预混火焰保持稳定的充分条件。

层流预混火焰第二稳定条件是气体热着火理论在层流预混火焰的具体表现。

比较层流预混火焰的第一和第二稳定条件可以发现,火焰第一稳定条件是针对火焰波局部小区域而言,火焰第二稳定条件则是对火焰整体而言的。

在本生灯层流预混火焰的例子中,燃烧热源在火炬根部(图 6.13)。其他燃烧状态(工况)的层流预混火焰可能会有不同的形式,取决于各自的流体力学特性。下面分析一个一般性层流预混火焰的稳定性问题。

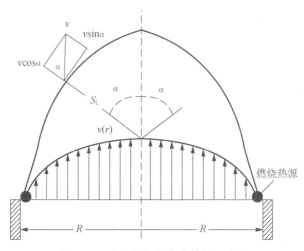

图 6.13 本生灯根部点火热源示意图

如图 6.14 所示为层流预混射流火焰的轴向不同距离位置的气体速度分布场和火焰传播速度分布场。气流速度 V_N 径向截面的分布特征一般取决于流体力学的射流特性。

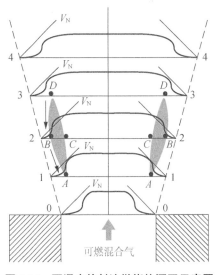

图 6.14 预混火焰射流燃烧热源区示意图

对于火焰体中心区域,燃烧气体的温度比较接近,故气体热物性、燃烧反应速率亦差异不大,因此,此处的火焰传播速度基本相等[参见式(6.20)]。但是随着向喷口管壁和射流边界靠近,火焰传播速度将发生改变。在喷口管壁,由于受壁面的冷却作用以及对活化分子的吸附作用,火焰传播速度从距管壁处起向着管壁不断下降,而至距离壁面处速度下降为零,意味着火焰熄灭。在射流边界,由于受周围空气的卷吸产生稀释作用,使火焰传播速度沿着射流的边界下降,并且随着气流的流动,卷吸稀释作用越来越强烈。这样,火焰传播速度就不仅在给定的边界层截面上发生变化,而且沿着边界层从一截面到另一截面也发生变化。

燃烧热源的形成是由于气流速度和火焰传播速度在管壁和射流边界附近的分布所致。它受两个因素的影响:(1) 管口壁面散热的影响,离管口越远,熄火效应影响越小;(2)混合气浓度的影响,由于射流的卷吸作用,离管口越远,可燃气浓度稀释越大,熄火效应影响越大。

下面具体分析火焰场几个截面的气流速度分布和火焰传播速度分布。

0—0 面:壁面散热,熄火效应明显,处处 $V_N > S_L$,火焰前沿被吹向下游。

1—1 面:离管口相对较远,火焰以传播速度 S_L 向边界移动,总可存在一个平衡点 A,$S_L = V_N$,形成所谓的燃烧热源。

2—2 面:若有热扰动,预混火焰波面被吹向下游,因离管口较远,熄火效应降低,火焰以传播速度 S_L 继续向边界移动,结果气流以速度 V_N 与火焰相交,在 BC 区间内,$S_L > V_N$,使火焰向上游移动,直到 1—1 面稳定于 A 点。

3—3 面:由于卷吸作用,熄火效应增加,火焰以传播速度 S_L 向离开边界的方向移动,结果气流以速度 V_N 与火焰相切于 D 点。

4—4 面:若加大流量使火焰继续向下游移动,空气的稀释作用更大,火焰以传播速度 S_L 进一步向右以致整个截面 $S_L < V_N$,火焰波面向下游移动。

在图 6.14 中,把 A、B、C、D 点相连形成一封闭的 $ABCD$ 区域,在空间上它是以此面积绕管轴的旋转体圆环,在此区域内均满足 $S_L > V_N$,区域边界上

$S_L = V_N$，因此，它提供了火焰逆向传播至点 A 的必要条件。

在点 A 火焰波面处于稳定状态（$S_L = V_N$），所以该点可看作一稳定燃烧热源，它可以不断地引燃新流入的未燃混合气体。若由于某种原因破坏了点 A 平衡状态（$S_L = V_N$），则会引起火焰波面的移动。如果缺乏恢复平衡状态的条件，一种情况是火焰波面沿着气流无限制地向下游移动，造成脱火（或吹熄）；另一种情况是整个火焰波面逆气流上溯移动，形成回火。

但若具有上述 $ABCD$ 圆环区域，情况就不一样了，在某种扰动破坏平衡的状态下，它具有恢复平衡的能力。例如，若因某种原因使火焰波面脱离 A 点沿气流下移，则由于位于 $ABCD$ 区域内 $S_L > V_N$，火焰波面必将逆向移动到 A 点，恢复原有的平衡状态；反之，若因某种扰动使火焰波面脱离 A 点气流逆向上移，则由于此后上游气流中 $S_L < V_N$，因而火焰波面将被气流重新推回 A 点，再次恢复原有平衡状态。所以，该预混气体射流火焰具有了整个火焰区自稳定的特性。区域 $ABCD$ 火焰波面稳定驻定，必然是燃烧强烈的地方，充当了整个火焰稳定的燃烧热源。

换言之，预混火焰的空间稳定是由于它自身形成和存在一个诸如 $ABCD$ 类的燃烧热源区域，保证了燃烧稳定。正如 Semenov 热自燃着火理论（参见"5.3.1 热自燃着火理论"）所述，$ABCD$ 区域内的燃烧热源是整个火焰燃烧系统的反应放热因素，而火焰体内的流体对流传热则是散热因素，只有当燃烧热源的反应放热因素大于流体对流传热的散热因素，火焰才有可能保持稳定整体。因此，层流预混火焰的第二稳定条件是基于能量守恒的气体热自燃理论在层流火焰中的表述。

6.4　影响层流预混火焰传播速度的因素

火焰传播速度是层流预混火焰的核心参数，它表征和决定了层流预混火焰的燃烧行为，对层流预混火焰传播速度的重要性如何强调都不过分。针对层流预混火焰传播速度 S_L 的化学物理意义［参见式（6.20）］，下面分析各种主要因素对其影响。

6.4.1　未燃预混气体初始温度 T_0 的影响

提高可燃混合气的初始温度和燃烧温度都可以提高其火焰传播速度。实验表明，初始温度 T_0 对层流预混火焰传播速度 S_L 的影响可用下列经验公式表示：

$$S_L \propto T_0^m \qquad (6.25)$$

其中，$m = 1.5 \sim 2$。

层流预混火焰传播速度 S_L 受未燃预混气体温度 T_0 的影响可以根据式 (6.20) 来分析，用理想气体状态方程估算混合气体的热扩散率 a，用火焰反应区温度 T_f 来估算平均燃烧反应速率 $\overline{W}$，以及特征化学反应时间 τ [参见式 (6.19)]，可以得到上述类似的结果。

如图 6.15 所示，可以看出层流预混火焰传播速度 S_L 受未燃预混气体温度 T_0 影响非常大，在燃气的活化能约为 1.67×10^5 kJ/kmol 时，未燃预混气体温度 T_0 从 300 K 升高到 600 K 时，层流预混火焰传播速度 S_L 增大到原速度的 3 倍多。

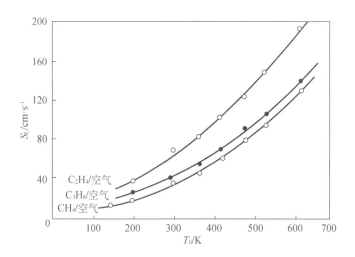

图 6.15   未燃预混气体温度对火焰传播速度的影响

6.4.2   混合气体压力 p 的影响

从层流预混火焰传播速度 S_L 的表达式 (6.20) 可知，$S_L \propto \dfrac{\overline{W}^{1/2}}{\rho_0^{1/2} C_{f,0}^{1/2}}$。化学反应动力学表明：$\overline{W} \propto p^n$（参见 "4.2.3   化学反应速率方程"），$C_{f,0} \propto p_0$ 根据气体状态方程：$p \propto \dfrac{\rho_0}{RT} \propto \rho_0$，则：

$$S_L \propto p^{n/2-1} \qquad (6.26)$$

式中，n 是燃烧化学反应的反应级数（注意：这里的化学反应均指化学宏观反应，此处的反应级数是化学宏观反应的级数,非基元反应级数)。

因此可知,气体压力 p 对层流预混火焰传播速度 S_L 的影响受化学反应级数 n 的控制。对于二级燃烧反应,S_L 与压力 p 无关,实验已经证明了这一点。对于一级燃烧反应,随着压力的增加,S_L 减小。对于一些给定的燃料,一些实验结果如图 6.16 所示,给出了层流预混火焰传播速度 S_L-p 关系图。

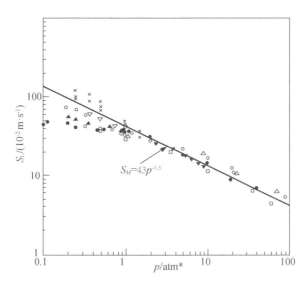

图 6.16　预混气体压力对火焰传播速度的影响

注 * :1 atm＝0.1 MPa

【**例 6.3**】　计算甲烷-空气预混气体在不同预混气体压力下的层流火焰传播速度。可燃混合气体按化学反应当量比混合,未燃混合气体温度 298 K,混合气体压力分别为 0.01 MPa、0.2 MPa、1.0 MPa。

解:根据压力对层流火焰传播速度影响关系式(6.26)可以得到:

$$\frac{S_{L,0}}{S_L}=\left(\frac{p_0}{p}\right)^{n/2-1}$$

如果已知某压力下的火焰传播速度,就可以用上式直接计算出要求压力下的火焰传播速度。对于甲烷-空气燃烧反应 $n=-0.3+1.3=1.0$。以例 6.2 的压力 0.1 MPa 为参考压力,则参考火焰传播速度 $S_{L,0}=0.251$ m/s。

所以:$S_L=\left(\frac{p}{p_0}\right)^{n/2-1} S_{L,0}=\left(\frac{p}{0.1\times10^6}\right)^{-0.5}\times0.251$

将 $p=0.01$ MPa, 0.2 MPa, 1.0 MPa 分别代入得 $S_L=0.795$ m/s, 0.178 m/s, 0.079 m/s。

由此可知,对于甲烷-空气预混燃烧,层流火焰传播速度随压力增大而减小。

6.4.3   气体燃料种类的影响

在碳氢化合物气体燃料中,不同烃类化合物及相对分子质量大小与层流预混火焰传播速度有相关性。大致上,对于烷烃,层流预混火焰传播速度与碳原子数无关;在各种烃类化合物中,传播速度 炔烃 > 烯烃 > 烷烃;炔烃及烯烃化合物的层流预混火焰传播速度随碳原子数的增加而降低;乙烯 C_2H_4 和乙炔 C_2H_2 的层流预混火焰传播速度 S_L 相比 $C_3 \sim C_6$ 碳氢化合物的层流预混火焰传播速度 S_L 要大,而甲烷层流预混火焰传播速度 S_L 更低一些;当碳原子数 $n>4$ 后,S_L 的降低开始减缓;当 $n>8$ 后,S_L 趋近于饱和值,接近于烷烃的层流预混火焰传播速度。

氢气的层流预混火焰传播速度 S_L 比烷类化合物层流预混火焰传播速度 S_L 要大很多倍。如下几个原因导致氢气的火焰速度较大:首先,纯氢气的热扩散系数要比碳氢燃料的热扩散系数大很多倍;其次,氢气的质量扩散系数也要比碳氢燃料的值大许多倍;最后,由于氢气燃烧过程中没有碳氢燃料燃烧时的主要反应步骤 $CO \longrightarrow CO_2$,因而氢气的反应动力学过程非常快。表 6.1 给出了各种纯燃料的层流预混火焰传播速度 S_L 的参考值,这些火焰速度值在目前相对较为准确。

表 6.1   可燃气体/空气层流预混火焰传播速度 S_L(0.1 MPa,293 K,燃烧当量比 $\Phi = 1$)

气体种类	氢气 H_2	甲烷 CH_4	乙炔 C_2H_2	乙烯 C_2H_4	乙烷 C_2H_6	丙烷 C_3H_8
$S_L/(\text{m} \cdot \text{s}^{-1})$	2.10	0.40	1.36	0.67	0.43	0.44

6.5   湍流预混火焰

在工程实践中湍流火焰比层流火焰更为广泛运用。采用湍流燃烧方式可以提高燃烧速度,因为大多数的工业及民用燃烧装置采取湍流预混火焰,它的火焰传播速度比层流预混火焰的传播速度要快。由于火焰的湍流燃烧速度远大于层流燃烧速度,湍流预混火焰的某些特性有别于层流预混火焰。

6.5.1   概述

1)湍流预混火焰现象

湍流预混火焰与层流预混火焰在外观上有很大区别。层流预混火焰,如本生灯预混火焰,它有很薄一层光滑整齐而外形清晰的火焰波面;而湍流预混火焰发光区较厚,火焰的轮廓比较模糊,有时可观察到火焰面的抖动,火焰长度也显著地缩短,同时还伴有一定的噪声。如图 6.17 所示,湍流使火焰波面变形,产生褶皱,使反应表面增加,以及湍流加剧了火焰波面的热量和质量交换,这些都加快了燃烧反应速率。同时,湍流促进未燃混合物与燃烧产物之间的快速混合,缩短了扩散混合所需时间,也使得燃烧反应加速。

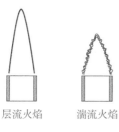

(a) 火焰面差异示意图

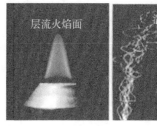

(b) 层流和湍流火焰试验照片

图 6.17　层流和湍流的预混火焰外观特征区别

火焰在均匀湍流中传播的基本原理与在层流中一样,都是依靠已燃气体和未燃气体之间热量和质量传递所形成的化学反应区在空间的移动,不过此时气流的湍流特性对燃烧过程起着很大的影响。实验指出,在湍流中火焰传播速度较之在层流中要大好多倍。

在湍流中,由于脉动的影响,火焰前锋面不像在层流中那样光滑整齐,而是产生褶皱、闪动,同时在燃烧过程中出现噪声。精确地描述湍流火焰传播过程是极其困难的,它取决于很多因素,如气流特性、可燃混合气的性质与组成、测试技术等,并涉及研究者对湍流火焰所做的理论假设。因此,目前有关湍流火焰的理论都带有简化和假设的成分。

2) 湍流预混火焰传播速度

在层流预混火焰中其传播速度只与混合物的热力学和化学性质有关。而湍流预混火焰的传播速度不仅与混合物的性质有关,而且还与气流的湍流特性有关。湍流预混火焰反应区远较层流预混火焰为厚,不能再近似地看作几何面。

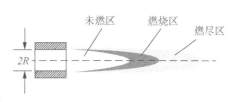

图 6.18　湍流预混火焰的结构示意图

所以在讨论湍流预混火焰传播时,在湍流预混火焰中开始发生燃烧反应的几何面称为湍流预混火焰前锋面(图 6.18)。剧烈发光反应部分称为燃烧区,此后虽无剧烈反应但仍有少量的可燃物在高温下继续反应,这部分称为燃尽区。所以,湍流预混火焰前锋面不像层流预混火焰面所定义那样是包括反应区和加热区在内的一薄层火焰,而是区分未燃和已燃状态的一个几何区。

因此,湍流预混火焰传播速度就是指开始发生燃烧反应的几何面——湍流火焰前锋在其表面法线上相对于未燃混合气运动的速度。以火焰体为参考系,可以这样来定义湍流预混火焰速度 S_T,即未燃气体沿火焰面法线方向进入火焰反应区的速度。由于高温反应区的瞬态位置在不断脉动,因此用流体湍流的雷诺平均法则原理平均火焰面空间位置。直接测量接近湍流火焰的某个点上的未燃气体流速是非常困难的,因此比较实用的方法是通过测量反应物流速来确定湍流预混火焰传播速度 S_T。如此,湍流火焰的火焰传播速度可以表示为:

$$S_T = \frac{m''}{\overline{A}\rho_0} \tag{6.27}$$

式中,m'' 是反应物的质量流量;ρ_0 是未燃气体的密度;$\overline{A}$ 是按时间平均后的火焰前锋面的面积。事实上,平均火焰面积 $\overline{A}$ 是很难测量获得的,特别是湍动度较高的湍流火焰,是无法确定其平均火焰面积 $\overline{A}$ 的。因此,式(6.27)更大的意义是定义湍流预混火焰传播速度。

6.5.2　预混火焰湍流模式与理论模型

湍流火焰与湍流流动密切相关,湍流预混火焰模式由流体的湍流特性而定。随着流体湍流强度的增加,预混火焰从层流火焰向湍流火焰演变。预混层流火焰向预混湍流火焰发展过程经历了褶皱火焰模式、涡沿火焰模式和分布反应模式(图 6.19)。

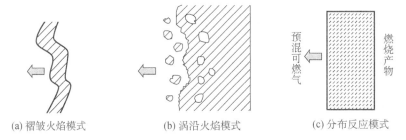

(a) 褶皱火焰模式　　　(b) 涡沿火焰模式　　　(c) 分布反应模式

图 6.19　湍流预混火焰的三种湍流模式

流体湍流模式通过 Re 数确定,预混火焰的湍流模式则是采用比较火焰波面厚度与流体湍流旋涡尺寸的大小来判断。

湍流力学定义了一个湍流旋涡最小长度 l_k，它代表流体中最小的旋涡尺度，这些小旋涡旋转得很快，有很高的旋涡强度，使得流体的动能由于耗散而转化为内能。另外，湍流力学又定义了一个积分长度 l_0，它代表最大的旋涡尺度。预混火焰的湍流模型就由上述两个湍流长度与火焰内局部层流预混火焰厚度 δ_C 的关系决定。

1）褶皱火焰模式

褶皱火焰模式是从层流预混火焰刚刚发展过来的弱湍流火焰，湍流可使层流火焰波面发生褶皱和扭曲，这一类型的湍流火焰称为褶皱火焰模式［图 6.19（a）］。由于此时的湍流强度较弱，流体旋涡微团脉动速度 $v' < S_L$，流体旋涡微团不能冲破层流预混火焰波面前沿，但流体旋涡微团尺寸大于火焰波面厚度而使火焰波面发生扭曲。此时，层流预混火焰的燃烧过程和机理没有发生大的改变。所以，火焰体的火焰波厚度 δ_C 依然很小，它小于湍流旋涡最小长度 l_k，即 $\delta_C < l_k$。

褶皱火焰模式的湍流预混火焰传播速度可由 Damkohler 经验公式求出：

$$\frac{S_T}{S_L} = 1 + \frac{v'_{rms}}{S_L} \tag{6.28}$$

式中，S_L 是火焰中局部的层流预混火焰传播速度；v'_{rms} 是流体的时均脉动速度，可以从流体实验测量。

2）涡沿火焰模式

随着流体湍流强度继续增强，预混火焰将从褶皱火焰的早期湍流模式发展成涡沿火焰模式。此时，流体湍流呈现的是大尺寸旋涡的强湍流，不仅涡流微团尺寸较大，而且微团脉动速度 $v' > S_L$，所以使连续的火焰波面发生了破碎［图 6.19（b）］。此时的火焰波厚度 δ_C 增大，已经大于湍流旋涡最小长度 l_k，但是，火焰波厚度 δ_C 仍然小于湍流积分长度 l_0，即 $l_k < \delta_C < l_0$。旋涡破碎模型是描述预混火焰在涡沿湍流模式的燃烧速率模型。

旋涡破碎模型认为，燃烧区域由许多已燃气体微团组成，几乎充满了已燃气体。模型的基本思路是燃烧速度取决于未燃气体微团破碎成更小微团的速度，由于不断地破碎，使得未燃混合物与已燃热烟气之间有足够的界面进行反应，这表示不是化学反应的速率决定着燃烧速度，而完全是湍流混合速度控制着燃烧过程。对这一过程用数学式来表示单位体积的时间平均燃烧速率：

$$\overline{W} = -C_0 \rho C'_{f,rms} \frac{v'_{rms}}{l_0} \tag{6.29}$$

式中，C_0是常数；$C'_{f,rms}$是可燃气体浓度的时均脉动值。从式(6.29)可以看出，容积质量燃烧速率由C_f的特征脉动项$C'_{f,rms}$和旋涡的特征时间$\dfrac{v'_{rms}}{l_0}$所决定。因此与褶皱火焰状态的理论描述不同，在这个模型中，湍流强度对湍流燃烧速率的计算起着决定性作用。

涡沿火焰模式处于褶皱火焰模式与强湍流的分布反应模式之间，是湍流预混火焰的过渡模式。但是，许多燃烧设备的湍流预混火焰的湍流区恰好处于这个区域，因此，涡沿火焰模式的湍流预混燃烧有实际的工业运用需求。

3）分布反应模式

当火焰波厚度δ_c大于湍流积分长度l_0时，湍流预混火焰进入分布反应模式［图6.19(c)］。此时，流体的湍动强度非常大，具有强烈的能量和质量传递。这种预混火焰湍流模式在实际的燃烧设备中很难实现，因为火焰是否还能维持是个问题。

尽管燃烧反应一般无法实现湍流分布反应模式，但是，研究在此模式下的化学反应与湍流如何进行相互作用依然有益，例如，由于许多燃烧污染物的生成反应很慢，就会发生在湍流分布反应模式中。

习题

1. 预混火焰的火焰传播速度是什么？在层流预混火焰的燃烧中火焰传播速度代表什么意义？

2. 甲烷-空气预混气体从圆形喷嘴喷出，各处速度均为0.78 m/s，在出口点燃火焰，形成锥形火焰面，已知其层流火焰传播速度为0.380 m/s，确定火焰面的锥顶角是多少，解释火焰面锥顶角大小的原理。

3. 计算乙烷-空气预混气体的层流火焰传播速度。可燃混合气体按化学反应当量比混合，未燃混合气体温度298 K，混合气体压力0.1 MPa。

4. 确定圆管内甲烷-空气预混层流当量燃烧的理论火焰形状。假设整个燃烧火焰场的火焰传播速度近似不变，已知未燃混合物速度呈抛物线分布，$v(r) = v_0(1 - r^2/R^2)$，其中，v_0为中心线速度1 m/s，R为圆管半径0.01 m。不考虑接近管壁处的$S_L > v(R)$的区域。

5. 推导温度对层流火焰传播速度影响的关系式(6.25)，分别确定甲烷、乙烷、丙烷和空气当量预混燃烧的式(6.25)中的指数m值。

6. 计算乙烷-空气预混气体在不同预混气体压力下的层流火焰传播速度。可燃混合气体按化学反应当量比混合,未燃混合气体温度 298 K,混合气体压力分别为 0.015 MPa、0.15 MPa、1.2 MPa。

7. 计算丙烷-空气预混气体在不同未燃预混气体温度下的层流火焰传播速度。可燃混合气体按化学反应当量比混合,未燃混合气体压力 0.1 MPa,计算预混气体温度分别为 298 K, 373 K, 473 K。

8. 预混火焰稳定燃烧的条件是什么?简明阐述其理由。

9. 层流预混火焰和湍流预混火焰有什么区别? Re 数能否继续作为判断预混火焰处于层流或湍流的判据?

10. 湍流预混火焰有哪些湍流模式?以什么方法区分湍流预混火焰的湍流模式?在实际湍流预混火焰中,最常见的是哪种湍流模式?

第7章 气体扩散火焰燃烧

气体扩散燃烧火焰是气体两种基本燃烧方式之一，是最简单的气体燃烧形式，在人们日常生活中应用极为广泛。从早期的家庭使用的蜡烛和煤油灯到现在的气体打火机等，都是气体扩散燃烧火焰的实例。气体层流扩散燃烧在工业应用中相对较少，气体湍流燃烧在工业燃烧设备中使用较广。尽管气体扩散燃烧在工业应用范围上逊于气体预混燃烧，但是，气体扩散火焰的燃烧机理非常重要，它是液体燃料和固体燃料燃烧机理不可或缺的一部分，对其深入探讨非常有必要。

与"第6章 气体预混火焰燃烧"的讨论方式相同，本章将继续从流体力学、传热学、传质学的传递过程分析和化学热力学、化学动力学的系统动力学过程分析出发，阐述燃烧学理论基础重要的一部分——气体扩散火焰燃烧的性质和机理，为后面液体燃料燃烧和固体燃料燃烧奠定基础。可燃气体射流湍流燃烧包括了燃烧机理和燃烧稳定性的内容。

7.1 概述

前面在第5章"5.1.2 气体燃烧火焰及分类"中定义了气体扩散燃烧，即可燃气体与氧化剂在着火前无接触，分别送入燃烧室的燃烧。作为一种气体燃烧方式，属于可燃气体非预混射流燃烧的概念，在此，仍然使用"气体扩散燃烧"这个名词。按照流体力学知识，气体射流可分为层流射流和湍流射流。同样，在燃烧学中，气体射流燃烧火焰分为层流扩散火焰和湍流扩散火焰。

7.1.1 气体层流扩散火焰性质

1）气体层流射流扩散火焰现象与扩散燃烧机理

一股可燃气体射流喷入静止的空气环境中，为了问题的简化，首先考虑气体射流是层流射流，即为流体力学意义上的层流自由射流，当这股可燃气体射流被点燃后,形成气体层流射流燃烧火焰,如图 7.1(a)所示。比较气体层流预混火焰,气体层流扩散火焰的相同点是都具有唯象的燃烧火焰面,不同点是扩散火焰较预混火焰明亮。在理想情况下,燃烧火焰的形状是圆锥形,这是因为可燃气体沿着流动方向因燃烧不断被消耗,所以燃烧火焰面就逐渐向气流中心靠拢,最后会聚于圆锥的顶点。

根据燃烧基本概念(参见"1.3 燃烧基本概念"),可燃气体与氧化剂的化学反应是燃烧的基本定义,对于可燃气体的层流射流火焰,火焰内部被未燃的可燃气体射流所充满,依靠传质过程将未燃可燃气体输送到某位置,火焰外部空气中的氧气经传质过程同样输送到该位置。并且,输送的可燃气体量和氧气量达到化学反应当量比,产生燃烧反应,形成稳定的燃烧区域,即扩散燃烧的火焰面[图7.1(b)]。

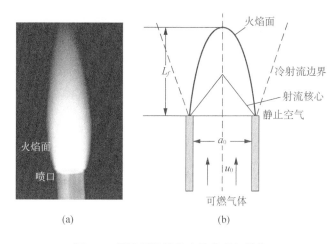

(a) (b)

图 7.1 层流射流扩散火焰外观与结构

在火焰面上未燃可燃气体与空气中氧气发生燃烧反应,并被消耗殆尽。因此,火焰面将火焰空间分成两个区域:火焰面外侧区只有氧气和燃烧反应产物,而没有未燃可燃气体;火焰内侧区只有未燃可燃气体与燃烧反应产物,而没有氧气。

火焰面上不可能有过剩的氧气,也不可能有过剩的可燃气体,否则火焰面位置将不稳定。假如火焰面有过剩的可燃气体,过剩可燃气体将扩散到火焰面外侧,遇到氧气将继续燃烧,消耗掉扩散进来的氧气,使得进入火焰面的氧气减少,这样,火焰面上可燃气体更加过剩,因此,火焰面位置势必不可能维持稳定,而要向外移动。反之,假如火焰面处氧气过剩,火焰面位置要向内移动。由此看出,层流射流扩散火焰只有在可燃气体和氧化剂的化学反应当量比 Φ 为 1 的位量

上才可能稳定(定义见"2.5.1　化学反应当量比 Φ"),所以,层流扩散燃烧的火焰面上:

$$\Phi = 1 \qquad\qquad (7.1)$$

式(7.1)是定义和确定气体射流扩散燃烧火焰面的判据。

由于火焰面内化学反应速率非常快,因此,到达火焰面的未燃可燃气体实际上很快就燃尽,认为在火焰面内未燃可燃气体和氧气的浓度均为零,而燃烧反应产物的浓度则达到最大值。根据化学反应动力学原理(参见"4.2.3　化学反应速率方程"),化学反应物浓度为零,化学反应速率则为无穷大,可以推论,火焰面的厚度将变得很薄,在理想状态下可以把它看成一个表面厚度为零的几何表面,在燃烧学中称之为"火焰面近似"。

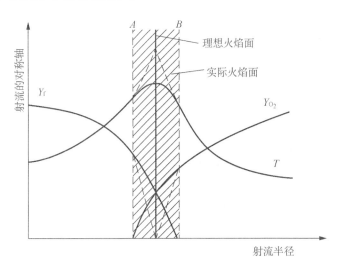

图 7.2　层流扩散火焰面示意图

因此,可以总结出燃烧学的气体扩散(燃烧)火焰机理的性质:

• 燃烧反应仅发生在火焰面,燃烧反应速率为无穷大;

• 火焰面是厚度为零的几何表面;

• 火焰被火焰面在空间上分为还原区和氧化区两个区域,火焰中可燃气体和氧气不共存;

• 火焰面上化学反应当量比 $\Phi = 1$。

气体扩散(燃烧)火焰机理性质是在理想状态下得到的,所以,气体扩散(燃烧)火焰机理是理论上的燃烧机理,是对自然界特定射流燃烧现象的提炼。

实际的层流射流扩散火焰并不像上面说的那样无限薄。因为可燃气体和氧

气的燃烧反应速率不可能无限快,实际的火焰面有一定的厚度。如图 7.2 所示,
A、B 面分别为火焰面的内、外表面。在火焰面内,可燃气体和氧气浓度分布曲
线呈交叉状。由于反应是在有限空间内发生的,并伴有散热,因此燃烧达到的最
高温度低于理论绝热燃烧温度。

　　2) 层流扩散火焰结构

　　为了说明气体扩散燃烧机理火焰的结构,考虑一个可燃气体射流进入纯氧
气的静止空间的燃烧火焰,这是最接近理想气体扩散火焰机理的火焰。图 7.3
是层流自由射流扩散火焰结构示意图,图中表示自由射流三个典型横截面的气
体速度、温度、燃烧气体组分质量分数分布曲线。扩散火焰呈圆锥形,视为火焰
面厚度为零的扩散燃烧机理的火焰。

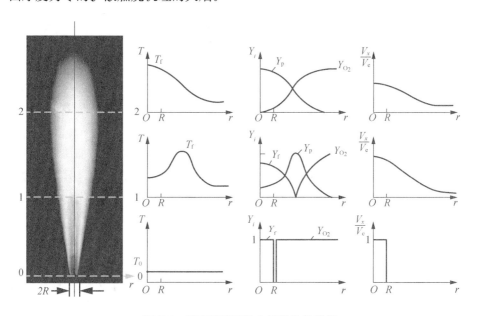

图 7.3　层流射流扩散火焰的结构特征

　　在出口截面上,可燃气体和空间中氧气的初始温度为 T_0,它们的质量分数
都为 1,射流的喷口气流速度为 V_e,故轴向速度 V_x 的 $V_x/V_e=1$。沿轴向射流方
向的第二个截面,在火焰面半径处,火焰面上燃烧反应放热,使当地气体温度达
到火焰燃烧温度 T_f(为可燃气体的理论绝热燃烧温度),也是径向温度分布最高
处;燃烧气体的三种组分,可燃气体 Y_f 从轴心最高值沿径向至火焰面衰减到 0,
氧气 Y_{O_2} 则相反,从外空间沿径向到火焰面衰减为 0,燃烧产物 Y_p 则必然在火焰
面形成最高峰,向火焰面两侧衰减;射流轴心速度 V_x/V_e 径向分布规律是高斯函
数分布,流体力学的射流理论给出了相关数学证明,随着射流进程,$V_x/V_e<1$。

轴向的第三个截面是火焰面顶端截面,气体温度在轴心最高,为火焰面温度 T_f;火焰面端部外侧无可燃气体存在,$Y_f=0$,只有氧气 Y_{O_2} 沿径向增长分布,燃烧产物 Y_p 沿径向衰减分布;射流轴心速度仍然是高斯函数分布,但是,V_x/V_e 有所下降。

从图7.3中可以看出,燃料与氧化剂的浓度在火焰面处最小(等于零),而燃烧产物的浓度则在该处最大,产物在火焰表面形成后,就向内、外侧快速扩散。在火焰面的内侧只有未燃可燃气体,没有氧气,在其外侧只有氧气,没有可燃气体。可以认为此时燃烧化学反应速率远远大于燃烧反应物气体组分的扩散速度,整个燃烧过程的速率完全取决于可燃气体与氧气间的分子扩散速率。层流扩散火焰面的外形只取决于分子扩散的条件,而与化学动力学无关。它可被看作一个几何表面,利用数学分析求解。

在整个火焰中,发生化学反应的区域通常是很窄的,在到达火焰顶部以前,高温的反应区是一个环形的区域。这个区域可以通过一个简单的实验显示出来,即在扩散火焰中垂直于轴线放置一个金属滤网,在火焰区对应的地方滤网会受热而发光,可以看到这种环形的结构。

在垂直火焰的上部,由于气体较热,就必须考虑浮力的作用。由质量守恒定律可知,当速度变大时,流体的流线将变得彼此靠近。因此浮力在加快气体流动的同时,也使火焰变窄,导致了可燃气体在径向浓度梯度的增加,增强了扩散作用。这两种作用对射流火焰长度的影响互相抵消。

3) 燃烧微粒的形成

实际的可燃气体层流扩散火焰燃烧会产生气溶胶性质的微粒。

**图 7.4 扩散火焰燃烧微
粒生成示意图**

如前所述,实际的气体层流扩散火焰的火焰面有一定厚度(见图7.2),燃烧反应发生在火焰面薄层内,在火焰面反应层区的两侧是加热区,它的特征是具有较陡的温度梯度。因为几乎很少有氧气能通过火焰面反应层进入可燃气体射流中,所以可燃气体在加热区中受到热传导和高温燃烧产物扩散而被加热,所发生的化学变化主要是热分解。此时,可燃气体中的碳氢化合物会分解出碳粒子。温度越高,分解越剧烈。与此同时还可能增加复杂的、不易燃烧的大分子碳氢化合物的含量。这些碳粒子与大分子碳氢化合物常常来不及燃烧便以微粒形式被燃烧产物气体带走,形成了可燃气体扩散燃烧的微粒产物。

　　层流扩散燃烧性质决定了扩散燃烧强度明显低于预混燃烧强度,燃烧的微粒产物是低强度燃烧时燃烧不完全引起的,这是气体扩散燃烧的一个特点,而预混燃烧火焰几乎很少产生燃烧微粒。

　　由图 7.4 可看出,火焰面内侧,可燃气体浓度比氧气浓度高得多,在高温缺氧下可燃气体的碳氢化合物将产生热分解,生成炭黑大分子,这些炭黑大分子呈明亮的淡黄色火焰,有较高的光辐射强度,易被实验所观察。

7.1.2　气体湍流扩散燃烧概述

　　射流扩散火焰根据射流流动的状况可分为层流射流扩散火焰和湍流射流扩散火焰。

　　在前述气体层流扩散燃烧实验基础上,进一步分析湍流扩散燃烧的实验。当可燃气体喷口射流速度继续提高,会使层流射流扩散火焰向湍流射流扩散火焰过渡。图 7.5 形象地表示了随射流速度增加,由层流射流扩散火焰过渡到湍流射流扩散火焰的现象。由图看出,在射流速度比较低时,火焰保持层流状态,火焰前沿面光滑、稳定、明亮,随射流速度增加,火焰高度增加,直到某一最大值,此时火焰仍保持层流状态。如果再增大射流速度,在火焰顶部开始出现抖动、褶皱、破裂。由于湍流影响,湍流扩散混合加快,燃烧速率增加,使火焰高度变短。如果继续增加喷射速度,开始抖动、褶皱、破裂的点向喷口方向移动,直到破裂点靠近喷口。此时火焰达到完全湍流状态。在湍流射流扩散燃烧的范围内,增加射流速度,开始破裂的位置不变,火焰高度趋于定值,但噪音增加。

　　根据实验观察,层流扩散燃烧到湍流扩散燃烧的发展过程划分为三个阶段,即层流扩散火焰区、过渡区和湍流扩散火焰区,如图 7.6 所示,每个火焰区有各自特性。

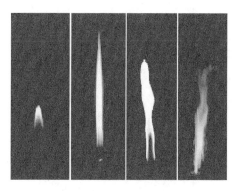

图 7.5　射流扩散火焰形状随射流
　　　　出口速度变化

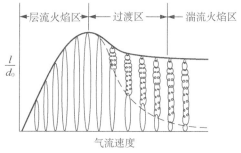

图 7.6　射流扩散火焰从层流到
　　　　湍流的变化过程

（1）层流扩散火焰区：火焰高度（长度）与气流速度成正比（流速增加，扩散系数变化不大，随着流速上升，火焰长度增加）。

（2）扩散火焰过渡区：火焰高度（长度）随气流速度的增大而减小，喷嘴附近为层流火焰，上部为湍流火焰。气流速度越大，层流状火焰长度越短。

（3）湍流扩散火焰区：气流速度大于临界速度后，气流离开喷口便呈湍流状态，火焰长度不随气流速度的变化而变化（流速增加，扩散系数相应增加，火焰长度变化不大，但是火焰有褶皱和噪音）。

如果过分增加射流速度，火焰会脱离喷口乃至吹熄，出现燃烧火焰的脱火现象。因此，湍流扩散燃烧存在燃烧稳定性问题。与湍流扩散火焰比较，在不是极端低温环境情况下，层流扩散火焰几乎不存在燃烧稳定性问题；与预混火焰不同的是，湍流扩散火焰仅有脱火形式的燃烧稳定性问题，不存在回火的现象。

因为扩散火焰不会发生回火现象，稳定性较好，在燃烧前又无须把燃料与氧化剂预先混合，比较方便，所以在工业上被广泛应用。此外，在工业燃烧设备中为了获得高的空间加热速度，一般都采用湍流射流扩散火焰。

7.1.3　气体扩散燃烧原理

1）气体层流扩散火焰燃烧原理

不同于气体预混火焰，气体扩散火焰中没有火焰波的存在，燃烧机理差异很大。下面分别分析层流扩散火焰的传质过程、传热过程和燃烧化学反应。

对于层流扩散火焰，如前所述，扩散火焰是可燃气体和氧气分别输送到火焰面，发生燃烧化学反应。首先分析层流扩散火焰的传质工作过程，如图 7.7，在火焰面上选取一个微元气体，在火焰面上各个燃烧气体组分的主要传质方向是火焰面的法向方向，火焰面切向方向的气体组分传质远小于法向方向，可以近似地认为火焰面的传质是一个法向方向的一维传质问题。在此基础上，建立一个一维的燃烧气体组分的传质模型，分析它们的传质特性。

第 3 章的传质基础知识表明（参见"3.1.2　传质的形式"），气体组分的传质有两种基本的形式：分子扩散和对流传质。对于这个火焰面上微元混合气体的传质模型，需要分析其中的传质形式及其作用大小。

分别考察可燃气体和氧气的传质过程。可燃气体从射流的喷口达到火焰面，它的质量传递包括了两种传质机理。气体射流的流动作用使可燃气体在动量传递的作用下产生质量输送；同时，喷口处的可燃气体质量分数为 1，而火焰面处为 0，按照传质学的 Fick 第一定律，可燃气体发生分子扩散传质。所以，可燃气体的质量传递过程是分子扩散和气体整体流动造成的对流传质共同作用的结果。

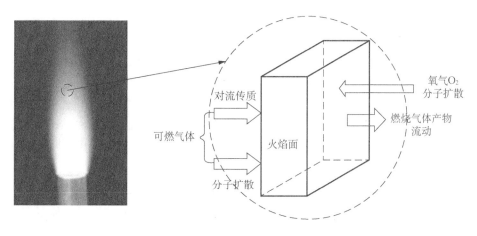

图 7.7　层流扩散火焰的燃烧机理图

氧气的传质过程则有所不同。从混合气体射流的流体力学角度来看,气体整体上是沿射流向前运动的,氧气的质量输送方向和气体整体运动的法向相反,即燃烧气体产物呈现宏观上的射流流动,而氧气分子则逆向迁徙。根据传质学原理,氧气的传质过程是典型的分子扩散过程,所以,氧气分子从射流火焰的远处输送到火焰面仅有分子扩散的传质机理。

显然,可燃气体和氧气的传质过程相比,可燃气体的传质能力要强于氧气,在质量传递的环节上,氧气的传质过程对层流扩散燃烧的重要性要大于可燃气体。层流扩散火焰燃烧中,氧气的传质仅依赖分子扩散机理。

层流扩散火焰中的气体传热和气体预混火焰中基本相同,主要是邻近气体间的热传导;层流扩散火焰的燃烧强度不如层流预混火焰,局部可能的不完全燃烧(如前所述,该种不完全燃烧非温度因素引起,而是氧化剂不足造成),造成扩散火焰的光、热辐射要强于预混火焰,但不足以改变火焰中的热量传递过程,层流扩散火焰中的传热仍然是热传导占主导地位。

层流扩散火焰中的热传导传热方式保证了火焰面燃烧区域的温度水平,使燃烧化学反应稳定而强烈地进行,燃烧热持续释放,与向火焰面两侧的热传导量达到某种动态平衡,火焰面上燃烧反应保持稳定,产生了高温的燃烧产物气体。在此种燃烧系统的工作状态下,燃烧化学反应速率达到较高的水平,不会对层流扩散火焰的燃烧过程和稳定性造成任何影响。所以,对于理想的气体层流扩散火焰,有燃烧化学反应速率无穷大和火焰面厚度为零的火焰性质。

综上所述,在气体层流扩散火焰中,燃烧化学反应速率远远大于氧气传质速率,氧气传质速率是制约扩散火焰燃烧速率的主要因素,氧气以分子扩散形式进行传质。这也是这类燃烧被称为扩散火焰的由来。

2）气体湍流扩散火焰燃烧原理

气体湍流扩散火焰与层流扩散火焰在燃烧过程由质量传递过程主导方面是一致的。但是，湍流射流火焰和层流射流火焰的传质机理不尽相同。

在气体射流火焰中，当雷诺数 Re 达到一定数值后，射流中会出现气体涡团脉动运动而发生湍流现象。由于流体涡团脉动引起的湍流质量传递远高于分子质量传递，所以，在充分湍动的湍流射流中，气体组分传质的湍流混合作用要大于分子扩散的作用。

湍流射流扩散火焰的边界非常复杂（图 7.8），由大大小小的各种涡团组成，这种涡团结构极大地强化了气体组分间的混合。气体湍动度越高，涡团的尺寸越小；涡团尺寸越小，气体组分间局部混合越强烈。

由层流扩散火焰可知，射流火焰的燃烧反应发生在火焰面，火焰面外侧附近的氧气分子扩散是制约燃烧速率的关键因素。由于湍流射流的流体力学特性，强烈的湍动混合就出现在射流边界的火焰面附近。因此，较之层流射流扩散火焰，湍流有力地增强了火焰面区域的燃烧反应，使燃烧速率大为提高。所以，湍流射流的喷口气体速度（出口流体动量）大于层流射流，在无燃烧反应流体情况下，气体湍流射流长度一定大于层流射流。尽管如此，湍流射流扩散火焰的火焰长度却短于层流射流扩散火焰，这是因为强烈的燃烧反应速率只有将燃烧反应区域向射流上游推进，才能保持火焰面区域的空间位置稳定。前文介绍的实验观察证明就是如此。

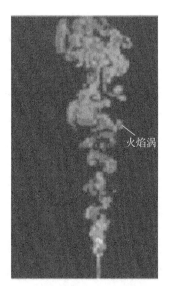

火焰涡

图 7.8　湍流射流扩散火焰图

在传质学中，气体组分间的湍流混合仍然被定义为传质形式的一种，即湍流扩散（参见"3.1.2　传质的形式"）。所以，和分子扩散一样，湍流扩散也有一个重要的传递系数——湍流扩散系数，分子扩散系数的意义在第 3 章已有叙述，湍流扩散系数的物理意义在此不深入涉及，只做概念性介绍。

总之，气体湍流扩散火焰中，气体组分的质量传递是燃烧速率和状态的关键因素，气体组分湍流扩散是主要形式。

7.1.4　气体扩散燃烧的射流形式

前面讨论的是自由射流形式的扩散燃烧,除了自由射流,气体射流还有各种其他的形式,它们被广泛地应用于工业燃烧设备,改善自由射流的燃烧特性,适应不同的工业燃烧装置要求。工业燃烧的气体射流扩散燃烧方式主要有:

1) 自由射流扩散火焰

当可燃气体从燃烧器喷嘴喷向大空间的静止空气中时,会形成可燃气体射流的扩散火焰,如图 7.9(a)所示,前面已阐述了很多性质,不再赘述。

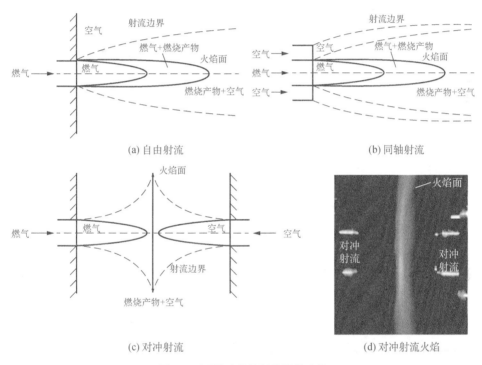

图 7.9　不同形式的射流扩散火焰

2) 同轴射流扩散火焰

当气体燃料和空气气流从同轴的燃烧器喷嘴中喷出,会形成燃气射流和空气射流的界面,该火焰就产生于可燃气体射流和空气射流的交界面上,如图 7.9(b)所示。同轴射流扩散火焰同自由射流扩散火焰一样,也是一种射流火焰。所不同的是在同轴射流扩散火焰中,可燃气体射流与空气射流形成的射流边界层不同于自由射流,在工作原理上,除了射流结构对气体扩散火焰燃烧的影响,基本燃烧机理与自由射流扩散火焰一致,所以,对这类燃烧的分析、研究的理论和方法是一样的。

　　3）对冲射流扩散火焰

　　当可燃气体和空气气流正面相向对冲射流,形成了对冲扩散火焰,该火焰面就形成在可燃气体射流和空气射流的对冲交界面上,如图7.9(c)所示。它的工作原理如下:两股动量相等、方向相反的对冲射流,在射流交汇处,正反动量相互抵消,在射流轴线上滞止点附近气体流动速度很低,同时,可燃气体与空气混合强烈。因此,在射流轴线上滞止点附近区域存在一个类似于湍流扩散燃烧火焰面区域的热力环境,形成了圆盘状态的蓝色燃烧火焰面,如图7.9(d)所示。在控制好射流常数的前提下,对冲射流火焰可以稳定燃烧,其燃烧机理和气体扩散燃烧一致。

　　此外,在后面将要讨论的液体燃料燃烧中,在油滴周围所产生的火焰实际上也是一种气态扩散火焰。它是由油滴表面蒸发所产生的燃油蒸气与周围空气相互扩散混合而在两者交界面上所产生的一种扩散火焰。

7.1.5　扩散燃烧机理本质及理论方法

　　从具有实际意义的角度上,气体的扩散燃烧机理实现方式只能是射流火焰燃烧,气体扩散燃烧的相关知识是围绕可燃气体的射流火焰而展开的。

　　从燃烧学层面看,层流射流扩散燃烧不存在着火可能性和燃烧稳定性问题。这里要说明的是,所谓层流扩散火焰指的是射流边界层处于层流状态,而非仅仅射流出口可燃气体流动处于层流状态,例如,当一个低速层流可燃气体射流喷入一个高速流动的湍流气流场,形成的就是非层流射流边界层。在层流射流边界层的条件下,可燃气体射流的火焰保持了扩散燃烧机理,由第5章的气体着火理论可知,在实际燃烧技术的燃烧环境范围内,燃烧系统的散热只有热辐射,燃烧释放的热量绝大部分被用来加热参与燃烧的气体,因此,燃烧系统的能量总是能够平衡在较高温度水平,以维持一定的燃烧反应速率。在非常规燃烧技术情况下,如深冷环境,则另当别论。所以,层流扩散燃烧机理的射流火焰的一个重要结论是层流射流扩散燃烧无燃烧稳定性问题。

　　既然层流射流扩散燃烧无燃烧稳定性问题,燃烧状况和特性成为其关注的焦点。首先是气体层流扩散燃烧火焰面假设的认识问题。如何理解气体层流扩散燃烧火焰面的燃烧反应速率无穷大,气体层流扩散燃烧反应速率要远远大于气体预混燃烧?在第6章的气体预混火焰部分曾讨论到气体预混火焰燃烧状态由燃烧反应速率决定,燃烧反应速率甚至决定预混火焰的燃烧稳定性。如果以此推断层流射流扩散燃烧反应速率远远大于气体预混火焰,那么这个结论是完全错误的。事实上恰恰相反,气体层流射流扩散火焰的燃烧速率是远低于气体预混火焰的,例如,相对于气体预混火焰,气体层流射流扩散火焰光辐射大,易燃烧产生碳氢化合物微粒等,起因都是层流射流扩散燃烧的化学反应速率偏低。所以,在定义层流扩散燃烧的火焰面反应速率无穷大是相对而言的,它相对的是非化学反应动力学因素的其他因素,即燃烧中的传递动力学。由此得到气体层流射流扩散燃烧的另一个重要结论:燃烧中化学反应能力远大于动量、热量、质量的传递能力,并非燃烧化学反应速率无穷大。

　　基于上述两个结论,进一步分析层流扩散火焰的燃烧细节性机理。由于燃烧化学反应能力远大于传递能力,动量、热量、质量传递在燃烧火焰中孰轻孰重?根据前面的层流射流扩散火焰无燃烧稳定性结论,可以排除热量传递在扩散燃烧中起关键作用。

　　在 7.1.3 节讨论了扩散火焰的质量传递,在火焰面的两侧同时存在气体组分的传质,火焰面内侧是可燃气体向火焰面的输送,火焰面外侧是氧气向火焰面输送,根据传质学知识,这类输送主要是以分子扩散机理为主。由于火焰面内侧仅有可燃气体和燃烧产物气体两种组分(这里讨论的是纯可燃气体射流情况),而且,燃烧产物气体组分浓度相对不高(由于流体流动携带效应),可燃气体组分浓度较高,组分浓度梯度较大,具备了较强的传质能力。在火焰面外侧,有氧气、氮气和燃烧产物气体三类气体组分(纯氧燃烧除外),在空气燃烧情况下,氧气浓度约为氮气浓度的 1/4,因此,在火焰面外侧的氧气浓度梯度小于火焰面内侧的可燃气体浓度梯度。换言之,在火焰面两侧,外侧氧气传质能力小于内侧的可燃气体传质能力。因此,燃烧环境中氧气向火焰面的传质能力决定了火焰面的燃烧状态(或燃烧反应速率),在层流射流扩散燃烧情况下,氧气的传质以分子扩散的形式进行。所以,氧气分子扩散能力是可燃气体在空气中层流射流燃烧的控制因素,这也是扩散火焰(燃烧)名称的由来。

　　射流火焰外部氧气分子扩散决定了火焰面燃烧反应速率,也就决定了火焰面的单位面积燃烧功率,因此,一定数量的可燃气体燃烧所需的火焰面的面积也随之而定。介质射流至不同介质空间的介质间接触面则由射流流体特性所决定,射流的动量传递能力是主要影响因素。层流射流扩散燃烧的火焰面由射流动量确定,不同的射流工况,如射流出口速度、射流喷口形状等,将会形成不同的火焰面形状。所以,在层流射流扩散火焰知识体系中,射流的流体力学性质占有很重要的地位。

　　关于气体湍流射流扩散燃烧火焰问题,如前一节所述,它是非单纯的气体扩散燃烧机理,是气体扩散燃烧机理和预混燃烧机理的混合,不再赘述。

下面讨论层流射流扩散燃烧机理的理论方法。扩散燃烧的火焰面假设性质使化学动力学在扩散燃烧中不再重要;在分析湍流射流扩散燃烧的燃烧稳定性时,会运用到燃烧化学动力学;层流扩散火焰的理论方法主要聚焦在射流流体力学上,以它来确定射流燃烧的火焰面等重要参数;燃烧气体组分的空间分布则由传质学的组分守恒方程描述;燃烧温度场采用涉及传热学的能量方程计算。总之,层流射流扩散燃烧的理论方法包括了动量、质量和热量传递的动力学分析方法,其中以流体力学动量传递为主要对象。

7.2 层流扩散火焰理论

当可燃气体从喷口喷出时,它和环境氧化剂气体相互作用而形成射流。由于射流和环境氧化剂介质之间的摩擦而引起了动量交换,环境介质越过射流边界而被卷吸出来。因此射流和卷吸总是同时出现的。射流在动量传递的同时还有质量传递,喷射的可燃气体和环境的氧化剂气体,以及燃烧生成物气体出现了分子扩散、对流等传递过程。

尽管层流扩散火焰的主要影响因素是气体组分传质,在射流中动量传递对燃烧火焰的形状、火焰长度有很大的作用。所以,层流扩散火焰的理论分析主要考虑动量和质量的传递,以建立合理的理论模型。

7.2.1 层流射流特性

现在分析以圆柱形层流自由射流为例的层流射流扩散火焰。

一股可燃气体经喷口以自由射流形式喷入静止的氧化剂气体中,喷口出口处,可燃气体的气流速度为 V_0,可燃气体质量分数为 1,喷口直径为 d_0。假设喷口是光滑和绝热的,因此,在 $x=0$ 处射流横断面上气流速度和组分分布都是均匀分布的,如图 7.10 所示。

可燃气体射流摩擦阻力使周围氧化剂气体卷吸到运动的射流中去,由于卷吸作用,射流速度沿轴向逐渐减慢,速度下降,可燃气体组分质量分数降低。$x \to \infty$ 处,射流的影响消失。

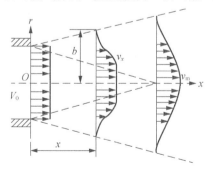

图 7.10 层流射流的流场和速度分布图

射流断面最大速度和组分质量分数

出现在 $r=0$ 的轴线上,气流最大速度用 v_{m} 表示。气体射流分成两个区域:初始区和基本区。初始区内轴向速度和组分质量分数保持初始值。初始区长度常常是喷口直径的 4~6 倍。基本区的轴向速度和组分质量分数沿轴向逐渐衰减。图 7.10 为圆柱形层流自由射流的轴向速度分布,$2b$ 是射流宽度。在射流基本区,速度分布具有相似性。如果用任意点轴向速度与距喷口距离为 x 处的轴向最大速度之比 v_{x}/v_{m} 和 r/x 作图,其曲线重合,且近似为正态分布,气体组分浓度分布也呈类似情况。

流体力学知识表明,气体射流流场是边界层特性的流场,其流动特性和圆管内边界层的流动特性基本一致。根据普朗特边界层理论,针对圆柱射流的边界层存在如下的特性:

- 在射流边界层内,轴向气流速度远大于径向气流速度;
- 轴向气流速度梯度和气体组分浓度梯度远小于径向的各相应参数梯度;
- 气体压力的轴向梯度近似等于零。

在自由射流边界层,射流与周围气体有质量传递和动量传递。如忽略化学反应和热辐射及压力梯度对射流的影响作用,则在基本区的任意截面处的动量参数、质量参数和热量参数具有相似性。通常把气流轴向速度等于 1% 射流出口速度 V_0 的半径距离(速度梯度已非常小)称为射流半宽 b。

7.2.2　扩散燃烧模型

对于一个二维稳态轴对称射流层流扩散燃烧,可燃气体 F 由半径 d_0 的圆形喷嘴喷出,在静止、无限大、充满氧化剂的空间里燃烧。

燃烧的动量传递模型忽略浮力和黏性力,整个压力场不变,即等压燃烧。能量传递模型忽略辐射换热。根据边界层效应,燃烧场只考虑径向的动量、热量和物质扩散,而忽略轴向的各种扩散。化学动力学模型的简化包括:火焰内部不存在氧化剂,火焰外部不存在可燃气体;在火焰表面,可燃气体和氧化剂按化学当量比进行反应。化学反应速率无限快,意味着火焰只存在于一个无限薄火焰面,即"火焰面近似"。

依据流体力学边界层理论和上述燃烧化学动力学简化模型,参照流体力学的 N-S 方程和传质微分方程(参见"3.4　传质微分方程"),气体层流扩散火焰基本守恒方程如下:

连续方程:

$$\frac{\partial(rv_x)}{\partial x}+\frac{\partial(rv_{\mathrm{r}})}{\partial r}=0 \tag{7.2}$$

动量方程：

$$rv_x \frac{\partial v_x}{\partial x} + rv_r \frac{\partial v_x}{\partial r} = \frac{\mu}{\rho} \frac{\partial}{\partial r}\left(r \frac{\partial v_x}{\partial r}\right) \tag{7.3}$$

组分方程：

$$rv_x \frac{\partial Y_i}{\partial x} + rv_r \frac{\partial Y_i}{\partial r} = D_{iM} \frac{\partial}{\partial r}\left(r \frac{\partial Y_i}{\partial r}\right) + \frac{r}{\rho} W_i MW_i, \ i = F, OX, P \tag{7.4}$$

式中，v_x、v_r 是气流轴向速度和径向速度；Y_i 是气体组分的质量分数，i 分别代表可燃气体 F、氧化剂 OX 和燃烧产物 P；ρ 是混合气体质量密度；μ 是混合气体黏性系数；D_{iM} 是气体扩散系数。

边界条件为：

$$r \geqslant b, \ 0 \leqslant x < \infty : v_x = 0, \ \frac{\partial v_x}{\partial r} = 0$$

$$Y_F = 0, \ \frac{\partial Y_F}{\partial r} = 0 \tag{7.5}$$

$$r = 0, \ 0 \leqslant x < \infty : \frac{\partial v_x}{\partial r} = 0, \ v_r = 0, \ v_x = v_m$$

$$\frac{\partial Y_F}{\partial r} = 0 \tag{7.6}$$

$$x = \infty, \ 0 \leqslant r < \infty : v_x = 0, \ \frac{\partial v_x}{\partial r} = 0$$

$$Y_F = 0, \ \frac{\partial Y_F}{\partial r} = 0 \tag{7.7}$$

$$x = 0, \ 0 \leqslant r < \frac{d_0}{2} : v_x = V_0, \ \frac{\partial v_x}{\partial r} = 0, \ v_r = 0$$

$$Y_F = 1, \ \frac{\partial Y_F}{\partial r} = 0 \tag{7.8}$$

层流扩散燃烧方程组式(7.2)～(7.5)以及边界条件和初始条件式(7.5)～(7.8)组成了完整的微分方程组的定解条件，下一节将通过边界层积分转换的数学方法求解整个燃烧方程组。

7.2.3　层流射流边界层积分解

层流扩散燃烧方程组的求解方法为：先求解层流边界层的动量方程，在获得流体速度解的基础上,通过相似性比拟,确定气体组分方程的解。流体动量方程的求解是将式(7.2)和(7.3)写成积分方程的形式,并选取合理的射流横断面的速度方程,从而将上述偏微分方程变成常微分方程而解之。

动量守恒方程的具体求解过程中,首先对连续方程式(7.2)关于 r 积分,由 $r=0$ 到 $r=b$ 积分:

$$v_{r,b} = -\frac{1}{b}\frac{\mathrm{d}}{\mathrm{d}x}\left(\int_0^b rv_x\,\mathrm{d}r\right) \tag{7.9}$$

重复对连续方程式(7.2)关于 r 积分,改变积分区间,由 $r=0$ 到 $r=b/2$ 积分:

$$v_{r,b/2} = -\frac{2}{b}\frac{\mathrm{d}}{\mathrm{d}x}\left(\int_0^{b/2} rv_x\,\mathrm{d}r\right) \tag{7.10}$$

现在证明流体射流的动量守恒。按微分规则有

$$\frac{\partial}{\partial r}(rv_xv_r) = v_x\frac{\partial(rv_r)}{\partial r} + rv_r\frac{\partial v_x}{\partial r}$$

将上式和连续方程式(7.2)一并代入动量方程式(7.3):

$$r\frac{\partial(v_x^2)}{\partial x} + \frac{\partial(rv_xv_r)}{\partial r} = \frac{\mu}{\rho}\frac{\partial}{\partial r}\left(r\frac{\partial v_x}{\partial r}\right)$$

将上式从 $r=0$ 到 $r=b$ 积分,并运用边界条件 $r=b: v_x=0, \dfrac{\partial v_x}{\partial r}=0$,

$$\frac{\mathrm{d}}{\mathrm{d}x}\left(\int_0^b rv_x^2\,\mathrm{d}r\right) = 0 \tag{7.11}$$

将上式乘以 $2\pi\rho$,其物理意义为射流动量不随 x 变化,而且等于 $x=0$ 处的射流动量值,即

$$2\pi\rho\int_0^b rv_x^2\,dr = \frac{\pi}{4}d_0^2\rho V_0^2 = \mathrm{const} \tag{7.12}$$

式(7.12)就是流体射流动量守恒的表达式。

改变积分区间从 $r=0$ 到 $r=b/2$,重复刚才的积分步骤,可得:

$$\frac{\mathrm{d}}{\mathrm{d}x}\left(\int_0^{b/2} rv_x^2\,\mathrm{d}r\right) + (rv_xv_r)\Big|_0^{b/2} = \frac{\mu}{\rho}\left(r\frac{\partial v_x}{\partial r}\right)\Big|_0^{b/2} \tag{7.13}$$

由于射流基本区速度分布具有相似性,可以用高斯函数形式表示。为了使求解方程组不过于复杂,又能得到相当准确的结果,这里采用近似的直线分布:

$$\frac{v_x}{v_{\rm m}} = 1 - \frac{r}{b},\ 0 \leqslant |r| \leqslant b \tag{7.14}$$

将上式分别代入式(7.9)和(7.10)得到:

$$b v_{r,b} = -\frac{\rm d}{{\rm d}x}\left(\frac{1}{6} v_{\rm m} b^2\right) \tag{7.15}$$

$$b v_{r,b/2} = -\frac{\rm d}{{\rm d}x}\left(\frac{1}{6} v_{\rm m} b^2\right) \tag{7.16}$$

再将式(7.14)代入射流动量守恒方程式(7.12),整理后得:

$$b = \sqrt{\frac{3}{2}}\, d_0\, \frac{V_0}{v_{\rm m}} \tag{7.17}$$

将近似速度分布式(7.14)和式(7.16)、式(7.17)一并代入积分式(7.13),推导整理后得:

$$\frac{\rm d}{{\rm d}x}\left(\frac{1}{v_{\rm m}}\right) = \frac{8\mu}{\rho V_0 d_0^2} \tag{7.18}$$

将上式关于 x 积分,注意边界条件 $x=0$: $v_{\rm m}=V_0$,整理后,得到最大轴向速度表达式:

$$\frac{v_{\rm m}}{V_0} = \left(1 + \frac{8\mu}{\rho V_0 d_0^2} x\right)^{-1} \tag{7.19}$$

把上式(7.19)代入式(7.17),则是射流半宽 b 的表达式。

进一步,将式(7.14)和式(7.17)代入式(7.19),可以得到射流轴向速度的一般表达式:

$$\frac{v_x}{V_0} = \left(1 + \frac{8}{Re_0}\frac{x}{d_0}\right)^{-1}\left[1 - \sqrt{\frac{2}{3}}\left(1 + \frac{8}{Re_0}\frac{x}{d_0}\right)^{-1}\frac{r}{d_0}\right] \tag{7.20}$$

式(7.20)就是动量方程式(7.3)在相关初始条件和边界条件下的解。层流射流的轴向速度是一个 $F(x,r)$ 的函数,式(7.20)是 $F(x,r)$ 函数的数学表达,轴向速度分布场规律由 $F(x,r)$ 函数描述。

【例 7.1】 甲烷在静止空气中层流自由射流扩散燃烧,射流喷口直径 10 mm,气体温度 298 K,气体压力 0.1 MPa,射流速度分别为 1 m/s,0.1 m/s。计算甲烷自由扩散射流火焰的射流扩展角。

解: 按照图 7.10 自由射流的定义,射流的扩展角 $\theta = \arctan\left(\dfrac{b - R_0}{x}\right)$。

其中 b 是射流半宽，$R_0 = 0.005$ m，是射流喷口半径，x 是射流射程。

射流半宽由式(7.17)和(7.19)计算，将两式合并：

$$b = \sqrt{\frac{3}{2}} d_0 \frac{V_0}{v_m} = \sqrt{\frac{3}{2}} d_0 \left(1 + \frac{8\mu}{\rho V_0 d_0^2} x\right) = \sqrt{\frac{3}{2}} d_0 \left(1 + \frac{8}{Re_0} \frac{x}{d_0}\right)$$

计算射流扩散火焰的平均温度 $\overline{T}$，以确定射流边界层内的气体平均黏性系数。以甲烷绝热燃烧温度 $T_{ad} = 2\,316$ K（例 2.3）近似代替燃烧火焰面温度，故：

$$\overline{T} = \frac{T_{ad} + T_0}{2} = \frac{2\,316 + 298}{2} = 1\,307 \text{ K}。 \text{ 查表 2.2 得：} \mu = 3.8 \times 10^{-5} \text{ Pa} \cdot \text{s}，$$

$$\rho = \frac{p}{R_u T} MW = \frac{1 \times 10^5}{8\,315 \times 1\,308} \times 16 = 0.147 \text{ (kg/m)}^3，\text{ 所以，} \frac{\mu}{\rho} = 2.59 \times$$

10^{-4} m^2/s。

计算 $x = 0.1$ m 处的边界层厚度：

$$b = \sqrt{\frac{3}{2}} d_0 \left(1 + \frac{8\mu}{\rho V_0 d_0^2} x\right) = \sqrt{\frac{3}{2}} \times 0.01 \times \left(1 + \frac{8 \times 2.59 \times 10^{-4}}{0.01^2 V_0} \times 0.1\right)$$

以 $V_0 = 1$ m/s，0.1 m/s 分别代入上式，得 $b = 0.037\,6$ m，0.267 m，可以计算得到射流的扩展角分别为 $18.1°$，$69°$。

7.2.4　气体组分的组合分数

气体组分守恒方程式(7.4)具有源汇项，与动量守恒方程不相似。必须采用数学变换，把组分守恒方程之间适当合并，目的是从守恒方程中消去源汇项，得到以综合变量表示的守恒方程，使得该守恒方程在形式上和动量守恒方程完全一致，从而采用相似比拟求解。

1) 组合分数的定义

对于宏观一步燃烧化学反应，化学反应方程的当量关系如下式表示：

　　　　1 kg 可燃气体 F $+ \beta$ kg 氧化剂 OX $\longrightarrow (1+\beta)$kg 燃烧产物 P

其中 F、OX 和 P 分别表示可燃气体燃料、氧化剂和燃烧产物，β 为燃烧化学反应的当量系数。

定义一个"组合分数 f"参数：

$$f = Y_F + \frac{1}{1+\beta} Y_P \tag{7.21}$$

在下一节的讨论中可以发现,射流扩散火焰的简化分析中,用组合分数 f 代替可燃气体、氧化剂和燃烧产物分别的守恒关系来描述任意位置火焰组分的变化。组合分数 f 有两个特别重要的特性:首先,由于根据"无源项"控制方程的定义,它在整个流场中保持守恒,正是因为这一性质,才能用它来代替各个组分单独的守恒关系,从而大大简化了组分守恒方程;其次,它可以用来定义火焰边界,且它的值只与化学反应当量比有关。

2) 组合分数方程

组合分数 f 可以用来推导不含化学反应速率项的组分守恒方程,即该方程是"无源"的。将气体组分方程式(7.4)按照可燃气体 F 和燃烧产物 P 分别写出:

$$rv_x \frac{\partial Y_F}{\partial x} + rv_r \frac{\partial Y_F}{\partial r} = D_{iM} \frac{\partial}{\partial r}\left(r\frac{\partial Y_F}{\partial r}\right) + \frac{r}{\rho}(W_F \cdot MW_F) \tag{7.22a}$$

$$rv_x \frac{\partial Y_P}{\partial x} + rv_r \frac{\partial Y_P}{\partial r} = D_{iM} \frac{\partial}{\partial r}\left(r\frac{\partial Y_P}{\partial r}\right) + \frac{r}{\rho}(W_P \cdot MW_P) \tag{7.22b}$$

由燃烧化学反应质量当量关系,可燃气体燃烧消耗质量速率与燃烧产物生成速率存在如下关系:

$$W_F \cdot MW_F = -\frac{1}{1+\beta}W_P \cdot MW_P \tag{7.23}$$

对式(7.22b)除以 $1+\beta$,然后和式(7.22a)相加。由于式(7.23)的关系,方程式右边项两式相加抵消为 0;左边项的 Y_P 和 $\frac{1}{1+\beta}Y_P$ 相加,为组合分数 f。因此有

$$rv_x \frac{\partial f}{\partial x} + rv_r \frac{\partial f}{\partial r} = D_{iM} \frac{\partial}{\partial r}\left(r\frac{\partial f}{\partial r}\right) \tag{7.24}$$

上式是组合分数的守恒方程。

组合分数守恒方程式(7.24)对于前述理论模型的式(7.4)也是适用的,并且在火焰面连续。按照组合分数 f 的定义,边界条件为:

$$r \geqslant b,\ 0 \leqslant x < \infty: f = 0,\ \frac{\partial f}{\partial r} = 0 \tag{7.25}$$

$$r = 0,\ 0 \leqslant x < \infty: \frac{\partial f}{\partial r} = 0 \tag{7.26}$$

$$x = \infty,\ 0 \leqslant r < \infty: f = 0 \tag{7.27}$$

$$x = 0,\ 0 \leqslant r < \frac{d_0}{2}: f = f_0,\ \frac{\partial f}{\partial r} = 0 \tag{7.28}$$

比较组合分数守恒方程式(7.24)和动量守恒方程式(7.3),两者的微分方程数学形式完全相同。再比较组合分数守恒方程边界条件式(7.25)～式(7.28)与动量守恒方程边界条件式(7.5)～式(7.8),形式同样一致。所以,组合分数守恒方程的解应与动量守恒方程的解有相同的数学表达形式。

相关解的内容将在下一节讨论。

3) 组合分数关联式

为了建立组合分数 f 与燃烧气体组分 Y_F、Y_{OX} 和 Y_P 的关系,下面将分析推导组合分数的关联式。

定义一个化学反应当量组合分数:

$$f_s = \frac{1}{1+\beta} \tag{7.29}$$

假设在整个燃烧场只有可燃气体 F、氧化剂 OX 和燃烧产物 P 三种组分存在,再考虑火焰面假设,对于火焰内、火焰面处和火焰外的 Y_F、Y_{OX} 和 Y_P,都可以用组合分数 f 的定义将其同 f 联系起来,如图 7.11 所示。其关系为:

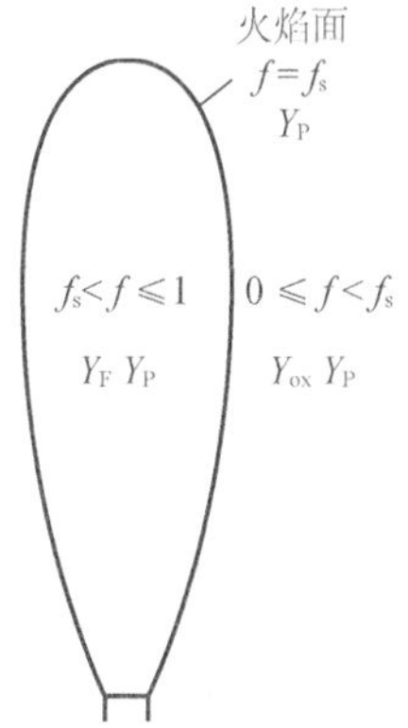

火焰内部($f_s < f \leqslant 1$):

$$Y_F = \frac{f-f_s}{1-f_s} \quad Y_{OX} = 0 \quad Y_P = \frac{1-f}{1-f_s} \tag{7.30}$$

火焰面处($f = f_s$):

$$Y_F = 0 \quad Y_{OX} = 0 \quad Y_P = 1 \tag{7.31}$$

火焰外部($0 \leqslant f < f_s$):

$$Y_F = 0 \quad Y_{OX} = 1 - f/f_s \quad Y_P = f/f_s \tag{7.32}$$

图 7.11　组合分数在扩散火焰场的分布特征

从以上各式可以看出各组分的质量分数都与混合物分数呈线性关系。一旦通过组合分数守恒方程求得组合分数 f 的分布,就可以得到整个火焰场的各个气体组分的质量分数。

上述组分分数关联式是在纯氧燃烧情况下得到的,在空气中射流扩散燃烧,则采用无穷远处 O_2 的浓度分数 $Y_{O_2,\infty}$ 进行修正,这里直接给出修正的近似结论:

火焰内部:

$$Y_F = \left(1 + \frac{Y_{OX,\infty}}{\beta}\right)f - \frac{Y_{OX,\infty}}{\beta}, Y_{OX} = 0, Y_P = \left(1 + \frac{Y_{OX,\infty}}{\beta}\right)(1-f) \quad (7.33)$$

火焰面：

$$Y_F = 0 \quad Y_{OX} = 0 \quad Y_P = 1 \quad\quad\quad (7.34)$$

火焰外部：

$$Y_F = 0, \, Y_{OX} = Y_{OX,\infty} - (\beta + Y_{OX,\infty})f, \, Y_P = (\beta + Y_{OX,\infty})f + (1 - Y_{OX,\infty})$$
$$(7.35)$$

上述组分浓度分布式是基于组合分数关联式的解的修正和推广,仍然属于近似解。这样在纯氧环境下得到的理论解析解,能够运用于更有实用价值的空气燃烧。

7.2.5 模型理论解与火焰长度

1）模型理论解

如前所述,由于组分分数守恒方程和动量守恒方程的相似性,可以采用相似原理得到组合分数 f 的理论解。仔细分析式(7.3)和式(7.24),对于方程各自的主变量 v_x 和 f,仅扩散项的系数不一样,动量方程为流体的黏性系数 $\frac{\mu}{\rho}$,组分方程为气体扩散系数 D_{iM}。 因此,用 D_{iM} 代替动量方程的解式(7.20)中的 $\frac{\mu}{\rho}$,即为组合分数方程的解。在解式(7.20)中,与 $\frac{\mu}{\rho}$ 相关的只有 Re_0 一项,改写该项就可以了。

流体的黏性系数 $\frac{\mu}{\rho}$ 和气体扩散系数 D_{iM},被称为传递过程的传递系数。由相似理论可知,Schmidt 数用于表征动量扩散和质量扩散的状态(参见"3.3.3 对流传质常用准则数")。把 Sc 数[式(3.19)]用于下列的 Re_0 改写：

$$Re_0 = \frac{\rho V_0 d_0}{\mu} \Rightarrow \frac{V_0 d_0}{D_{iM}} = \frac{\rho V_0 d_0}{\mu} \cdot \frac{\mu}{\rho D_{iM}} = Re_0 \cdot Sc$$

所以,用 $Re_0 Sc$ 代替式(7.20)中的 Re_0,得到组分分数的解：

$$\frac{f}{f_0} = \left(1 + \frac{8}{Re_0 Sc}\frac{x}{d_0}\right)^{-1}\left[1 - \sqrt{\frac{2}{3}}\left(1 + \frac{8}{Re_0 Sc}\frac{x}{d_0}\right)^{-1}\frac{r}{d_0}\right] \quad (7.36)$$

式中，$f_0 = 1$，是喷口截面的组合分数值，由组合分数关联式分析其为 1。上式是组合分数的层流扩散火焰燃烧的理论解。

运用层流扩散火焰组合分数理论解(7.36)，再结合组合分数关联式(7.30)～式(7.32)，纯氧层流扩散火焰的燃烧组分质量分数 Y_F、Y_{OX} 和 Y_P 可以在整个火焰场完整地表达出来。对于空气射流扩散燃烧，则采用式(7.33)～式(7.35)近似计算。

【例 7.2】　甲烷在静止空气中层流自由射流扩散燃烧，射流喷口直径 10 mm，射流速度 1.0 m/s，气体温度 298 K，气体压力 0.1 MPa。确定甲烷自由扩散射流的火焰面和射流中轴线上的甲烷浓度。

解：射流扩散火焰面由 $f = 1/(1+\beta)$ 时的式(7.36)确定。

参照例 2.3，CH_4 在空气中的绝热燃烧温度 $T_{ad} = 2\,316$ K。平均温度 $\overline{T} = \dfrac{T_{ad} + T_0}{2} = \dfrac{2\,316 + 298}{2} = 1\,307\,(K)$

查表 2.2(a)得：$\mu = 3.8 \times 10^{-5}$ Pa·s，$\rho = \dfrac{p}{R_u T} MW_{CH_4} = 0.147$ kg/m³，

所以，$Re = \dfrac{\rho V_0 d}{\mu} = \dfrac{0.147 \times 1.0 \times 0.01}{3.8 \times 10^{-5}} = 38.7$

查表 3.2 得，1 307 K 条件下 CH_4 在空气中的气体扩散系数：$D_i = 2.73 \times 10^{-4}$ m²/s，$Sc = \dfrac{\mu}{\rho D_i} = \dfrac{3.8 \times 10^{-5}}{0.147 \times 2.73 \times 10^{-4}} = 0.947$

甲烷-空气当量燃烧式：$CH_4 + 2(O_2 + 3.76N_2) \longrightarrow CO_2 + 2H_2O + 7.52N_2$

空燃比 $\beta = \dfrac{2 \times 4.76 \times 29}{16} = 17.255$

代入公式(7.36)得：

$$\frac{1}{1+\beta} = \left(1 + \frac{8}{Re_0 Sc}\frac{x}{d_0}\right)^{-1} \left[1 - \sqrt{\frac{2}{3}}\left(1 + \frac{8}{Re_0 Sc}\frac{x}{d_0}\right)^{-1}\frac{r}{d}\right]$$

得火焰面方程：$0.055 = (1 + 21.8x)^{-1} [1 - 81.65(1 + 21.8x)^{-1} r]$

整理得：$r = \dfrac{(1 + 21.8x) - 0.055(1 + 21.8x)^2}{81.65}$，作图如下：

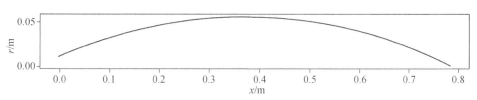

在射流轴线上燃料浓度：$Y_F = \dfrac{f - f_s}{1 - f_s} = \dfrac{f(r=0) - 0.055}{1 - 0.055}$

混合分数：$f(r=0) = \left(1 + \dfrac{8}{Re_0 Sc}\dfrac{x}{d_0}\right)^{-1}\left[1 - \sqrt{\dfrac{2}{3}}\left(1 + \dfrac{8}{Re_0 Sc}\dfrac{x}{d_0}\right)^{-1}\dfrac{r}{d}\right]$

$= (1 + 21.8x)^{-1}$

将 $f(r=0)$ 代入上式，整理得到轴线上燃料浓度分布：$Y_F = \dfrac{(1 + 21.8x)^{-1} - 0.055}{0.945}$。作图如下：

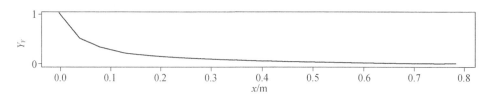

2）火焰长度

利用这个层流扩散火焰的理论解，进一步讨论扩散火焰的形状，并确定火焰形状的重要参数——火焰长度。在火焰面上 $f = f_s$，度量火焰长度在轴向对称轴上，$r = 0$，此时，火焰长度 $L_f = x$，将这些条件代入层流扩散火焰理论解式（7.36），可得：

$$L_f = \frac{\beta V_0 d_0^2}{8 D_{iM}} \tag{7.37a}$$

或

$$\frac{L_f}{d_0} = \frac{\beta}{8} Re_0 Sc \tag{7.37b}$$

由此可以看出，层流射流扩散火焰长度和射流出口的体积流量成正比，增加射流喷口直径和流体速度，可以增加火焰的长度，而且还和燃料的化学当量质量分数成反比。这就意味着如果燃料完全燃烧需要空气越少，燃烧的火焰也就越短。

【例7.3】 计算甲烷、乙烷、丙烷和丁烷在空气中层流射流扩散火焰的长度。假设各种射流扩散火焰的准则数都数值相同，$Re_0 = 40$，$Sc = 0.5$，射流喷口直径 0.01 m。

解：应用式（7.37b）计算火焰长度。需要确定各种可燃气体燃烧的反应当量系数，由式（2.33）计算：

甲烷-空气燃烧：$\beta = 1 + 4/4 = 2.0$，$\beta = 4.76 \times 2 \times \dfrac{29}{16} = 17.255$

乙烷-空气燃烧：$\beta = 2 + 6/4 = 3.5$，$\beta = 4.76 \times 3.5 \times \dfrac{29}{30} = 16.105$

丙烷-空气燃烧：$\beta=3+8/4=5.0$，$\beta=4.76\times5.0\times\dfrac{29}{44}=15.686$

丁烷-空气燃烧：$\beta=4+10/4=6.5$，$\beta=4.76\times6.5\times\dfrac{29}{58}=15.47$

火焰长度：$L_f=d_0\dfrac{\beta}{8}Re_0Sc=0.01\times\dfrac{\beta}{8}\times40\times0.5=0.025\times\beta$

甲烷、乙烷、丙烷和丁烷的火焰长度分别为：0.431 m，0.403 m，0.392 m，0.387 m。

【例 7.4】　某燃烧室燃用甲烷-空气层流射流扩散燃烧器，燃烧器喷口直径 0.015 m，设计火焰长度 0.5 m，燃烧火焰的 $Sc=0.95$，求需要多少体积流量。

解：运用扩散火焰长度的式(7.37b)计算。

直接引用例 7.3 的数据，求出喷口的 Re 数：$Re_0=\dfrac{8L_f}{d_0Sc\beta}=$

$\dfrac{8\times0.5}{0.015\times0.95\times17.255}=16.27$

取例 7.1 的甲烷物性参数，所以体积流量：

$$G=\dfrac{\pi}{4}d_0^2V_0=\dfrac{\pi}{4}d_0^2\cdot Re\dfrac{\mu}{\rho}\dfrac{1}{d_0}=\dfrac{\pi}{4}d_0Re\dfrac{\mu}{\rho}=\dfrac{\pi}{4}\times0.015\times16.27\times\dfrac{3.8\times10^{-5}}{0.147}$$

$$=4.95\times10^{-5}\ (\mathrm{m^3/s})$$

7.3　气体湍流扩散火焰

在工业应用上广泛采用的扩散燃烧是湍流扩散燃烧。在前面已经分析了气体湍流扩散燃烧的现象，讨论了可燃气体射流从层流到湍流的发展过程，下面重点介绍湍流扩散火焰本身的特点及理论模型。

7.3.1　气体湍流扩散火焰性质

对于气流速度足够大的射流，气体射流火焰处于湍流状态。分析一个自由射流火焰，射流从燃烧器喷嘴喷出后，在湍流扩散的过程中自周围空间卷吸入空气，由于湍流边界层的效应，湍流射流边界层的卷吸能力比层流射流火焰要强得多，这样气流质量不断增加，射流的宽度也不断扩大，根据气体射流的动量守恒原理，卷吸量快速增大，射流的长度相应减短。

湍流射流的实验图片证明了上述结果，如图 7.12 所示，随着射流 Re 数的增加(根据流体力学知识,Re数表征流体湍动强度,Re数越大,湍流强度越大),射流火焰呈现两个显著的湍流扩散火焰性质。

第一,$Re=8\ 200$时,射流扩散火焰处于过渡区和湍流火焰区的边界,火焰图像很好地显现出射流边界迥然不同于层流射流火焰的边界,大尺寸的涡团使火焰边界呈现褶皱状。随着Re数发展到15 600,火焰上部的涡团尺寸开始破碎变小。当$Re=24\ 200$时,这个现象更为明显。湍流使射流边界从层流的光滑面发展为充满涡团的火焰丛,增加了射流边界的气体卷吸,形成了涡团的可燃气体和氧气的湍流混合,改变了层流射流火焰边界上的传质过程,使局部燃烧具有一定程度上的预混燃烧特性。

第二,湍流的涡团效应除了对传质过程有影响外,对热量传递过程也有很大的作用。传热学的对流传热原理对此有明确和详尽的介绍,流体湍流对流传热效果远远大于层流传热。在层流射流扩散火焰中,对火焰燃烧过程影响不大的热量传递,在湍流射流火焰中则未必如此。在一定的条件下,热量传递将改变射流火焰的燃烧状态,比如,射流火焰的射流速度足够高时,火焰内部的热量对流传递将火焰面的燃烧热量过多地传递给高速流来的低温未燃气体,使火焰面区域难以保持燃烧稳定水平,导致射流的燃烧反应停止。这就是所谓的湍流射流扩散火焰的脱火。

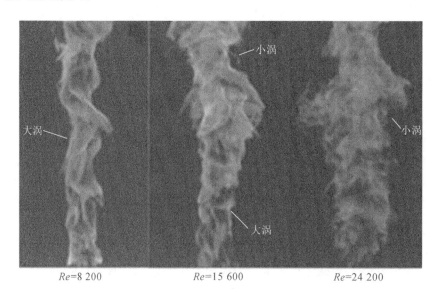

$Re=8\ 200$ $Re=15\ 600$ $Re=24\ 200$

图7.12   乙烯湍流射流扩散火焰随Re数的变化

整体上,湍流射流扩散火焰的分布场特性与层流扩散火焰相似。射流轴向气流速度沿轴向不断减小并逐渐均匀,在射流径向形成各种不同浓度的混合物。自由射流在射流初始段的等速度核心区中只有可燃气体,而可燃气体与空气的混合物存在于湍流边界层中。在射流火焰的主体段中,任一截面上可燃气体的浓度分布和层流扩散火焰相似。可燃气体浓度在射流轴心线上最大,在接近射流边界处浓度逐渐减小,在边界上可燃气体浓度为零,且随着远离射流喷口,可燃气体浓度越来越小;相反,空气浓度在射流轴心线上为最小,越靠近射流边界则越大,且越远离射流喷口空气浓度也越大。湍流火焰的边界同样是时间平均的结果,与层流扩散火焰所做的分析类似,射流扩散稳定的火焰面燃烧区是位于混合物的组成燃烧当量比等于理论完全燃烧当量比的区域。由此可见,火焰面的位置完全由湍流扩散的条件所决定,其扩散速度确定了火焰燃烧速率。

7.3.2　湍流理论模型

为湍流扩散火焰建立数学模型是一项非常艰巨的任务。等温湍流射流本身就是一项困难的任务,再引入燃烧过程,则密度的变化和各种化学反应都要有所考虑。在此只介绍一个非常简单的射流扩散火焰燃烧的数学模型,说明其燃烧本质。湍流燃烧的理论模型研究发展很快,所以在这里只是打下一个基础,为以后更深入的学习做准备。

湍流扩散火焰的简单湍流模型包括了以下要点:

- 与湍流输运相比,动量、组分和能量的分子扩散相对不重要。
- 湍流动量扩散系数,即涡旋黏度在整个流场中守恒。
- 忽略所有关于密度脉动的相关项。
- 动量、组分和能量的湍流输运都相等,即湍流的施密特数 Sc_T、普朗特数 Pr_T 和路易斯数 Le_T 均相等。
- 只考虑径向的动量、组分和能量的湍流扩散,而忽略轴向的。
- 在采用气体状态方程确定平均密度时,忽略混合物分数的脉动。在更严格的分析中,平均密度应该由假定的混合物分数的概率分布函数(既有平均值也有方差)计算而来。

根据上述假设,基本守恒方程与层流的守恒方程类似,不同点在于时均量代替了瞬时值,湍流输运性质(即动量、组分、能量的扩散系数)代替了分子输运性质。

湍流燃烧和湍流流动有相同的气体脉动表达方法,都采用时间平均法则,所说的各类参数均指时间平均参数。动量守恒方程是流体力学的雷诺时间平均湍流方程,质量守恒的湍流方程和动量守恒的雷诺方程类似,即:

$$\frac{\partial}{\partial x^*}(r^*\overline{\rho}^*\overline{v}_x^*\overline{v}_x^*)+\frac{\partial}{\partial r^*}(r^*\overline{\rho}^*\overline{v}_r^*\overline{v}_x^*)=\frac{\partial}{\partial r^*}\left(\frac{1}{Re_T}r^*\frac{\partial\overline{v}_x^*}{\partial r^*}\right)$$

$$\frac{\partial}{\partial x^*}(r^*\overline{\rho}^*\overline{v}_x^*\overline{f})+\frac{\partial}{\partial r^*}(r^*\overline{\rho}^*\overline{v}_r^*\overline{f})=\frac{\partial}{\partial r^*}\left(\frac{1}{Re_TSc_T}r^*\frac{\partial\overline{f}}{\partial r^*}\right) \quad (7.31)$$

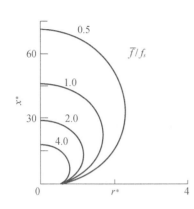

**图 7.13　湍流扩散火焰模型
计算结果示意**

结合相应的边界条件,理论上湍流射流扩散火焰方程是可以求解的。通常采用数值方法求解上述问题。

一个该模型的计算结果如图 7.13 所示,将火焰高度定义为火焰场内实际混合物分数等于化学当量下混合物分数时($\overline{f}/f_s$)所对应位置处的轴向距离。采用化学当量时混合物分数等值线可以确定火焰边界。尽管对湍流射流火焰模型做了大量简化,湍流扩散火焰的总体特征还是能够得到良好的描述,但是,精度还是稍差。其中,忽略密度脉动变化的简化可能对计算准确性影响最大,更准确的湍流射流扩散火焰模型应该要考虑到密度的脉动。

习题

1. 层流扩散火焰的主要特征是什么?
2. 说明层流扩散火焰的燃烧机理与层流预混火焰的燃烧机理有何差异。
3. 讨论扩散火焰中燃烧微粒形成的机理。
4. 详细逐步推导自由射流的动量守恒公式(7.11)。
5. 详细逐步推导自由射流的边界层厚度 b 的表达式(7.17)。
6. 逐步推导组合分数关联式(7.23)~(7.25)。如果将该关联式用于可燃气体在空气中的射流扩散燃烧,是否需要修正,如何修正?
7. 乙烷在静止空气中层流自由射流扩散燃烧,射流喷口直径 12 mm,气体温度 298 K,气体压力0.1 MPa,射流速度为1.0 m/s。计算乙烷自由扩散射流火焰的射流扩展角。
8. 丙烷在静止空气中层流自由射流扩散燃烧,射流喷口直径 10 mm,射流速度 0.2 m/s,气体温度 298 K,气体压力0.1 MPa。确定丙烷自由扩散射流的火焰面和射流中轴线上的丙烷浓度。

9. 计算乙烷、乙烯和乙炔在空气中燃烧时的层流射流扩散火焰的长度。假设各种射流扩散火焰的准则数数值都相同，$Re = 10, Sc = 1.0$，射流喷口直径 0.02 m。

10. 某燃烧室燃用丁烷层流射流扩散燃烧器，燃烧器喷口直径0.02 m，设计火焰长度0.6 m，燃烧火焰的 $Sc = 1$，求需要多少体积流量。

11. 湍流射流扩散火焰有什么特征？

12. 讨论分析湍流预混火焰和湍流扩散火焰的各自特性，并比较两者的异同点。

第8章　液体燃料燃烧

液体燃料被广泛运用于许多工程燃烧设备,包括燃油锅炉、燃油工业炉窑、燃油加热器以及内燃机、火箭、燃气轮机等。可燃液体包括许多高化学能液体化合物,液体燃料作为能源材料,例如煤油、汽油、柴油、重油等碳氢化合物,以燃烧的形式运用于火力发电、化工、运输动力机械等与人们日常生活密切相关的各个领域。本章内容围绕液体燃料的燃烧,阐述液体燃烧的基础知识和液体燃料燃烧技术。

燃烧学除了关注气相燃烧外,液体燃烧和固体燃烧也是燃烧学的重要组成部分。第 6 章和第 7 章分别阐述了气体燃烧的两种基本方式,运用能量、动量、质量传递和化学热力学、化学动力学对两种气体燃烧方式的原理和方法做了系统诠释。在本章关于液体燃烧问题仍然采用前述燃烧学研究方法,阐述液体(燃料)燃烧的基础知识。

8.1　概述

可燃液体的燃烧和液体燃料的燃烧有不同的含义。前者指液体状态下的可燃化合物发生着火、燃烧火焰的一系列化学物理过程;后者则是指可燃液体作为燃料,实现安全、高效的化学能与热能的转换。在第 6 章和第 7 章的气体燃烧中,几乎没有区分可燃气体燃烧和气体燃料燃烧,这是因为可燃气体燃烧和气体燃料燃烧在燃烧学原理上和燃烧技术上几乎没有区别。相较可燃气体和气体燃料燃烧,可燃液体燃烧和液体燃料燃烧的区别较大,这源于液体发生燃烧化学反应的复杂环节和过程。

8.1.1　可燃液体燃烧性质

1) 液体燃烧过程

在自然界条件下,可燃液体的着火温度远远高于它的沸点温度。可燃液体主要有碳氢化合物及其衍生物,一些沸点相对较高的大分子苯类衍生物液体的沸点一般低于 600 ℃,而液体可燃物在自然条件下的着火温度一般不会低于 600 ℃。因此,可燃液体不可能在液相进行燃烧化学反应,只有蒸发相变成可燃蒸气,与氧化剂相遇才能进行燃烧。所以,可燃液体燃烧过程如下:

$$\boxed{可燃液体} \rightarrow \boxed{沸点蒸发} \rightarrow \boxed{可燃气体} \rightarrow \boxed{可燃气体+氧化剂} \rightarrow \boxed{气相燃烧}$$

可燃液体一定是先蒸发后燃烧的,可燃液体的燃烧属于气相燃烧,或称为均相燃烧。

2) 液体表面燃烧

可燃液体蒸气的燃烧本质上是气相燃烧问题。如第 6 章和第 7 章所述,气相燃烧具有两种方式:预混燃烧和扩散燃烧。可燃液体蒸气同样可以采用预混燃烧或扩散燃烧方式,在一些内燃机的燃烧技术中,采用燃油蒸气和空气预混燃烧方式。大多数可燃液体蒸气的燃烧是扩散燃烧形式,这既是可燃液体直接的燃烧方式,也是液体燃料的主要燃烧方法。

可燃液体蒸气预混燃烧的基本原理和燃烧方法与气体燃烧基本一致,具体参见第 6 章内容,这里不再赘述。

所谓可燃液体蒸气的扩散燃烧,最简单的例子即为一滴油滴的燃烧。油滴在着火前蒸发的蒸气在油滴表面形成一层可燃蒸气,这层燃油蒸气向外扩散至与外部空气接触,同时被加热至着火、燃烧,在油滴外部形成火焰。所以,由前面的气体燃烧知识可知,油滴的燃烧实质上是燃油蒸气和空气的气体扩散燃烧。

轻质油滴的燃烧过程如图 8.1 所示。油滴的可燃液体蒸发在其表面上产生一层蒸气,液体表面蒸发所需汽化潜热量来自外部火焰,液体表面不断蒸发的蒸气向外膨胀扩散,在蒸气层外表面与向油滴表面扩散的外部空气中的氧气接触,发生燃烧化学反应,形成扩散燃烧的火焰面。这就是可燃液体自由表面上的燃烧,即所谓液面燃烧。随着燃烧的进程,油滴被不断加热蒸发、燃烧,油滴的体积和质量不断减小,直至燃尽。

油滴表面的蒸气层厚度与油滴被加热蒸发有关,扩散火焰面向油滴表面传热量增大,加速油滴表面蒸发量,产生更多的蒸气,油滴表面蒸气层厚度变大;表面蒸气层厚度增大使蒸气层外表面积增大,从而加大了火焰面的燃烧反应面积,加快了蒸气的燃烧消耗。当这种热量传递和质量传递守恒达到平衡时,形成了稳定的火焰面,此时,油滴表面蒸发速率和火焰面燃烧速率相当。

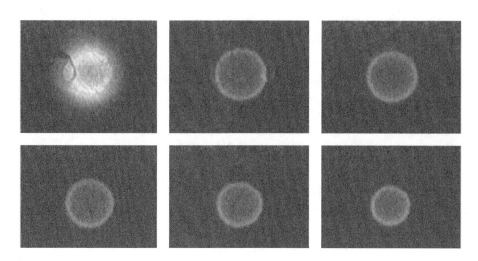

图 8.1　油滴燃烧现象和燃尽过程

3）重质油滴燃烧

可燃液体为重质燃油时，情况将变得复杂。除了轻质燃油的燃烧特征外，重质燃油在燃烧被加热时，会发生大分子的裂解反应，改变了简单的蒸气层传热、传质过程。

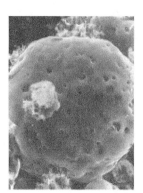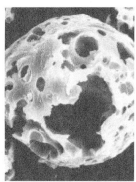

（a）燃烧中油滴形貌　　（b）燃烧完成后的形貌

图 8.2　重质油滴燃烧形成的焦壳图

重油油滴首先在高温作用下蒸发产生油蒸气，达到着火条件后，形成液体表面燃烧火焰，油滴被包围在火焰的内部。由于氧气无法进入火焰面内，因此重油油滴在高温缺氧环境下会发生热分解，在油滴外表面产生油焦，形成封闭的焦壳。如图 8.2 所示，焦壳的出现，一方面阻碍了油蒸气的扩散，使火焰面的半径减小；另一方面也妨碍了热量通过焦壳内油滴传进，从而使焦壳表面温度继续升高，更加促进了焦壳的形成。由于焦壳内的油滴始终在蒸发，油蒸气却因焦壳的阻挡无法外溢，从而使其内部压力逐渐升高，因此焦壳将发生膨胀，直至破裂。焦壳破裂时，油蒸气与残余的液态油从孔隙中喷出并燃烧，使火焰面发生变形。当油蒸气和液态油燃尽后，焦壳内的可燃物质将继续燃烧，直到完全燃尽,不可燃的部分则残留下来。

4）液体表面蒸发

可燃液体的蒸发是液体燃烧的重要环节。油类液体的蒸发过程对油类液体的燃烧起着决定性的作用。轻质油类液体的蒸发为纯相变物理过程,而重质油类液体的蒸发,如前所述,还要经历化学裂解过程,裂解成轻质可燃气体化合物和碳质残渣,使燃烧细节过程更加复杂,在此不予讨论。

液体表面燃烧速率取决于液体自其表面蒸发的速率,增强液体表面的蒸发过程就可强化燃烧过程。表面蒸发速率取决于液滴蒸气层的外表面,即与周围气体的接触面积,以及蒸气层内的可燃蒸气质量传递能力。从第 3 章传热学知识可知,蒸气层内的蒸气传质与蒸气浓度梯度和扩散系数相关,前者由火焰面确定(即蒸气层厚度),后者是物性参数。所以,提高蒸发速度最有效的方法是扩大液体蒸发表面积,这是强化液体燃料燃烧的基本方法。

8.1.2　液体燃料燃烧简述

液体燃料的燃烧首先要具备工业上的技术可实现性,通常简单的液体表面燃烧成为工业广泛应用的液体燃料的燃烧原理。前面已讨论,基于液体表面燃烧原理,强化液体燃烧的重要手段是增大液体燃烧反应表面积。增大液体的燃烧反应表面积,需将液体变为油滴,并进一步将大油滴破碎成小油滴。理论与实践均已证明,为了获得高强度、高效率的液体燃料燃烧效果,必须将液体燃料破碎成小液滴,这就是液体燃料的雾化过程,它是一种广泛应用于强化液体燃料燃烧的方法。

液体的雾化是通过雾化器实现的,不论何种工作原理的雾化器,液体雾化后都会形成一股细液滴和气体组成的雾团射流,即气液二相射流,如图 8.3(a)所示。当这股气液二相射流被点燃,就形成了油雾火炬燃烧[图 8.3(b)]。这是液体燃料燃烧的常用方式,喷射液体的设备称为油喷嘴或油枪。在工业实际使用中,油喷嘴具有液体雾化和二相射流的功能。

1）液体燃料的燃烧方法

液体燃料流过油喷嘴雾化成细小液滴,随射流气流向前运动,小液滴在向前运动逐渐接近火炬中心区域过程中被加热,随着液滴温度的提高,液滴表面开始发生蒸发、蒸气扩散、火焰形成等一系列燃烧过程,呈现液滴的液体表面燃烧典型过程,燃烧液滴继续向前运动,进入火炬中心区,燃烧的液滴成为组成火炬的一分子。大量相似情况的液滴集合体就构成了整个油雾火炬的燃烧现象。

（a）油雾射流　　　　　　　　（b）油雾火焰

图 8.3　油雾射流和油雾火焰

因此,液体燃料的燃烧方法原则上可以归纳为:

液体燃料 → 雾化 → 液滴表面燃烧 → 油雾燃烧

这样,液体燃料的燃烧可以视为由三个环节所决定:雾化、单液滴表面燃烧和油雾二相流燃烧。

2) 液体雾化

液体燃料通过雾化可以成倍地扩大其蒸发表面积,液体的射流雾化见图8.4。例如,1 m³ 燃油的球形表面积仅为4.83 m²,当破碎成直径为 20 μm 的小油滴时,其总表面将为300 000 m²,这就使它的燃烧反应表面积比原先增大62 111倍。因为液体表面积正比于其直径,表面积增大的结果将大大提高燃烧功率。例如,直径为 1 mm 的油滴在空气中约需 1 s 烧完,直径为0.1 mm 的油滴只需要0.01 s,直径为 50 μm 的油滴则仅需0.002 5 s。所以,液体燃料的雾化在整个液体燃料的燃烧过程中起着极其重要的作用,对液体燃料的燃烧强度有着决定性的影响。

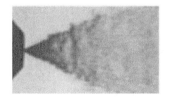

（a）液滴雾化示意图　　　　　　（b）液体雾化实验图

图 8.4　液体射流雾化现象示意图和实际图像

　　液体雾化是气-液二相流过程,涉及液体破碎的表面张力自由相面理论分析和复杂流场的二相流动理论分析,求解非常困难,利用多相流的相函数方法进行数值求解才能够实现细节描述。

　　3) 油雾火炬

　　液体燃料的雾化射流不仅可以加速燃料的蒸发过程,而且有利于液体燃料与空气的混合,保证燃烧的迅速与完全。

　　液体燃料破碎成细滴并在空气流中弥散成燃料雾化炬,它在燃烧室中的合理分布对燃烧过程有着重要影响,不仅影响燃烧效率,而且影响燃烧稳定性,因此掌握燃烧室的油雾度分布是一个重要的课题。由于燃烧室中流场状况及雾化过程的复杂性,至今尚无完整的理论解析解。只是对于某些简单条件下的油雾分布,建立了一些简化理论。

　　油雾燃烧是气-液二相燃烧的重要组成部分,过程很复杂,但它在燃烧实践中却占有重要地位,因而引起了人们的重视。如同液体雾化理论一样,油雾燃烧的理论分析解很难获得,至今没有系统的理论求解结果。数值模拟在该方面已进行了大量的研究工作,取得了进展,进一步的内容可参阅相关文献,这里仅做基础性的介绍。

8.2　油滴燃烧理论分析

　　由喷射的液体燃料所形成的油雾燃烧是一种应用范围广泛的燃烧形式。油雾燃烧是一个涉及许多油滴同时发生的热量、质量、动量交换以及化学反应的复杂过程,它是由许许多多单个油滴燃烧组成,单油滴的蒸发燃烧过程是喷雾燃烧的基础。在油滴燃烧理论基础上,如果知道了喷雾(运动的油滴群)中油滴尺寸、数量、速度的时空分布及其相互间的影响,则喷雾的燃烧过程也就可以用理论方法进行分析。因此,单油滴的蒸发及燃烧是认知油雾燃烧的基础。

8.2.1　油滴燃烧理论模型

　　研究单油滴的蒸发和燃烧时,通常把它看作是理想的扩散燃烧过程。即以燃烧火焰面作为界面,将燃料与氧化剂分开,现考虑单油滴处在热空气中的蒸发面,如图 8.5 所示。设 T 为温度,Y_i 为第 i 个组分的质量分数,下标 F、OX、P 分别代表可燃液体、氧化剂和燃烧产物,∞、0、1 分别代表周围气体、油滴表面蒸发处和油滴内部。

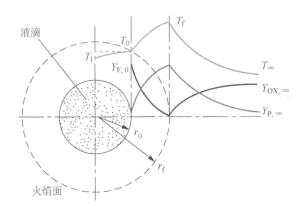

图 8.5   油滴燃烧特性示意图

一个液滴置于高温静止环境中之后,由于液滴的温度低于环境温度,因此,热量通过热传导向液滴表面传递,这些热量中的一部分用于液体蒸发,剩余部分再传到液滴内部,使液滴被加热。表面蒸发以致在液滴的表面形成高浓度的液体蒸气,通常为其蒸气饱和值。环境的液体蒸气浓度低于表面浓度,液体蒸气因浓度梯度的存在而向火焰面输送。在火焰面与外部氧气达到化学当量比时发生燃烧化学反应,并释放燃烧热,形成火焰面。这一燃烧过程即为气体扩散燃烧过程,因此,在火焰面上 $Y_F=0$,$Y_{OX}=0$,$Y_P=1$,产物由火焰面分别向内、向外扩散。火焰面处液体蒸气的燃烧反应消耗使得液滴进一步蒸发成为可能。通过上述机理,液态可燃物能够不断地转变为蒸气,并消耗在火焰面燃烧反应中。这就是液滴蒸发燃烧的全部过程。

为了理论描述气体中液滴蒸发燃烧过程,经常做一些简化假设,这可使问题大大简化,而仍与实验结果吻合得很好。理论模型基本假设包括:蒸发过程是准稳态的,这意味着蒸发过程在任一时刻都可以认为是稳态的,这一假设避免了求解偏微分方程;液滴在无穷大的混合气体中蒸发;液体是单成分液体且其气体溶解度为零。

假设液滴内各处温度均匀一致($T_1=T_0$),而且该温度是可燃液体的沸点。事实上,液体内部温度只比液体表面温度略低,这一假设可以不用求解液相(液滴)能量方程,若去掉液滴整体温度均匀这一假设后,分析起来会复杂得多。

忽略整个油滴燃烧的辐射散热。在此情况下,整个油滴燃烧被视为一个零维燃烧系统来分析,油滴火焰面燃烧释放的燃烧热全部用来加热当地气体,参照第 2 章"2.4   绝热燃烧温度"的分析方法,此时的油滴最高燃烧温度就可视为燃料液体的绝热燃烧温度。

假设所有的热物性,如导热系数、密度、比热容等都是常数。虽然从液滴到周围远处的气相中,这些物性系数随温度的变化很大,但常物性系数的假定可以求得简单解析解。为了模型分析的准确性,应合理选择物性系数的平均值。

假设可燃液体的燃烧化学反应为宏观一步燃烧化学反应,化学反应方程的当量关系如下式所示:

$$1 \text{ kg 可燃气体 F} + \beta \text{ kg 氧气 O}_2 \longrightarrow (1+\beta) \text{kg 燃烧产物 P}$$

其中 F、O$_2$ 和 P 分别表示可燃气体燃料、氧气和燃烧产物,β 为燃烧化学反应的当量系数。

8.2.2　静止气体中油滴的燃烧

在静止环境气体中,油滴与周围环境无相对速度,油滴为球形,在蒸发和燃烧过程中,油滴与火焰面均保持球形,如图 8.6 实验照片所示。有了这个条件,可以建立一维球坐标下的油滴燃烧模型。

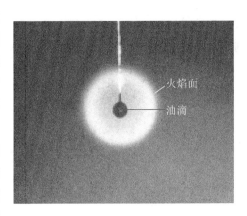

油滴蒸发表面速率的控制因素是热量和质量的输运速率。在液滴燃烧时,可简单地把火焰理解为液滴周围具有的高温环境,把燃烧问题转变成蒸发问题处理,使液滴蒸发与液滴燃烧之间具有关联性。

图 8.6　油滴燃烧实验图

根据上述分析,参考第 7 章的气体层流扩散火焰模型(参见“7.2.2　扩散燃烧模型”),就可建立起边界上有热量交换、质量交换的球对称的一维定常、有化学反应、多组分、层流流动的基本守恒方程。

连续方程:

$$\text{火焰面内:} 4\pi r_0^2 \rho_0 v_0 = 4\pi r^2 \rho v = m''_F = \text{const} \tag{8.1a}$$

$$\text{火焰面外:} 4\pi r^2 \rho v = m''_{mix} = \text{const} \tag{8.1b}$$

动量方程:

$$\frac{\mathrm{d}p}{\mathrm{d}r} = 0 \tag{8.2}$$

能量方程：

$$\rho v c_p \frac{\mathrm{d}T}{\mathrm{d}r} = \frac{1}{r^2} \frac{\mathrm{d}}{\mathrm{d}r}\left(r^2 \lambda \frac{\mathrm{d}T}{\mathrm{d}r}\right) + (W_F \cdot MW_F) Q_F \tag{8.3}$$

组分方程：

$$\rho v \frac{\mathrm{d}Y_i}{\mathrm{d}r} = \frac{1}{r^2} \frac{\mathrm{d}}{\mathrm{d}r}\left(r^2 \rho D_{iM} \frac{\mathrm{d}Y_i}{\mathrm{d}r}\right) - W_i \cdot MW_i \quad i = F, O_2, P \tag{8.4}$$

式中，p 是气体总压力；ρ 是混合气体的质量密度；v 是气体速度；c_p 是混合气体的定压比热容；W_i 是燃烧反应速率，单位 $mol/(m^3 \cdot s)$；Q_F 是液体燃料的燃烧热，单位 J/mol，所以在式(8.4)中 W_i 需要乘以 i 组分的相对分子质量 MW_i。m''_F 是质量通量，在油滴表面 $r = r_0$ 处，只存在蒸发蒸气 $Y_F = 1$，所以，m''_F 等于油滴的蒸发速率。m''_{mix} 是火焰面外燃烧产物和氧气混合气体的质量通量。

上述微分方程组的求解采用两区解法，在液体蒸气层区求解能量方程，在火焰面外层求解组分方程，最终可以解得油滴的蒸发和燃烧速率。

1) 液体蒸发蒸气层能量守恒

在液体蒸发蒸气层内没有燃烧反应发生，因此，$W_F = 0$，故 $W_F Q_F = 0$，并将连续方程式(8.1a)代入能量方程式(8.3)得：

$$m''_F c_p \frac{\mathrm{d}T}{\mathrm{d}r} = \frac{\mathrm{d}}{\mathrm{d}r}\left(4\pi r^2 \lambda \frac{\mathrm{d}T}{\mathrm{d}r}\right) \tag{8.5}$$

考虑到油滴表面 $r = r_0$，蒸发所需热量 $m''_F L_F$ 等于油滴表面传热量，其中 L_F 是液体燃料的汽化潜热。故边界条件：

$$r = r_0: T = T_0, \quad \left(4\pi r_0^2 \lambda \frac{\mathrm{d}T}{\mathrm{d}r}\right) = m''_F L_F$$

$$r = r_f: T = T_f \tag{8.6}$$

对式(8.5)关于 r 在区间 (r_0, r) 积分一次，并使用式(8.6)中 $r = r_0$ 边界条件，得：

$$m''_F c_p (T - T_0) = 4\pi r^2 \lambda \frac{\mathrm{d}T}{\mathrm{d}r} - m''_F L_F \tag{8.7}$$

再次关于 r 在区间 (r_0, r_f) 积分，使用边界条件式(8.6)，整理后得：

$$m''_F = \frac{4\pi \lambda}{c_p \left(\frac{1}{r_0} - \frac{1}{r_f}\right)} \ln\left[1 + \frac{c_p}{L_f}(T_f - T_0)\right] \tag{8.8}$$

式中，c_p、λ 是混合气体的物性参数，在理论模型中视为常数；T_0 是油滴表面蒸发沸点温度，在压力 p 一定的情况下，T_0 是与液体燃料化合物成分相关的常数；L_F 同样被视为常数；在前面的分析中，已经近似认为 T_f 是液体燃料的绝热燃烧温度，也是与微分方程参量无关的常数。所以，半径 r_0 的油滴的蒸发燃烧速率式(8.8)只与火焰面位置 r_f 有关。

【例 8.1】　半径为 100 μm 的正辛烷油滴在静止的空气环境燃烧，环境空气的温度为 298 K，压力为 0.1 MPa，已知油滴的燃烧速率为 1.16×10^{-7} kg/s，燃烧火焰面半径为 2.12 mm，求解油滴稳态燃烧的火焰面内温度分布。

解：近似认为燃烧温度为火焰绝热燃烧温度，由表 2.6 得到正辛烷的 $T_f = T_{ad} = 2\ 275$ K。

火焰面内温度分布（$r < r_f$）按式(8.8)确定，在计算正辛烷蒸气的物性参数前，需要确定正辛烷蒸气的平均温度，从表 8.1 查得正辛烷的沸点 $T_0 = 125 + 273 = 398$ K，汽化潜热 $L_F = 362.1$ kJ/kg，所以，

油蒸气的平均温度：$\overline{T}_{C_8H_{18}} = \dfrac{T_0 + T_f}{2} = \dfrac{398 + 2\ 275}{2} = 1\ 336 (\text{K})$

查表 2.1(a)得定压比热容 $c_p = 4\ 224$ J/(kg·K)，查表 2.2(b)得导热系数 $\lambda = 0.113$ W/(m·K)。

上述参数代入式(8.8)，火焰面内温度分布（$r < r_f$）：

$$
\begin{aligned}
T(r) &= \frac{L_F}{c_p}\left\{ \exp\left[\frac{c_p m''_F}{4\pi\lambda}\left(\frac{1}{r_0} - \frac{1}{r} \right) \right] - 1 \right\} + T_0 \\
&= \frac{362.1 \times 10^3}{4.224 \times 10^3}\left\{ \exp\left[\frac{4.224 \times 10^3 \times 1.16 \times 10^{-7}}{4 \times \pi \times 0.113}\left(\frac{1}{10^{-4}} - \frac{1}{r} \right) \right] - 1 \right\} + 398 \\
&= 85.72\left\{ \exp\left[3.451\left(1 - \frac{10^{-4}}{r} \right) \right] - 1 \right\} + 398
\end{aligned}
$$

计算结果如下图，温度的上升主要出现在半径 1 mm 处，因此，对于加热油滴蒸发的传热过程，其热阻主要在油滴的近表面处。

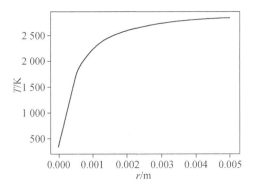

2) 火焰面外传质方程

为了求解油滴蒸发燃烧速率 m''_F，需补充火焰面外($r > r_f$,)区间的组分方程，以封闭方程组。这里选取氧气组分 Y_{O_2} 的组分方程。因为气体扩散燃烧的燃烧反应仅发生在火焰面，火焰面外层同样无燃烧化学反应，故关于 Y_{O_2} 组分方程式(8.4)的源项 $W_i = 0$，所以，Y_{O_2} 组分守恒方程为：

$$\rho v \frac{dY_{O_2}}{dr} = \frac{1}{r^2} \frac{d}{dr} \left(r^2 \rho D_{iM} \frac{dY_{O_2}}{dr} \right) \tag{8.9}$$

根据连续方程式(8.1b)，上式可写为：

$$m''_{mix} \frac{dY_{O_2}}{dr} = \frac{d}{dr} \left(4\pi r^2 \rho D_{iM} \frac{dY_{O_2}}{dr} \right) \tag{8.10}$$

在火焰面外层，氧气通过球面向中心扩散的传质通量 m''_{O_2} 沿半径不变，等于火焰面上所消耗掉的氧气量，其边界条件：

$$r = r_f : Y_{O_2} = 0, \quad \left(4\pi r_f^2 \rho D_{iM} \frac{dY_{O_2}}{dr} \right) = m''_{O_2}$$

$$r = \infty : Y_{O_2} = Y_{O_2,\infty} \tag{8.11}$$

与式(8.6)(8.7)相似，对式(8.10)关于 r 在区间(r_f, r)积分一次，考虑式(8.11)的 $r = r_f$ 边界条件，解得：

$$m''_{mix} Y_{O_2} = 4\pi r^2 \rho D_{iM} \frac{dY_{O_2}}{dr} - m''_{O_2} \tag{8.12}$$

在大多数情况下，对流传质项 $m''_{mix} Y_{O_2} \ll m''_{O_2}$，近似认为 $m''_{mix} Y_{O_2} \approx 0$，式(8.12)简化为：

$$4\pi r^2 \rho D_{iM} \frac{dY_{O_2}}{dr} - m''_{O_2} = 0 \tag{8.13}$$

在区间(r_f, ∞)积分，并利用边界条件式(8.11)，可得：

$$m''_{O_2} = 4\pi r_f \rho D_{iM} Y_{O_2,\infty} \tag{8.14}$$

将上述火焰面外传质方程和火焰面内的能量方程式(8.8)联立，则油滴燃烧问题可解。

【例 8.2】 静止空气中正辛烷油滴燃烧，所有条件与例 8.1 相同，求解燃烧油滴的气体 O_2 组分分布。

解： 正辛烷-空气燃烧的 O_2 反应当量系数：$2C_8H_{18} + 25O_2 \longrightarrow 16CO_2 + 18H_2O$，$\beta = \dfrac{32 \times 25}{114 \times 2} = 3.5$。

由 O_2 传质方程式(8.13)和边界条件式(8.11)，在区间 (r, ∞) 积分，可得：

$$Y_{O_2}(r) = Y_{O_2,\infty} - \frac{m''_{O_2}}{4\pi\rho D} \cdot \frac{1}{r} = Y_{O_2,\infty} - \frac{\beta m''_{C_8H_{18}}}{4\pi\rho D} \cdot \frac{1}{r}$$

从例 8.1 可知：

$$x_{O_2,\infty} = 0.21，故 Y_{O_2,\infty} = 0.233，又 m''_{C_8H_{18}} = 1.16 \times 10^{-7} \text{ kg/s} \quad \beta = 3.5$$

计算火焰面外空气的物性系数。空气平均温度：$\overline{T}_{air} = \dfrac{T_f + T_\infty}{2} = \dfrac{2\,275 + 298}{2} = 1\,286$ (K)，以空气平均温度计算空气质量密度：$\rho = \dfrac{p}{R_u \overline{T}_{air}} MW = 0.27$ (kg/m³)，查表 3.2 得 O_2-空气的扩散系数：$D = 2.43 \times 10^{-4} \text{ m}^2/\text{s}$，代入：

$$Y_{O_2}(r) = 0.233 - \frac{3.5 \times 1.16 \times 10^{-7}}{4 \times \pi \times 0.27 \times 2.43 \times 10^{-4}} \cdot \frac{1}{r} = 0.233 - \frac{4.91 \times 10^{-3}}{r},$$

由油滴燃烧特性可知，气体组分分布为：

$$Y_{O_2}(r) = \begin{cases} 0 & r \leqslant r_f \\ 0.233 - \dfrac{4.91 \times 10^{-3}}{r} & r > r_f \end{cases}$$

计算结果作图如下，氧气浓度在火焰面附近变化梯度较大。另外，根据气体扩散火焰的特性，火焰面的位置 r_f 由 $Y_{O_2}(r_f) = 0$ 确定。

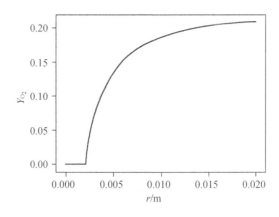

表 8.1　主要可燃液体的物性参数(常温常压条件)

液体燃料	分子量 MW	液态密度 /($\times 10^3$ kg·m^{-3})	汽化潜热 /(kJ·kg^{-1})	液态热容 /[kJ·(kg·K)$^{-1}$]	气态热容 /[kJ·(kg·K)$^{-1}$]	沸点 /℃	低位热值 /($\times 10^3$kJ·kg^{-1})	燃烧反应当量比
正戊烷	72	0.631	364.6	2.332	1.662	36.0	45.29	0.314
正己烷	86	0.664	364.6	2.244	1.666	68.0	45.71	0.314
正庚烷	100	1.688	364.6	2.198	1.670	98.5	14.46	0.314
正辛烷	114	0.707	362.1	2.202	1.674	125.0	14.27	0.316
异辛烷	114	0.702	328.2	2.156	1.674	125.0	43.95	0.316
正癸烷	142	0.734	360.0	2.189	1.674	174.0	44.20	0.317
辛烯	112	0.710	337.0	2.198	1.674	121.0	44.33	0.322
苯	78	0.884	432.0	1.720	1.160	80.0	40.02	0.359
甲醇	32	0.796	1 100.9	2.369	1.716	64.0	19.84	0.726
乙醇	46	0.794	837.2	2.344	1.926	78.5	116.79	0.528
汽油	120	0.720	339.1	2.051	1.674	155.0	14.12	0.318
煤油	154	0.825	290.9	1.926	1.674	150.0	43.12	0.316
轻柴油	170	0.876	267.5	1.884	1.674	250.0	42.36	0.316
中柴油	184	0.920	244.5	1.800	1.674	260.0	41.86	0.315
重柴油	198	0.960	232.3	1.718	1.674	270.0	41.36	0.318
丙酮	58	0.791	523.3	2.118	1.623	56.7	30.81	0.453
甲苯	92	0.870	351.6	1.616	1.674	110.6	42.53	0.320
二甲苯	108	0.870	334.9	1.720	1.674	136.0	43.12	0.319

3) 油滴燃烧速率

根据前述燃烧化学反应的宏观一步化学反应简化假设,由外部气体中氧气的质量传递量,在火焰面与液体蒸气产生化学当量的燃烧化学反应,因此,外部氧气质量传递量 m''_{O_2}:

$$m''_{O_2} = \beta m''_F \tag{8.15}$$

将式(8.8)(8.14)和(8.15)联立,消去火焰面半径 r_f:

$$m''_F = 4\pi r_0 \left[\frac{\lambda}{c_p} \ln\left(1 + \frac{c_p}{L_F}(T_f - T_0)\right) + \frac{\rho D_{iM} Y_{O_2,\infty}}{\beta} \right] \tag{8.16}$$

式(8.16)是半径 r_0 油滴的燃烧速率表达式,它和液体燃料的热力学参数和化学参数有关,亦和环境气体中的氧气浓度有关,油滴的燃烧温度 T_f 近似等于绝热燃烧温度,可以认为 T_f 也仅与液体燃料的热力学参数和化学参数有关。表 8.1 给出了部分常用液体燃料的热力学参数和化学参数,供液体燃料液滴的燃烧速率计算使用。

【例 8.3】　正辛烷油滴在空气中燃烧问题。油滴半径为 $100~\mu m$,在静止的空气环境燃烧,环境空气的温度 298 K,压力0.1 MPa,计算油滴的燃烧速率和火焰面位置。

解：运用式(8.16)计算油滴燃烧速率。

计算火焰面内正辛烷蒸气的物性参数。正辛烷-空气燃烧的 O_2 反应当量系数 $\beta = 3.5$，油蒸气的平均温度 $\overline{T}_{C_8H_{18}} = 1\ 336\ K$，同例 8.1，查得各物性参数 $\lambda = 0.113\ W/(m \cdot K)$，$c_p = 4\ 224\ J/(kg \cdot K)$，正辛烷的汽化潜热 $L_F = 362.1\ kJ/kg$。

计算火焰面外空气的物性系数。空气平均温度 $\overline{T}_{air} = 1\ 286\ K$，同例 8.2，各物性参数 $\rho = 0.271\ kg/m^3$，O_2-空气的扩散系数 $D = 2.43 \times 10^{-4}\ m^2/s$。

将正辛烷蒸气和火焰面外空气的参数代入油滴燃烧速率公式(8.16)：

$$
\begin{aligned}
m''_{C_8H_{18}} &= 4\pi r_0 \left[\frac{\lambda}{c_p} \ln\left(1 + \frac{c_p}{L_F}(T_f - T_0)\right) + \frac{\rho D_{iM} Y_{O_2,\infty}}{\beta} \right] \\
&= 4\pi \times 0.1 \times 10^{-3} \times \left[\frac{0.111\ 3}{4\ 224} \ln\left(1 + \frac{4\ 224}{362\ 100} \times 2\ 275.398\right) \right. \\
&\quad \left. + \frac{0.271 \times 2.43 \times 10^{-4} \times 0.233}{3.5} \right] \\
&= 1.16 \times 10^{-7} \text{(kg/s)}
\end{aligned}
$$

燃烧位置的油滴燃烧半径由式(8.14)推导：

$$
\begin{aligned}
r_f &= \frac{m''_{O_2}}{4\pi \rho D Y_{O_2,\infty}} = \frac{m''_{C_8H_{18}}\beta}{4\pi \rho D Y_{O_2,\infty}} = \frac{1.16 \times 10^{-7} \times 3.5}{4 \times \pi \times 0.271 \times 2.43 \times 10^{-4} \times 0.233} \\
&= 2.05 \times 10^{-3} \text{(m)}
\end{aligned}
$$

油滴燃烧火焰面位置在油滴半径：$\dfrac{r_f}{r_0} = \dfrac{2.05 \times 10^{-3}}{0.1 \times 10^{-3}} = 20.5$ 倍处。

4）油滴燃尽时间

油滴在蒸发燃烧过程中不断消耗可燃液体质量，同时液滴的半径体积也在不断缩小，计算液滴的燃尽时间是油滴燃烧计算的重要任务。通过油滴燃烧速率表达式(8.16)，可以确定给定半径的液滴完全蒸发燃烧所需时间，该时间被称为液滴燃尽时间或油滴生存时间。

液滴燃尽时间采用准稳态近似分析方法。对于半径为 r_0 的油滴，其质量为：

$$
m_F = \frac{4}{3}\pi r^3 \cdot \rho_F \tag{8.17}
$$

式中，ρ_F 是液体燃料的质量密度。按照质量通量的定义：

$$m''_F(r) = -\frac{dm_F}{d\tau} = -\frac{d}{d\tau}\left(\frac{4}{3}\pi r^3 \rho_F\right) = -4\pi r^2 \rho_F \frac{dr}{d\tau} \tag{8.18}$$

式中，τ 是时间。为了书写简洁，定义一个相关可燃液体热力学参数和化学参数的常数 K，令

$$K = \frac{2}{\rho_F}\left[\frac{\lambda}{c_p}\ln\left(1 + \frac{c_p}{L_F}(T_f - T_0)\right) + \frac{\rho D_{iM}Y_{O2,\infty}}{\beta}\right] \tag{8.19}$$

将上式 K 代入式(8.16)，再代入式(8.18)：

$$-2r\frac{dr}{d\tau} = K \tag{8.20}$$

关于 τ 从 0 时刻积分至 τ 时刻：

$$r^2 - r_0^2 = -K\tau \tag{8.21}$$

上式表明，油滴燃烧过程中，液滴半径的平方随燃烧时间的变化呈线性关系。

若当油滴半径燃烧至 $r=0$ 时，即为油滴的燃尽时间 τ_e，依据式(8.21)可得：

$$\tau_e = \frac{r_0^2}{K} \tag{8.22}$$

式中，常数 K 称为油滴燃烧常数。显然，K 与燃烧温度、环境氧浓度、液体燃料导热系数、蒸气比热容等相关。K 越大，油滴燃尽时间 τ_e 越短；油滴半径 r_0 越小，τ_e 越短。所以，液体燃料的物性、环境气体中氧气含量和油滴大小等因素决定了油滴燃尽时间的长短。

油滴燃尽时间 τ_e 表达式(8.22)表明，τ_e 是油滴初始半径 r_0 平方的函数。初始半径越大，油滴燃尽所需时间成平方倍增加。所以，若燃油雾化后仍有较多的大颗粒油滴，则油滴燃尽时间就会大大地延长，可能降低燃烧效率。因此，良好的雾化是液体燃料高效燃烧的关键。

【例 8.4】 计算例 8.3 中油滴半径为 100 μm 的正辛烷油滴的燃尽时间。所用计算条件与例 8.3 相同。

解：按式(8.22)和(8.19)计算油滴的燃尽时间，计算需要的全部参数同于例8.3。

正辛烷的液态密度由表 8.1 查得 $\rho_F = 707$ kg/m³。

油滴燃尽时间系数：

$$K = \frac{2}{\rho_F}\left[\frac{\lambda}{c_p}\ln\left(1 + \frac{c_p}{L_F}(T_f - T_0)\right) + \frac{\rho D_{iM}Y_{O2,\infty}}{\beta}\right]$$

$$= \frac{2}{707} \times \left\{ \frac{0.113}{4\ 224} \times \ln\left[1 + \frac{4\ 224}{362.1 \times 10^3} \times (2\ 275 - 398)\right] + \right.$$

$$\left. \frac{0.271 \times 2.43 \times 10^{-4} \times 0.233}{3.5} \right\}$$

$$= 2.62 \times 10^{-7}$$

所以,正辛烷油滴的燃尽时间:$\tau_e = \dfrac{r_0^2}{K} = \dfrac{0.000\ 1^2}{2.62 \times 10^{-7}} = 0.038$ s。

8.2.3　对流气流中油滴燃烧

在实际油雾燃烧过程中,有些情况下油滴与气流的相对运动不能忽略。在油滴尺寸很大,或高速喷射的燃油燃烧器中,喷嘴喷射出口处气流湍流脉动较强,油滴与气流间存在着较大的相对速度,由于相对速度的存在,将对油滴的蒸发与燃烧产生较大的影响。

若油滴与气流之间存在着较大的相对速度,则根据输运过程的性质,油滴与周围气体间的热量与质量的交换就要增强,相应地促进油滴的蒸发燃烧过程。可以推断,油滴周围的气流一定不再是球对称的了,包围油滴的火焰面也不再呈球形,如图 8.7 所示。

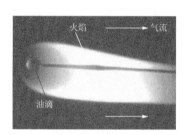 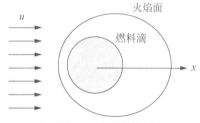

（a）气流中油滴燃烧实际情况　　　（b）对流气流油滴燃烧示意图

图 8.7　对流气流中的油滴燃烧

对流气流中的油滴燃烧不适用于球对称的物理模型,于是在工程上采用了一种所谓"折算薄膜"的近似方法,其基本思想是:把一个真实的二维轴对称的对流传热、传质问题转化成一个假想的等值球对称的导热与传质问题。将一个椭圆火焰面假想等价于一个球体面,如图 8.8 所示,这样可引用静止的环境中油滴蒸发燃烧的结论,只需用"折算薄膜"的对流气流的影响加以修正就可以了。

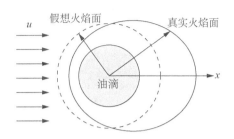

图 8.8　对流气流中油滴燃烧"折算薄膜"模型

首先以火焰面内的传热过程确定球形等价火焰面的半径 r_s。根据固体球体对流换热与假想火焰面内导热过程等价的原则,近似求得:

$$4\pi r_0^2 a\,(T_f - T_0) = (4\pi r_s r_0)\,\lambda\,\frac{T_f - T_0}{r_s - r_0} \tag{8.23}$$

式中,a 为对流换热系数,所以"折算薄膜"的半径 r_s 为:

$$r_s = \frac{r_0 Nu}{Nu - 2} \tag{8.24}$$

式中,Nu 是气体绕球体对流换热准则数,由传热学可知:

$$Nu = \frac{a\,(2r_0)}{\lambda} = 2 + 0.6\,Re^{1/2}\,Pr^{1/3} \tag{8.25}$$

为了可以直接引用静止环境中油滴蒸发燃烧的结果,将球体的对流传热表达式(8.23)改写成式(8.7)右边热传导项形式,并且近似地认为 $r_s \gg r_0$:

$$4\pi r_0^2 a\,(T_f - T_0) = 4\pi r_0 r_s\,\frac{a\,(2r_0)}{\lambda}\,\frac{\lambda}{2}\,\frac{T_f - T_0}{r_s - r_0}\,\frac{r_s - r_0}{r_s} \approx 4\pi r_0^2\,\frac{Nu\lambda}{2}\,\frac{dT}{dr}$$

根据上式的等价分析,在以对流换热等价热传导换热时,用 $\dfrac{Nu\lambda}{2}$ 替代热传导的 λ 即可。因此,对静止环境中油滴燃烧速率表达式(8.8)中的 λ 用 $\dfrac{Nu}{2}$ 进行修正,

$$\frac{Nu}{2}\lambda \Rightarrow \lambda \tag{8.26}$$

同时以 r_s 代替 r_f,可以得到对流气流中的油滴燃烧速率的表达式。

　　火焰面外组分传质方程的近似分析方法与火焰面内传热方程的修正方法一致。用对流传质取代静止气流油滴燃烧模型的分子扩散传质,以体现外部气流

对传质的影响作用。同理,对半径为 r_s 的油滴火焰面,近似写出氧气对流传质通量:

$$4\pi r_s^2 \rho k_c (Y_{O_2,\infty} - Y_{O_2,s}) = 4\pi r_s^2 \rho k_c Y_{O_2,\infty} = m''_{O_2}$$

式中,k_c 是气流绕球体对流传质系数。在式(8.14)的氧气传质通量 m''_{O_2} 是以分子扩散传质求解得到的,以对流传质和分子扩散传质等价的原则,两者相等:

$$4\pi r_s^2 \rho k_c Y_{O_2,\infty} = 4\pi r_s \rho D_{iM} Y_{O_2,\infty}$$

同理,推导传质系数的修正:

$$4\pi r_s^2 \rho k_c Y_{O_2,\infty} = 4\pi r_s \rho \frac{2 r_s k_c}{D_{iM}} \frac{D_{iM}}{2} Y_{O_2,\infty} = 4\pi r_s \rho \frac{Sh D_{iM}}{2} Y_{O_2,\infty}$$

式中,Sh 是传质准则数(参见"3.3.3　对流传质常用准则数"),对于气流绕球的传质准则方程(参见"3.3.4　对流传质关联式"):

$$Sh = 2.0 + 0.552\, Re^{1/2} Sc^{1/3} \tag{8.27}$$

由此可见,对流传质对理论模型的修正就是在静止环境油滴燃烧公式(8.26)中以:

$$\frac{Sh}{2} D_{iM} \Rightarrow D_{iM} \tag{8.28}$$

代替,得到对流气体中油滴的燃烧速率计算式。

综上所述,以"折算薄膜"方法进行气体对流环境下的油滴燃烧速率分析,是以半径为 r_s 假想球形火焰面代替真实火焰面,分别对传热和传质过程进行修正而得到最终结果。综合式(8.24)(8.26)和(8.28),对流气流中油滴燃烧速率是

$$m''_F = 4\pi r_0 \left\{ \frac{(Nu\lambda/2)}{c_p} \ln\left[1 + \frac{c_p}{L_F}(T_f - T_0)\right] + \frac{\rho (Sh D_{iM}/2) Y_{O_2,\infty}}{\beta} \right\} = 4\pi r_0 K_0 \tag{8.29}$$

"折算薄膜"对对流气流的影响修正方法虽然比较粗糙,但是简单明了,易于理解。按照式(8.29)计算的油滴燃烧速率与实验结果相比,在数量级上是一致的,这说明"折算薄膜"方法在一定的使用范围内是可行的。

【例 8.5】　正辛烷油滴半径为 $100\ \mu m$,在油滴-气流的相对速度 1 m/s 的空气环境中燃烧,环境空气的温度为 298 K,压力为0.1 MPa,计算油滴的对流燃烧速率和燃尽时间。

解: 问题采用"折算薄膜"模型近似计算,使用式(8.29)计算油滴燃烧速率。

因此,计算传热和传质准则数进行修正。

空气平均温度 $\overline{T}_{air} = 1\,286$ K,空气黏性系数 $\mu = 4.88 \times 10^{-6}$ Pa·s,$Pr = 0.771$。由例8.2中 O_2-空气的扩散系数 $D = 2.43 \times 10^{-4}$ m²/s。

$$Sc = \frac{\mu}{\rho D} = \frac{4.88 \times 10^{-5}}{0.271 \times 2.43 \times 10^{-5}} = 0.741,$$

$$Re = \frac{\rho V_0 (2r_0)}{\mu} = \frac{0.271 \times 1 \times 0.000\,2}{4.88 \times 10^{-5}} = 1.111$$

$$Nu = 2 + 0.6\,Re^{1/2}\,Pr^{1/3} = 2 + 0.6 \times 1.111^{1/2} \times 0.771^{1/3} = 2.580$$

$$Sh = 2.0 + 0.552\,Re^{1/2}\,Sc^{1/3} = 2.0 + 0.552 \times 1.111^{1/2} \times 0.741^{1/3} = 2.954$$

计算中需要的相关参数与例8.3相同,不再赘述。为了不重复书写,先计算式(8.29)中的 K_0:

$$K_0 = \frac{(Nu\lambda/2)}{c_p}\ln\left(1 + \frac{c_p}{L_F}(T_f - T_0)\right) + \frac{\rho(Sh D_{iM}/2)Y_{O_2,\infty}}{\beta}$$

$$= \frac{2.580 \times 0.113}{2 \times 4\,224} \times \ln\left[1 + \frac{4\,224}{362\,100} \times (2\,275 - 398)\right] +$$

$$\frac{0.271 \times 2.954 \times 2.43 \times 10^{-4} \times 0.233}{3.5 \times 2}$$

$$= 1.20 \times 10^{-4}$$

因此,油滴在对流气流中燃烧速率:$m''_F = 4\pi r_0 K_0 = 4 \times \pi \times 0.000\,1 \times 1.20 \times 10^{-4}$

$$= 1.51 \times 10^{-7}\,(\text{kg/s})$$

油滴的燃尽时间系数:$K = \dfrac{2}{\rho_F}K_0 = \dfrac{2}{707} \times 1.20 \times 10^{-4} = 3.39 \times 10^{-7}$

因此,正辛烷油滴在对流条件下的燃尽时间:$\tau_e = \dfrac{r_0^2}{K} = \dfrac{0.000\,1^2}{3.39 \times 10^{-7}} = 0.029$ (s)

例8.4计算的静止油滴燃尽时间是0.038 s,比较静止和对流气体环境的正辛烷油滴燃烧计算结果,对流状态对油滴的燃烧速率有增强作用,油滴燃尽时间缩短了9 ms,由此可以发现,对流气体可以强化油滴燃烧。

8.3　油雾燃烧

油雾燃烧火炬是液体燃料最常见的燃烧形式,几乎所有的等压火焰燃烧设备中均以油雾燃烧方式进行。液体燃料的另一个重要燃烧方式是爆燃,内燃机内燃烧就属于这种燃烧类型。等压火焰燃烧和爆燃燃烧存在很大的差异,在第1章的"1.3.2　燃烧类型"和第5章的"5.2.3　着火原理"中曾简单地讨论过这个问题。这里主要讨论液体燃料的等压火焰燃烧,液体燃料的爆燃燃烧性质在内燃机燃烧相关资料中有专门阐述。

8.3.1　概述

液体燃料的油雾燃烧是一个复杂的过程,它是单个油滴燃烧的集合,但又不完全等同于单个油滴在无限空间中的燃烧特性。燃油经喷嘴雾化后,形成具有一定粒径分布的液滴群即油雾。在燃烧室内,油雾将完成蒸发、混合和着火,形成液雾火焰,并最终完成燃烧。在油雾燃烧中,燃烧火炬的扩展主要借助于油滴的不断着火、燃烧。油滴的着火是由于周围高温燃烧产物气体热量传递所致,着火后的油滴以本身的蒸发和蒸气扩散燃烧维持油雾火炬的燃烧状态。影响油雾燃烧过程的因素有很多,如油雾射流的特性和环境空气的特性、油雾与空气之间的混合情况、油雾粒径分布状况、环境热力状态等。

油雾燃烧是液体燃料工业运用的基本形式之一,是燃烧学处理液体燃料燃烧不可回避的,面临着远较单一油滴燃烧更为复杂的几个问题:第一,液体燃料雾化形成的油雾射流,其中的油滴大小不一,如果要利用单一油滴燃烧理论模型,就需要处理不同油滴尺寸对油雾燃烧的影响,至少需要确定油滴群液滴特征尺寸。第二,液体雾化射流的流体力学特性将影响油滴的燃烧环境,有必要知道射流中热力状态和气体组分状态,这样才有可能给出单一油滴燃烧模型的外部边界条件。第三,液体燃料雾化射流均是高速射流,流体具有很大的湍动度,在强烈的涡流作用下气流中的油滴颗粒相互碰撞,增加了气-液多相流的复杂性。

1) 油雾粒径

油雾的大小不同,油滴在油雾中的燃烧行为也不一样。细小油滴和较大油滴由于质量和体积、表面积不同,在受热蒸发时,油滴生存时间有较大差异,导致在油雾火炬中的燃烧过程不同。

细小油滴受热蒸发快,在未形成油滴表面扩散燃烧火焰前,细小油滴已蒸发完毕,蒸发蒸气与强烈湍流的气体混合,形成气体预混火焰燃烧。

较大油滴的燃烧仍然具备典型的单一油滴扩散燃烧特性。油雾中油滴燃烧仍然遵循单油滴燃烧的直径平方规律,只是此时的燃烧速度常数有所不同,比单滴燃烧的燃烧速度常数要小一些。因此,对于油雾燃烧,油雾粒径对燃烧强度和燃烧时间影响很大,减小油滴的尺寸会增大油滴群的总表面积,强化传热和传质,有益于油雾燃烧的稳定。不过,燃油经喷嘴雾化后,油雾的流量密度、平均直径等参数是不均匀的,同时燃烧室内的温度场、浓度场也是不均匀的,因此对于油雾燃烧过程,油滴的燃尽时间不尽相同。

油滴群的油滴尺寸分布对油雾燃烧影响显著。在油滴群燃烧中,雾化油滴尺寸均匀度差的油雾,其最初燃烧速度虽高,但燃尽时间却长;而雾化油滴尺寸均匀度好的油雾,虽初始燃烧速度较低,但燃烧过程却完成得早。所以,不论从缩短蒸发时间或燃烧时间来说,都应要求油雾油滴尺寸具有较好的均匀度。

2) 射流混合作用

油雾形成是通过各种方式的射流实现的,射流的混合效应对油雾燃烧有很大的影响,油雾射流不同区段的传热、传质、燃烧特性都是不同的。以直流射流为例,在油雾射流的外边界,油雾射流的卷吸作用使之与周围空气混合强烈,燃烧速率较高;在射流核心区,液滴密集,需要很多的氧气才能完成燃烧,该区域往往发生局部缺氧的情况,从而使该区域燃烧速率有所降低。

当射流混合效应远远小于油滴与周围气体两相之间的传递效应时,液雾射流外围火焰的热量很难传递到核心区,造成核心区内的油雾颗粒不能够快速蒸发着火。只有油雾射流外边界油滴快速蒸发,细小油滴在着火前蒸气向外扩散,与空气混合形成可燃预混气体着火燃烧,较大油滴产生表面扩散燃烧。

油雾内部的射流混合率有所提高时,热量传递加强,核心区内的大部分油雾颗粒都处于蒸发状态。但是火焰峰面依然在油雾射流边界之外形成,并且由于核心区温度提高、氧量不足,所以燃料会在高温缺氧环境下发生裂解,产生碳烟颗粒。

当射流混合效应强烈或者油滴空间密度较小时,火焰能够窜入油雾外边界,形成一定程度预混燃烧;但是仍有一些特别大的油滴颗粒穿出火焰面,以单滴燃烧模式或多个油滴的组合燃烧模式完成蒸发、燃烧过程,这种燃烧称为复合式燃烧。

当射流效应十分强烈,或者液滴空间密度十分稀薄,油雾射流内油滴之间的距离很大,液滴之间的相互影响很小,此时的燃烧就是单油滴燃烧模式。

3) 气-液两相流

油雾燃烧中的气-液两相流效应不可忽略,这与雾化射流的方法有较大关系,不同的雾化射流形式形成的油雾射流及其油滴颗粒空间密度分布是不一样的。

油雾射流内油滴空间高度密集时,油滴与油滴之间的距离很小,因此其蒸发与燃烧过程相互影响。一方面,油滴燃烧所释放的热量对其邻近的液滴产生加热作用,使之燃烧速率提高;另一方面,油滴的燃烧消耗了周围的氧气,使附近的氧浓度降低,又抑制了邻近油滴的燃烧。甚至当油滴之间的距离小于单个油滴所形成的火焰面的半径时,油滴就不可能再保持自己单独的球形火焰面,此时油雾中各个油滴相互间要发生干扰。这种相互影响主要表现在下列两方面:相邻油滴间的同时燃烧使它们之间有着热量的交换,以致减少了每个燃烧油滴的热量散失;相邻油滴间的同时燃烧起到了竞相争夺氧气的作用,妨碍了氧气扩散到它们的火焰面上。前一个影响的存在可以促进油滴群的燃烧,使燃烧所需时间比单滴燃烧减少;后一个影响的存在却妨碍了油滴群的燃烧,使燃烧时间延长,甚至可能引起熄火。

如果油滴之间的统计平均距离很大,而油滴火焰焰锋面的半径较之油滴本身又很大,则着火后各油滴均可保持自己单独的球状火焰面,如同单滴燃烧一样。一般雾化燃料的燃烧多数属于这种情况。

此外,由于各个油雾颗粒的速度、粒径都不相同,可能存在油滴间的碰撞、破碎、粘连、合并等效应,甚至一些粒径很大的颗粒会飞出火焰面之外,这就使油雾的燃烧发生更加复杂化。

8.3.2　液体雾化

液体燃料的燃烧技术绝大多数采用了雾化后燃烧的方式。雾化大大增加液体的表面积,这样无论传热和混合都显著增强,整个燃烧过程获得强化。雾化时一方面要保证液体燃料的雾化质量,使全部液体燃料都雾化得很细,另一方面要使油滴均匀地分布在空气中,为迅速均匀混合创造条件。良好的雾化是正常燃烧不可缺少的必要条件。

1) 雾化过程和机理

液体雾化指液体燃料与雾化剂(或周围空气)进行动量、能量交换,是气动力、惯性力、表面张力和黏性力综合作用的结果,使液体燃料破碎成雾状小颗粒。从雾化特性可知,要提高雾化的品质,即将液体燃料转化成较细的颗粒,首先要使液体燃料获得能量,然后在表面张力的作用下雾化成燃烧所需要的细颗粒。

雾化的主要过程有:液体或液体与气体(空气或蒸气)高速从喷嘴喷出,形成薄层或气液混合流股;流股由于其初始的高湍流状态以及与外部空气或自身空气的相互作用,进行动量传递,使液体发生变形并开始破碎;较大的液滴由于其与周围空气的作用,克服表面张力,破坏原来力的平衡状态,使较大的液滴继续破碎成较小的液滴,直至达到平衡;飞行中的小液滴有时会相互碰撞而聚合成较大的液滴。

  液滴破碎机理:液滴被投入高速气流中,受到气动压力与表面张力的共同作用(图8.9)。当两力平衡时,油滴保持现状不变;当两力失衡时,液滴发生变形。一方面液滴具有变形速率,另一方面液滴受到气流阻力的作用,减小了液滴与气流的相对速度,因而减小了气动力的作用。如果前者大于后者,那么液滴的横向直径不断增大,液滴被拉长,当液滴的横向直径与初始直径之比逐渐变大时,液滴开始破碎。但如果前者小于后者,由于相对速度减小,最后液滴恢复成球形。

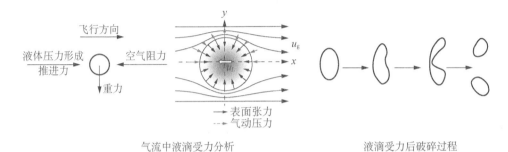

气流中液滴受力分析   液滴受力后破碎过程

图 8.9　液滴受力分析和液滴破碎过程示意图

2) 液滴尺寸分布——Rosin-Rammler 粒径分布

  液体雾化后形成雾滴团,其中液滴的尺寸是不均匀的,液滴直径大小不一。但是,这种尺寸不均匀并非随机毫无规律,事实上,液滴雾化后的尺寸分布是符合一定统计规律的。

  Rosin 和 Rammler 于 1933 年在研究破碎煤粉颗粒尺寸分布时,归纳出一条经验公式,它广泛适用于物料的粉碎,包括液体的雾化的粒径分布。

  Rosin-Rammler 公式:

$$R = 100\exp\left[-\left(\frac{d_i}{d_m} \right)^n \right] \tag{8.30}$$

式中,R 是直径大于 d_i 液滴的质量(或容积)占总液滴质量(或容积)的分数;d_m 是液滴特征尺寸,质量(或容积)分布中所对应的直径;n 是油滴尺寸分布均匀性指数,n 越大,颗粒越均匀。

  对式(8.30)取微分,则可得到液滴的尺寸分布函数:

$$f(d) = 100 \left(\frac{d}{d_m} \right)^{n-1} \exp\left[-\left(\frac{d}{d_m} \right)^n \right] \tag{8.31}$$

显然,雾化后的液滴尺寸分布函数是高斯函数的微分。

3）液滴尺寸分布参数

雾化后液滴尺寸分布参数主要有两种：雾化细度和雾化均匀度。

（1）雾化细度

雾化细度指液体燃料经喷嘴雾化后所产生的油滴大小，是评定雾化质量的一个重要指标。由于雾化后的液滴大小是不均匀的，只能用液滴的平均直径来表示颗粒的细度。采用的平均方法不同，所得的平均直径也将不一样。在实际应用中，常采用如下两种平均直径方法：

① 质量中间直径法（简称中径法）d_{50}

所谓质量中间直径 d_{50} 是一假设的直径，即大于这一直径 d_{50} 的所有油滴的总质量等于小于这一直径 d_{50} 的所有油滴的总质量，即：

$$\sum M_{d>d_{50}} = \sum M_{d<d_{50}} \tag{8.32}$$

质量中间直径 d_{50} 越小，雾化液滴也就越细。

② Sauter 平均直径法（或称面积平均法）SMD

Sauter 平均直径 SMD 指所有液滴的总体积 V 及总表面积 S，等于全部液滴直径假想为某个液滴平均直径时的总体积 V 及总表面积 S，这时的液滴平均直径就是 Sauter 平均直径 SMD。按此定义，可得：

$$d_{\text{SMD}} = \frac{\sum N_i d_i^3}{\sum N_i d_i^2} \tag{8.33}$$

式中，N_i 为相应直径为 d_i 的油滴的颗粒数。同理，Sauter 平均直径 SMD 越小，雾化液滴越细。为了保证油雾燃烧迅速和完全，希望雾化细度越细越好，但过细要消耗大量的雾化动力。

（2）雾化均匀度

经过雾化后的油滴其尺寸大小相差悬殊，而且分布很不均匀，过大或过小的液滴所占的百分比不大，大多数集中在中间尺寸。雾化均匀度就是表明雾化后不同尺寸油滴大小的接近程度，是评定雾化质量的一个很重要的指标。油滴间尺寸差别越小，雾化均匀度就越好。雾化均匀度指数 n 可从 Rosin-Rammler 分布函数中求得：

$$n = \frac{\lg\left[\ln\left(\frac{100}{R_1}\right)\right] - \lg\left[\ln\left(\frac{100}{R_2}\right)\right]}{\lg(d_1) - \lg(d_2)} \tag{8.34}$$

式中，R_1、R_2 是在直径分别大于 d_1、d_2 时的质量（或容积）占总液滴质量（或容积)的分数。因此,测定两个尺寸的质量分数,就可以计算确定雾化均匀度指数 n。

8.3.3　燃烧两相流理论方法

以燃烧学观点解决油雾燃烧问题,当然是希望像单一油滴燃烧问题那样,建立完整的理论和模型,得到确定的分析结果和计算方法。早期的燃烧学体系一直未能完成这个愿望。现在计算燃烧学的出现使其成为可能。燃烧两相流理论方法就是其中之一。

在"8.3.1　概述"中曾提及油雾燃烧的三个难题,如果说对于油滴群液滴尺寸的处理方法可以采用"8.3.2　液体雾化"中的油滴平均直径概念,近似地使问题得到解决。那么,剩余的两个问题则必须依赖燃烧两相流理论来解决。

燃烧两相流理论包括了两大类的数学方法:Euler-Euler 理论方法和 Lagrange-Euler 理论方法。前者是将气体中液滴群视为一种拟流体,仍然采用连续介质观点由 Euler 流体方程描述;后者是以 Euler 流体方程描述气体运动,以 Lagrange 的质点运动方程描述每个液滴的运动历程,是一种混合型的理论方法。

下面介绍三种典型的燃烧两相流理论模型的基本原理。

1) 单流体无滑移理论模型

单流体无滑移理论模型是燃烧两相流早期的理论模型,属于 Euler 理论分析体系,它是在单相流体模型基础上发展起来的最简单的模拟气体-液体颗粒两相流动的模型,其基本思想为:

• 每一尺寸组颗粒的平均运动速度等于当地气体时均速度,包括速度的数量值和运动方向,这意味着液体颗粒与当地气体间无相对运动,无相互动量传递,即所谓无滑移。

• 液体颗粒温度保持常数,即能量冻结,或等于当地气体温度,即气液间无能量交换。

• 液体颗粒相视为一种气相组分,和其他气相组分一样,具有相同的流体输运特性,即液体颗粒相定义一个类似于流体的黏性系数。

• 考虑液体颗粒群的尺寸分布函数,可以按平均直径处理,或以液体颗粒分布函数精确描述。

液体颗粒相既视为混合气体中的一个组分,但它又不同于气体中的一个纯粹气体分子,它的动量和能量传递特性必须专门描述。因此,单流体无滑移理论模型的连续方程、动量方程、能量方程和组分方程等燃烧基本方程,除了考虑气相的特性,还需计入颗粒相的作用。

现代燃烧两相流的求解都依赖于计算机数值计算,这里不再深入讨论。

2) 多流体理论模型

多流体理论模型是典型的 Euler-Euler 理论方法,又被称为多相流多连续介质模型。在两相流连续介质理论体系中,液体颗粒相被视为 Euler 坐标中处理的拟流体,与单流体无滑移模型不同的是,多流体模型分别考虑了液体颗粒间大滑移和液体颗粒扩散,作为两种多相流行为,可以各自体现在多相流的动量、能量和质量传递过程中。

多流体模型的基本概念认为液体颗粒相是与真实气体相间相互渗透的拟流体,模型的基本思想包括:

• 在流场任意一点,液体颗粒相与气相共存并相互渗透,每一相具有其各自的速度、温度和组分体积分数;相同尺寸的液体颗粒具有相同的速度和温度。

• 每一液体颗粒相的场分布在空间上具有连续的速度、温度和组分体积分数的分布。

• 液体颗粒相除与气相有质量、动量与能量相互作用外,还具有自身的湍流脉动,造成颗粒群的质量、动量及能量湍流输运,液体颗粒相的湍流效应取决于与气相湍流的相互作用。

• 以初始尺寸分布来划分液体颗粒相的尺寸组。

• 对于稠密液体颗粒相两相流,液体颗粒间碰撞引发动量、热量传递以及液体颗粒的合并。

多流体理论模型的守恒方程组和单流体理论模型相同,多流体模型是单流体模型的改进。同样,多流体模型的求解采用数值模拟求解方法。

3) 颗粒轨道理论模型

颗粒轨道理论模型是 Lagrange-Euler 理论方法,是在多流体理论模型基础上的进一步改进。颗粒轨道模型充分考虑了颗粒相和气相的相互作用,在 Lagrange 坐标体系中处理颗粒的运动特性,即以牛顿运动方程追踪描述颗粒的运动轨迹,然后确定颗粒相和气相的相互耦合作用。颗粒轨道模型的基本思想为:

• 液体颗粒相是离散体系,液体颗粒与气体间存在速度滑移和温度差。

• 在液体颗粒轨道分析中,不考虑液体颗粒群的扩散。

• 液体颗粒群中,液体颗粒具有相同的速度和温度。

• 液体颗粒群按尺寸分布划分组别,各组液体颗粒从某一初始位置开始沿着各自的轨迹运动,液体颗粒的质量、速度和温度变化沿运动轨迹描述。

颗粒轨道理论模型的数学方程组包含了 Lagrange 分析方法的液体颗粒运

动方程和 Euler 分析方法的气相守恒方程组;Lagrange 方法计算出的液体颗粒相效应作为 Euler 方法气相守恒方程组的各自源项,耦合于整个模型之中。

同样,颗粒轨道理论模型的求解采用数值计算的方法,颗粒轨道模型增加了液体颗粒运动轨迹计算,使计算量大增。但是,颗粒轨道理论模型比前述模型有更好的计算精度,可以描述气-液两相流射流的局部细节。

8.4　液体燃料燃烧技术

液体燃料燃烧技术包括了所有液体燃料的工程应用方法,这里的液体燃料燃烧技术仅指火炬燃烧方式的工程应用,不涉及内燃机、航空发动机的液体燃料燃烧技术。液体燃料的燃烧技术对应的具体燃烧设备由两部分组成:液体雾化器和液体燃料燃烧器。在有些燃烧设备上,雾化器和燃烧器为组合集成化,统称为液体燃料燃烧器。

8.4.1　雾化器

使液体燃料雾化的装置称雾化器或油喷嘴。在上一节,液体雾化的机理以及对油雾燃烧的影响已作分析,实现油雾燃烧所需的液体燃料雾化效果是雾化器的工作标准。根据液体雾化原理不同,雾化器的工作方式和类型也不同,这是本节讨论的内容。

1) 雾化器的工作指标

除了"8.3.2　液体雾化"中液体的雾化细度和雾化均匀指数外,雾化器还有一些工作指标,如雾化角。雾化细度和雾化均匀度用于衡量液体颗粒尺寸分布特性,雾化角则是描述和判断雾化器射流特性的指标。

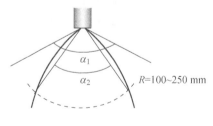

图 8.10　液体雾化射流的雾化角

雾化角是描述雾化器射流的扩展角,如图 8.10 所示,可分为出口雾化角和条件雾化角。

出口雾化角 α_1 指喷嘴出口与雾炬边缘切线所夹之角。条件雾化角 α_2 指以喷口为圆心,以 $100\sim250$ mm 为半径作弧,喷口和圆弧与雾炬边缘交点间的夹角。雾化角的大小由实验测定,但由于实际油雾射流的边界线不是直线,因此,在实际测定时常采用条件雾化角,因为它便于测量。

雾化角的大小对油雾燃烧有很大的影响,它是雾化器设计时一个很重要的参数。若雾化角过大,油雾射流扩展过度接触到雾化器近壁面,造成油贴壁,出现结焦或积炭现象。若雾化角过小,油雾的油滴空间分布均匀性差,造成与空气混合不良,致使局部空气过量或欠缺,燃烧温度下降,甚至着火困难或不能正常燃烧。此外,雾化角的大小还影响到油雾火炬的长短,如雾化角大,油雾火炬则短而粗。一般雾化角在 60°～120°范围内,根据需要在设计时选定。

与雾化角类似的雾化射流指标还有雾化射流程、流量密度分布等指标,有关内容参见相关燃油器设计标准,在此不做介绍。

2) 雾化器工作原理与分类

按照不同液体雾化原理,雾化器分为机械压力式雾化器和介质雾化器。

(1) 机械压力式雾化器

机械压力雾化器俗称喷油嘴,又称离心式机械雾化器或涡流式雾化器。高压燃油在通过雾化片的特殊机械结构将燃油雾化,由喷油嘴旋转喷出,由于离心力的作用,液体破碎成小液滴。

图 8.11(a)所示是这种简单离心式雾化器的头部结构。它主要由 3 个核心零件所组成。第一个叫分配器,它上面有多个小孔通向其背面的环形槽;第二个是旋流片,它的边上有几个小孔,分别经过各自的切向槽道通向中间的一个较大旋涡室;第三个是雾化片,它有一个中心喷射圆孔。燃油经过分配器被分割成几股小液流,由背面的环形槽进入旋流片的小孔,再由切向槽旋转汇入中间旋涡室,旋转液体从雾化片中间小孔喷出。

离心雾化原理如图 8.11(b)所示,燃油液体射流在空气中破碎成小液滴,形成了气体-液滴的混合射流。燃油液体从喷孔旋转喷出,燃油流不但具有轴向速度,还具有切向速度,所以在喷孔外扩展成锥形空心油雾膜,并在旋涡室和喷孔的中心形成负压空气区,负压空气区大小控制着自喷孔喷出的油雾膜厚度。负压空气区越大,油膜越薄,雾化油滴尺寸越小,雾化器工作效果越好。

机械压力式雾化器[图 8.11(c)]是目前使用范围最为广泛的一种雾化器,可以使用在锅炉、燃气轮机、航空喷气发动机和其他工业窑炉上。根据使用的对象、容量以及其他具体情况,这种喷嘴可以采用不同的结构形式和压力范围,但是它们的基本工作原理是相同的。

（2）介质雾化器

介质雾化需要使用其他介质来对燃油进行雾化,通常使用蒸气和压缩空气两种介质。其基本工作原理是高压介质在雾化器内与燃油液体混合,利用介质所产生的动能将液体击碎,然后一起喷射出喷口而雾化。介质雾化器按介质工作压力分为低压介质雾化器和高压介质雾化器。

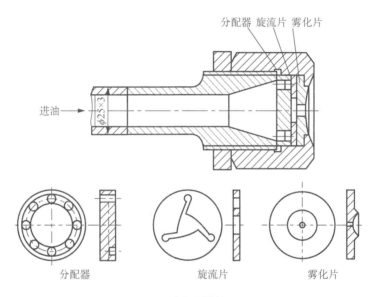

（a）雾化器结构

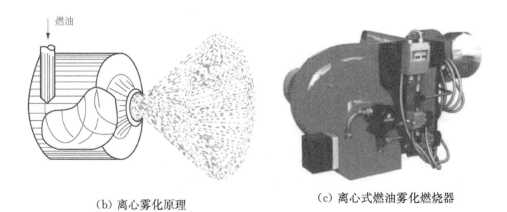

（b）离心雾化原理　　　　　　　（c）离心式燃油雾化燃烧器

图 8.11　机械压力式雾化器

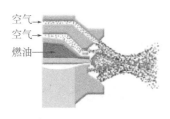
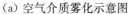

（a）空气介质雾化示意图

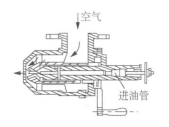

（b）直流空气介质雾化燃烧器

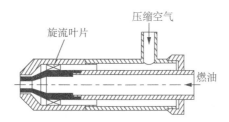

（c）旋流空气介质雾化燃烧器

图 8.12　低压空气介质雾化器

　　低压介质雾化器使用 4～10 kPa 的压力空气作为雾化介质。如图 8.12 所示，进油管为中心管路，同轴环形空气射流冲击中心的液体射流，形成液体雾化效果，雾化机理见图 8.12(a)。同轴环形射流分为直流射流和旋流射流，采用直流同轴环形射流的是直流空气介质雾化器[图 8.12(b)]，采用旋流同轴环形射流的为旋流空气介质雾化器[图 8.12(c)]。由于空气压力有限，为了保证雾化的质量，必须使用大量的空气作为雾化介质。空气的消耗量最大可以达到燃烧当量所需的空气量。由于空气压力不高，燃油的油压也不能过高，只能略高于空气压力。

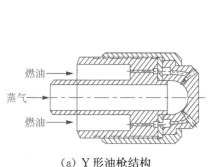

（a）Y 形油枪结构

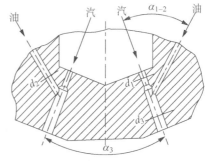

（b）燃油和蒸气混合结构

（c）高压蒸气介质雾化燃烧器

图 8.13　高压蒸气介质 Y 形雾化器

　　高压介质雾化器通常使用压缩机产生的压缩空气或压力蒸气作为雾化介质。雾化压力一般在0.2～0.7 MPa。高压雾化介质所产生的气流速度快，动能大，雾化剂的消耗量较少，理论上大致在空气量的7％。高压介质雾化器最常采用 Y 形燃油和蒸气混合结构，所以又被称为 Y 形油嘴，参见图 8.13。Y 形喷嘴就是蒸气雾化喷嘴的一种。在 Y 形喷嘴中蒸气通过内管流入喷嘴头部的几个小孔（叫作汽孔）；燃油从外套管流入喷嘴头部的油孔，油和汽在混合孔中相遇，燃油在这里受到蒸气气流冲击后喷进炉内，雾化成细油雾。

　　雾化介质压力与燃油压力一定要匹配。雾化介质压力升高，会造成喷油量减少，当雾化介质的压力过高时，会造成油路堵塞，甚至造成回油现象；燃油压力升高，也会造成雾化介质喷射量减少，甚至会造成雾化介质管路堵塞和燃油倒流现象。因此，合理调整好雾化介质的压力与燃油压力比例是该型油雾化器安全使用的前提。

8.4.2　燃油燃烧器

　　燃油燃烧器由雾化器和调风器（或配风器）组成。调风器又包括调风器叶片、稳焰器和旋口等。旋口就是油和空气形成火炬喷进炉膛的砖砌喉口，如图 8.14(a)所示。

　　调风器有三项功能：(1) 与风箱配合在一起，使空气均匀分配，并可调节；(2) 使油雾和空气混合良好；(3) 使气流中的火焰稳定。

　　燃油燃烧器有旋流和平流两大类型，区别在于调风器中空气主流有无旋转。这里所说的空气主流不包括稳焰器中流过的一次风。旋流式的火炬形状短而粗，平流式的火炬相比之下瘦而长。角置炉的燃油燃烧器只能采用平流式。

调风器的工作原理如图 8.14(b)所示,燃油经雾化器雾化成细雾喷入炉膛,空气沿风道从调风器四周切向进入。因为调风器是由一组可调节的叶片所组成的,每个叶片都倾斜成一定角度,当气流通过调风器后形成一股旋转气流。由雾化器喷出的雾状油滴在喷口外形成一股锥面射流,扩散到调风器旋流空气中,与之混合,进而发生燃烧。由于调风器气流的旋转,增大了油雾射流扩展角,加强了油气的混合。通过调节调风器叶片可调节气流的旋转强度,改变气流的扩展角,使之与雾化器雾化角相配合,保证在各种不同工况下能获得油雾与空气的良好混合。

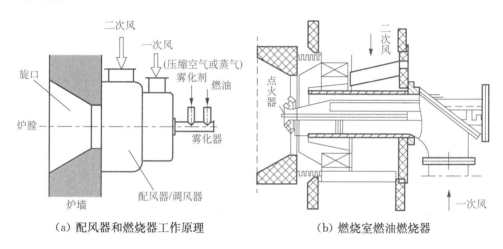

图 8.14　燃油燃烧器示意图

习题

1. 简述液体可燃物的燃烧过程。

2. 描述单个液滴燃烧时的空间区域划分,以及油蒸气浓度、氧气浓度、产物气体浓度和温度分布。

3. 油滴燃烧属于扩散燃烧还是预混燃烧?说明理由。

4. 液体可燃物燃烧一定是扩散燃烧机理吗?举例说明。

5. 计算正癸烷油滴在静止空气中的燃烧速率,并确定油滴燃烧的火焰面位置。已知油滴半径为 $100\ \mu m$,静止空气的温度 298 K,压力0.1 MPa。

6. 确定正癸烷油滴在静止空气中燃烧的温度分布函数,计算条件和工况与第 5

题相同,使用画图软件画出油滴的温度分布图。

7. 确定正癸烷油滴在静止空气中燃烧的 O_2 组分分布函数,计算条件和工况与第 5 题相同,使用画图软件画出油滴的 O_2 组分分布图。

8. 采用第 5 题的燃烧条件和工况,计算正癸烷油滴在静止空气中燃烧的燃尽时间。

9. 正癸烷油滴在对流空气中燃烧,计算条件和工况与第 5 题相同,分别计算空气流动速度为 0.5 m/s,1 m/s,2 m/s 时的油滴燃烧速率和油滴燃尽时间。讨论气流速度对油滴燃烧速率的影响。

10. 燃烧条件和工况相同情况下,分别计算正己烷和正庚烷的油滴在静止空气中的燃烧速率,并确定油滴燃烧的火焰面位置。比较正己烷、正庚烷、正辛烷和正癸烷的燃烧特性,讨论燃料性质对油滴燃烧的影响。已知油滴半径为 $100~\mu m$,静止空气的温度为 298 K,压力为 0.1 MPa。

11. 计算空气流动速度为 0.5 m/s,1 m/s,2 m/s 时的正癸烷油滴燃烧燃尽时间,计算条件和工况与第 9 题相同。

12. 单油滴燃烧和油雾燃烧的燃烧机理是否相同？阐述理由。

13. 叙述油雾燃烧的理论模型的基本思想和方法。

14. 雾化油滴的尺寸大小有无规律？讨论雾化油滴尺寸分布的统计意义。

15. 液体燃料雾化的评定指标有哪几项？Sauter 平均直径的计算式和统计意义是什么？

16. 什么是燃油燃烧器的调风器,它的作用是什么？

第9章　固体燃料燃烧

　　固体燃料在能源动力、冶金、化工等工程领域应用广泛,天然的固体燃料主要是矿物燃料煤。在我国能源工业中,相对于气体燃料和液体燃料,煤仍然是最主要的工业燃料。煤的用途十分广泛,热力发电厂的煤燃烧获得热量进而转换为电能,各种工业窑炉燃烧煤以满足各种生产工艺的热能需要,煤化工通过对煤的燃烧、气化将其转化为化工原料,以及钢铁冶炼中煤燃料的使用,等等。固体燃料除了煤外,还包括硼、镁、铝等其他各种固体推进剂固态化合物燃料,它们被使用在航天等特殊领域。本章以固体燃料煤的燃烧为主要介绍内容,涉及固体可燃物燃烧基础知识和煤燃烧技术系统知识。

　　在燃烧学科学中,固体燃烧的科学描述较气相燃烧和液体燃烧困难。因为除了需要运用气相燃烧和液体燃烧中的能量、动量、质量传递和化学热力学、化学动力学理论外,还需包括气固非均相燃烧化学反应理论。但是,燃烧学的基本分析方法仍然一致,只是涉及更广、更深的理论知识体系。本章未深入阐述固体燃烧科学内容,仅介绍了固体燃烧的基本知识,为进一步深入学习做知识准备。

9.1　概述

　　固体燃烧的含义包括了固体可燃物的燃烧和固体燃料的燃烧。从燃烧学角度,一切可以发生燃烧反应的固态物质皆为燃烧学的研究对象,而燃烧技术仅关注能够作为燃料的固态可燃物的燃烧特性(参见第 1 章的"1.5.1　燃料的定义")。前者为火灾专业的研究内容,后者则在能源动力等工业领域广泛运用。这里将一般性地介绍固态可燃物燃烧的基础知识,重点讲述固体燃料的燃烧。

9.1.1　固体燃烧形式

　　固体可燃物的种类繁多,它的燃烧包含了气体燃烧和液体燃烧的全部现象和过程,是最为复杂的燃烧问题,固体燃烧具有所有的燃烧形式。

1) 按不同燃烧反应速率分类

按照第 1 章"1.3.2　燃烧类型"中对燃烧的分类,固体可燃物存在着阴燃、火焰燃烧和爆震,正如第 1 章所述,这种分类是以燃烧反应速率作为划分标准的。

(1) 固体可燃物阴燃

阴燃只能发生在固体可燃物中。阴燃是某些固体物质无可见光的缓慢燃烧,通常产生烟并伴有温度升高的现象。阴燃与火焰燃烧的主要区别是有无火焰。此种燃烧的化学反应速率较低,在烟气中往往会携带大量未完全燃烧的碳氢化合物可燃物,形成了浓烟燃烧的现象。

阴燃的燃烧机理是孔隙环境燃烧。一些易热分解的固体可燃物,由于受热发生热分解,产生可燃气体,大量可燃气体成分弥漫在固体可燃物形成的孔隙中,发生缓慢的孔隙内燃烧反应,释放燃烧热,加热固体可燃物,固体可燃物进一步热分解释放可燃气体。同时考虑固体可燃物的积体散热效应,在整个系统温度达到平衡时,即可保持较低温度的燃烧反应。相关燃烧着火机理分析可参阅第 5 章的"5.3　热自燃着火"。

发生阴燃的固体可燃物都具有两个特征:易于热分解和具有孔隙结构。固体可燃物的孔隙结构形成有两种方式:一种是固体可燃物的堆积所形成的堆积孔隙;另一种是固体材料自身的材料结构性质,很多固体材料,如纸张、木屑、纤维物、胶乳、橡胶及一些多孔热固性塑料等,这些固体材料受热分解后能产生刚性结构的多孔炭,从而具备孔隙蓄热并使缓慢燃烧反应持续的条件。

发生阴燃的内部条件是:首先,可燃物必须是受热分解后能产生刚性结构的多孔碳的固体物质。如果可燃物受热分解产生非刚性结构的碳,如流动焦油状的产物,就不能发生阴燃。这说明产物的分子结构和原材料热解方式在决定物质燃烧特征中起着十分重要的作用。例如纯纤维受热时产生的多孔碳很少,因此不易发生阴燃。其次,发生阴燃的外部条件是有一个适合供热强度的热源。所谓适合的供热强度是指能够发生阴燃的适合温度和适合的供热速率。

日常生活中常见的香烟燃烧和蚊香燃烧属于固体阴燃,在一定条件下,阴燃可以转变为火焰燃烧。

(2) 固体可燃物火焰燃烧

固体可燃物的火焰燃烧是常见的燃烧形式,也是固体燃料在工业中使用最普遍的燃烧方式。固体可燃物的火焰燃烧指在固体表面区域形成了高温燃烧区。但是,在高温燃烧区的燃烧机理因固体可燃物性质的不同而不同,有非均相燃烧和均相燃烧两种机理(参见第 5 章的"5.1.1　气相燃烧与气固燃烧概念"),焦炭表面的火焰燃烧是非均相燃烧(气固燃烧),而蜡烛火焰燃烧则是均相燃烧

（气相燃烧）。关于固体火焰燃烧问题在后面的章节中将重点分析。

（3）固体可燃物爆震（粉尘爆炸）

固体可燃物以爆震形式燃烧又有两类方式：固体炸药的爆震燃烧（爆炸）和粉尘爆炸。固体炸药爆炸是一门独立的学科知识，在此不予讨论。粉尘爆炸从燃烧学角度而言，是固体可燃物以气固两相流系统方式形成的爆震燃烧。

粉尘爆炸指以一定浓度悬浮在空气中的固体可燃物粉尘，在某种点火作用下，形成类似于气体爆震的爆炸行为。粉尘爆炸的一种机理解释是由易于热分解释放可燃气体的固体可燃物所致，粉尘爆炸的本质是可燃预混气体的爆震。

粉尘爆炸过程是：局部粉尘气固两相流体接受某种原因的加热，粉尘颗粒温度迅速上升，颗粒表面发生热分解反应，释放可燃气体，弥漫在粉尘气固两相流内，形成预混可燃气体，随后被点火源引燃，预混燃烧的火焰波向四周传播。火焰波传播过程中，燃烧反应发热使更多的粉尘颗粒发生热分解，释放更多的可燃气体。火焰波在传播中被不断增强，类似于气体爆震波的形成，在充满粉尘的气固两相流空间形成了爆震波，最终导致粉尘爆炸现象。

但是，对于一些金属粉尘的爆炸，上述机理似乎难以解释。在金属粉尘混合气体发生爆震的瞬间，金属颗粒到底是从固体升华成气体，还是直接发生快速气固反应，或者是两者兼有，不同的材料物理化学性质和不同的环境热力学条件，将是不同的爆震机理。

粉尘爆炸要具备一些基本条件。悬浮于空气中的可燃固体颗粒须是一个高度均匀分散的气固两相流体系，这样，颗粒表面积极大增加，燃烧反应面积也增加。同时，颗粒与空气中的氧气化学反应当量比很小，氧气供给充足。因此，一旦燃烧发生，可以迅速形成爆震。

2）按相态及其变化分类

固体可燃物燃烧往往伴随着燃烧物相态的变化，正如液体燃料的燃烧过程中液体蒸发为气体的相变一样，固体可燃物燃烧中也存在不同途径的相变现象。按照固体可燃物燃烧中的相态变化历程，可将固体可燃物燃烧分为表面燃烧、分解燃烧、升华燃烧和蒸发燃烧等形式。

（1）表面燃烧

固体表面燃烧按燃烧学分类被称为气固燃烧反应（或非均相燃烧反应），是发生在固体表面的气体与固体间的化学反应，是一种完全不同于气相燃烧的物理化学过程。关于气固燃烧反应的一般性原理将在下一节讨论。

表面燃烧不存在燃烧过程的相变现象，是不同相间直接的燃烧反应。表面燃烧只发生在几乎不热分解的固体可燃物中，例如，主要由碳组成的焦炭、木炭等与空气燃烧。煤燃烧过程中有很大部分属于表面燃烧。

（2）分解燃烧

分解燃烧指因受热固体可燃物热分解所释放出来可燃气体的燃烧。分解燃烧本质上是气相燃烧，它通常和表面燃烧密切相关，有时会同时出现。

固体热分解过程指部分固体转化为气体的相态变化，这种相态变化与热力学的相变有本质性的区别。热分解的相态变化是化学反应的结果，属于化学过程，而热力学的相变则是物质的物理形态变化，属于物理过程。与热力学相变相关的固体燃烧是升华燃烧。

矿物质固体可燃物都能够发生不同程度的热分解，不同固体可燃物的热分解温度和热分解程度不同。以煤为例，褐煤、烟煤和无烟煤的热分解产物（称为挥发分）成分和数量以及热分解温度相差很大。

（3）升华燃烧

升华燃烧指固体可燃物受热升华的气体的燃烧。同分解燃烧一样，升华燃烧仍然是气相燃烧，只是固态变为气态是热力学物理过程。升华燃烧和分解燃烧、表面燃烧往往同时发生。

火箭固体推进剂的燃烧中存在升华燃烧过程，固体推进剂主要是一些聚氨酯、聚丁二烯-丙烯酸、聚丁二烯-丙烯酸-丙烯腈类的高能化合物，这些高能化合物受热极易升华和热分解。固体火箭发动机燃烧是升华燃烧和热分解燃烧的混合形式。

有些易升华的固体可燃物质，如樟脑、萘燃烧是不经过熔融过程直接升华燃烧的。

（4）蒸发燃烧

蒸发燃烧是熔点比较低的固体可燃物在燃烧之前先熔融成液体状态，然后液体受热而蒸发成气体与空气中氧接触进行燃烧。蒸发燃烧的实质仍然是气相燃烧，蒸发燃烧的两个相态变化过程皆属于热力学的相变，是相态变化最多的燃烧过程。

常见的蜡烛燃烧是典型的蒸发燃烧，石蜡等链烷烃与蜡烛组成结构相近的化合物均属此类。

固体可燃物的燃烧往往是上述几种燃烧形式的叠加，固体燃烧的复杂性就在于此，将固体燃烧分类，可以分析复杂固体燃烧过程的机理，进而确定该燃烧的主要影响因素。因此，确定固体燃烧的燃烧类型是研究固体燃烧理论的前提。

9.1.2　气固燃烧反应原理

1) 气固反应过程理论

气固燃烧反应(或非均相燃烧反应、表面燃烧)是固体可燃物燃烧的重要形式,这种发生在相际面的燃烧化学反应比气相燃烧要复杂得多。所谓非均相反应就是指涉及以不同物理状态存在的组分参与的反应过程,例如气-液反应、气-固反应等。以前所讨论的燃烧化学反应都可以归结为气相分子相碰撞的结果,即所谓的均相燃烧反应(气相燃烧)。此外,非均相反应的知识系统涉及很多方面的内容,例如分子动力学和量子化学,因此在这里仅给出一个简短的结论。

气固反应的整个过程可分为以下几个基本过程:

(1) 气体反应物分子通过扩散作用到达固体表面;

(2) 气体反应物分子在固体表面被吸附;

(3) 吸附分子与固体表面自身及气相分子发生多种化合作用的基元反应;

(4) 反应产物分子在固体表面的解吸附;

(5) 气体产物分子通过扩散作用离开固体表面。

第(1)步和第(5)步过程是相似的,是气体多组分传质,可以运用第 3 章中传质的知识分析。中间的几步过程比较复杂,只能在量子化学的层面才能讨论,在此不进行深入探讨。

2) 气固燃烧反应原理

气固燃烧反应是气-固反应的一部分。气固反应的五个过程是依次发生的,气固反应的总反应速率是这五个过程速率的串联效应。因此,气固反应的总速率应取决于其中过程速率最慢的一个。

为了详细描述这些过程步骤,根据反应物和(或)产物在固体表面吸附强弱的不同和气体组分传质能力的大小分别分析。

气固燃烧反应所经历的五个阶段可以分为两类:一是外部氧气分子扩散(或对流传质)至固体表面和燃烧产物从固体表面分子扩散至外部的质量传递过程;二是固体表面吸附和解吸附、表面基元反应的化学过程。所以,气固燃烧反应速率由质量传递速率和化学过程速率决定,并受上述两速率中最慢的一个速率制约。根据这两者速率之间的大小关系,气固燃烧反应可区分为动力燃烧状态、扩散燃烧状态和过渡燃烧状态。

当气固燃烧反应温度相对较低时,化学过程速率相对于氧气扩散和燃烧产物扩散速率小得多,此时气固燃烧的速率受到化学过程速率的制约,而与氧气和燃烧产物气体的扩散传质基本无关。例如,增加气流速度、增加环境气体的氧气

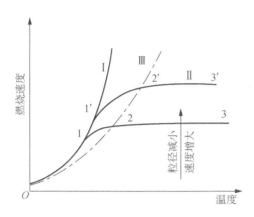

图 9.1　气固燃烧反应原理分析

浓度等,并不能改善气固燃烧反应速率,这种燃烧状态就称为动力燃烧状况(或"动力燃烧区")。气固燃烧反应速率和温度关系由化学反应速率常数所确定(见图 9.1)。

反之,当反应温度较高时,化学过程速率较之气体扩散速率要快得多,因而整个气固燃烧过程就受到氧气对固体表面扩散和燃烧产物向外扩散速率的制约,此时称为扩散燃烧状况。在扩散燃烧状况时,气固燃烧速率受温度的影响较小,受外部气流速度、气流中氧气浓度与固体颗粒大小的影响显著,改善氧气和燃烧产物气体的传质条件就可增大气固燃烧速率。当气固燃烧温度足够高时,扩散到固体反应面的氧气瞬间就被反应消耗掉,所以在反应面上氧气浓度非常小,因而在扩散燃烧状况,气固燃烧速率与燃料性质和温度几乎无关(参见图 9.1)。这个气固燃烧状况被称为扩散区燃烧。

在动力燃烧区与扩散燃烧区之间存在着过渡燃烧区。过渡燃烧区中化学过程速率与氧气、燃烧产物传质速率相当,不能忽略其中任何一个,气固燃烧速度不仅与化学过程速率有关,而且与氧气和燃烧产物扩散速率有关。所以提高温度、加强气体扩散能力对气固燃烧反应速率均有影响(见图 9.1)。

9.1.3　固体燃料燃烧方式

固体燃料的燃烧较之固体可燃物燃烧有诸多限制,作为燃料,它的作用是将其化学能安全、高效地转化为热能,安全和高效是固体燃料燃烧技术的基本要求。

如前所述,一般而言,煤就代表了固体燃料,固体燃料的燃烧常常就是指煤燃烧。因此,本教材所说的固体燃料燃烧即为煤燃烧的另一种表达。

煤燃烧中有很大部分是表面燃烧,即气固燃烧反应。因此,煤燃烧是非均相燃烧并涉及气固两相流。按照气固两相流的不同流动状态,就可以组织不同形式的煤燃烧。实际的煤燃烧技术也是按这个原则设计的,气固两相流的填充床、流态化和悬浮气力输送三种流态对应的是层床式燃烧、流化床燃烧和煤粉燃烧。

1) 层床式燃烧

层床式燃烧是将较大煤块堆积成层床形式,空气通过煤堆积层床的空隙发生燃烧反应,是一种简单的煤燃烧方式。在具体燃烧设备上是将煤块置于固定的或移动的炉箅上面,让空气通过燃料层使其燃烧。新燃料颗粒靠燃烧产物气体(烟气)进行预热、干燥和析出挥发物(可燃气体)。

层床式燃烧在气固两相流方面属于填充床流动,燃烧方式着火可靠,适用于劣质煤的燃烧,在小型动力装置中占有重要地位,但随着现代动力工业的发展,已不能适用于大型动力装置。

2）流化床燃烧

流化床燃烧的多相流理论基础是气体-颗粒流态化,流态化指固体颗粒在流体的作用下呈现出与流体相似的流动性能的现象。

用较高速度把空气从下方吹入比较细的煤颗粒层中,当空气流速度达到某一临界速度时,颗粒层的全部颗粒就失去了稳定性,在气流的携带下向上飘浮,而靠近炉壁的颗粒则向下降落,整个颗粒层就好像液体沸腾那样产生强烈的翻滚运动,在此气固两相流状态发生燃烧,称为流化床燃烧。

流化床燃烧的主要特点是燃烧温度相对较低,为 900 ℃左右,对燃烧污染物氮氧化物的生成抑制有利。

3）煤粉燃烧

煤粉燃烧是煤以细粉悬浮在气流中,随空气气流射流进入炉膛内呈悬浮状态进行燃烧,形成煤粉射流燃烧火炬。

通过喷燃器喷入炉膛的煤粉气流是一股自由湍流射流(有时是旋转射流),气固混合射流进入炉膛的空气仅是燃烧所需空气量的一小部分,称为一次风。其余的燃烧所需空气量由喷燃器的环状截面送入炉膛,或者不经过喷燃器而通过设置在喷燃器邻近或有一定距离处的喷嘴射流喷进炉膛,称为二次风。煤粉混合气体射流扩散在二次风气流中,然后一同扩散在炉膛中。煤粉气流的燃烧时间约1.5～2 s,因此煤粉火炬燃烧强度很大,适用于大型燃烧设备。

工业煤粉燃烧的燃烧效率高,燃烧调节性较好,大型燃煤热力发电厂都采用煤粉燃烧技术。

9.2　碳粒燃烧理论

固体燃料燃烧实质上归结为煤燃烧,煤燃烧又归结于碳粒燃烧。碳粒燃烧是煤燃烧的基本形式,亦是煤燃烧的简化理论模型。碳粒燃烧的理论模型为煤燃烧的各种实际燃烧过程的理论模型提供一个基础,也是理解煤燃烧技术中复杂物理化学环节的知识基础。

碳粒燃烧首先要建立固体表面燃烧的化学反应动力学模型,确定碳粒表面气固燃烧的化学过程以及它们在碳粒燃烧中的作用。在此基础上,建立碳粒燃烧模型,用于描述和求解碳粒燃烧速率,了解碳粒燃烧的一些特性问题以及碳粒的着火特性。

9.2.1 碳燃烧化学动力学模型

1) 碳燃烧化学反应

碳粒表面燃烧的气固反应是一个非常复杂的化学过程,它的详细化学反应机理(即基元反应机理)的科学描述是非常繁杂和困难的,虽然现代量子化学已经解决了这个问题,但对于一般的理论模型或工程计算并无此必要。在这里仍然采用简单的宏观一步化学反应来建立碳表面的气固反应机理模型。

在碳表面的氧化性的燃烧气固化学反应有:

$$C + O_2 \longrightarrow CO_2 \tag{R1}$$

$$C + \frac{1}{2}O_2 \longrightarrow CO \tag{R2}$$

同时,在一定的温度水平存在还原性的气化气固反应:

$$C + CO_2 \longrightarrow 2CO \tag{R3}$$

与碳表面各种气固反应伴生的主要气相反应为:

$$CO + \frac{1}{2}O_2 \longrightarrow CO_2 \tag{R4}$$

上述 4 个宏观化学反应式组成了碳燃烧的简单化学反应机理模型,这个化学反应机理模型虽然简单,但它能够满足大多数碳燃烧问题的理论和工程计算需求。

2) 碳燃烧化学反应机理

基于上述简单碳燃烧化学反应机理模型来分析碳燃烧中的一些化学反应途径,它影响和决定了碳燃烧的现象和结果。

在碳表面的燃烧中,燃烧反应与气化反应、气相反应之间的耦合与温度有很大的关系。不同的温度条件下,不同的化学反应起主导作用,造成的碳燃烧反应过程有所不同。现在以碳燃烧温度的变化来分析说明燃烧反应机理。

当温度较低(约 700 ℃)时[见图 9.2(a)],碳表面燃烧反应 R1 和 R2 同时进行,生成 CO_2 与 CO,均向外扩散,其中反应 R1 为主要反应。由于碳粒反应温度不高,气化反应 R3 几乎不会发生。因为反应空间 CO 的浓度还不够高,温度又较低,所以不会与氧发生燃烧反应,气相反应 R4 较少发生。

当温度为 $800\sim1\ 000\ ℃$ 时[见图 9.2(b)],燃烧反应 R1 和 R2 生成 CO_2 与 CO,其中的 CO_2 在该温度下仍不能与 C 进行还原反应,因此气化反应 R3 仍然很少发生。但 CO 能够与 O_2 进行空间反应,气相反应 R4 进行并形成火焰面。反应生成的 CO_2 与表面反应生成的 CO_2 汇合后,再向周围环境扩散。经过空间反应后剩余的 O_2 扩散到碳粒表面,因此其浓度较低。

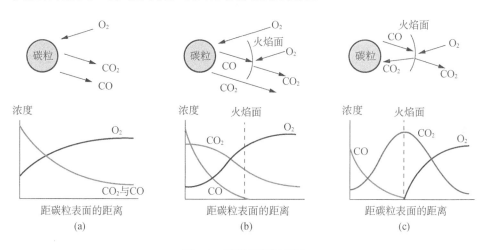

图 9.2　碳粒燃烧机理图

当温度高于 $1\ 000\ ℃$ 时[见图 9.2(c)],由于温度的升高,碳表面燃烧反应 R2 显著增强,在表面生成了更多的 CO,同时 CO_2 与 C 的还原反应 R3 也开始发生并随温度升高逐渐加强,这样就增加了向外扩散的 CO 的量。表面反应生成的 CO 与向碳粒表面扩散过来的 O_2 进行空间气相反应 R4,生成 CO_2,形成火焰面,火焰面上 CO_2 浓度达到最大值,并向两侧扩散,这时表面空间的气相燃烧就是典型的扩散火焰燃烧。到达碳粒表面的 CO_2 与碳粒进行还原反应,所需的热量由火焰面提供,O_2 实际已经不能到达碳粒表面,碳的燃烧只有碳表面的气化反应 R3 和碳表面气膜的气相反应 R4。

3) 非均相表面反应动力学

碳表面燃烧是非均相化学反应,非均相反应动力学的定义与气相反应动力学有所不同。一般而言,9.1.2 节所述气固非均相反应的(2)~(4)过程用一个宏观的动力学过程描述,因此,气固非均相反应的反应速率 R_s 定义为:单位固体表面积、单位时间进行反应的固体质量,单位是 $kg/(m^2 \cdot s)$。

气固非均相燃烧反应速率仍然运用质量作用定律的表达形式,在一般的近

似处理中,不考虑固体表面的性质对反应速率的影响,仅考虑参与反应气体的作用,所以:

$$R_{O_2} = k_s \rho_{O_2,s}^n \tag{9.1}$$

式中,$\rho_{O_2,s}^n$ 是固体表面的 O_2 浓度,对于大多数煤炭燃烧,反应指数 $n=1$。因此,气固非均相燃烧反应通常看成是一级反应。反应速率系数 k_s 仍然采用 Arrhenius公式:

$$k_s = AT^N \cdot \exp\left(-\frac{E}{RT}\right) \tag{9.2}$$

式(9.1)与描述单分子基元反应的反应速率式(4.9)相同,用式(9.1)描述气固非均相反应,其中的差异通过 Arrhenius 公式的活化能 E 和频率因子 A 体现。气固非均相燃烧反应的动力学参数是通过实验获得的,一些煤焦炭的燃烧反应动力学参数见表9.1。

表 9.1 碳燃烧反应动力学参数 $\quad k_s = AT^N \exp\left(-\frac{E}{RT}\right)$

煤的种类	A $\mathrm{kg}^{1-n} \cdot \mathrm{m}^{2-3n} \cdot \mathrm{K}^{-N} \cdot \mathrm{s}^{-1}$	E/R /K	N	反应级数 n	温度范围 /K	颗粒尺寸范围 /μm
宽范围煤焦炭	223.6	18 000	1	1	950—1 650	宽范围
褐煤焦炭	3.42	16 400	1	0	630—1 800	22—89
	25.5	8 200	1	0.5	630—2 200	22—89
烟煤焦炭	0.7 545	10 300	1	1	800—1 700	18—70
无烟煤焦炭	0.2 634	9 600	1	1	1 100—2 200	6—50
	1.411	20 100	1	1	1 100—2 200	6—50

9.2.2 碳粒燃烧模型

从原则上说,在确定了碳燃烧气固化学反应机理后,碳燃烧问题可以通过组分、能量和质量守恒方程来求解,而这些方程的求解又取决于碳固体表面和自由气流中的边界条件。对于碳粒燃烧而言,问题可以进一步简化,简化的依据是上一节的气固燃烧反应原理。按照气固燃烧反应原理,气固燃烧反应是由表面燃烧反应和气体传质两个物理化学过程所决定的,因此,分别对这两个过程做数学描述,就可以建立简单的碳粒燃烧模型。

1) 模型基本条件和假设

如图 9.3 所示,燃烧过程为准稳态过程,在无限大的环境中燃烧,环境中只存在空气。碳粒为球形碳颗粒,对气相组分具有不渗透性,也就是说,碳粒是实体颗粒,碳粒孔隙燃烧被忽略。

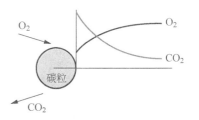

碳粒表面燃烧反应是宏观一步化学反应,这个燃烧模型假设仅发生燃烧反应 R1,即 C 与化学当量的 O_2 反应产生 CO_2。通常而言,选择这个反应并不是很恰当,在碳燃烧化学反应机理分析中已经讨论过这个问题。但这个假定避免了解决 CO 在哪里和如何氧化成 CO_2 的问题,该问题可采用进一步改进的理论模型来处理。

图 9.3 碳粒燃烧模型示意图

碳粒燃烧表面气膜仅由 O_2、CO_2 和惰性气体组成。O_2 向内部扩散,并和表面 C 反应生成 CO_2,CO_2 继而从表面向外扩散,惰性气体将形成不流动边界层。

气体物性参数为常数,如气体定压比热容、气体密度、气体扩散系数等均视为常数。

2) 燃烧速率模型方程

根据燃烧模型的条件和假设,建立基于 O_2 的质量守恒的零维燃烧模型方程,即通过碳粒表面气膜传质至碳表面的 O_2 质量等于碳表面燃烧反应消耗的 O_2 质量,以确定碳粒的燃烧速率。

• 燃烧化学反应动力学分析

在已经确定的一步宏观化学反应方程基础上,依据第 6 章的化学反应动力学原理,引用式(4.9)的反应速率表达式,在碳粒温度 T 的碳表面 O_2 反应速率为:

$$R_{O_2} = k_s \rho_{O_2,s} \tag{9.1}$$

式中,$\rho_{O_2,s}$ 是碳表面的浓度 O_2 浓度;k_s 是化学反应速率系数,按照式(9.1)定义。

• 气膜传质分析

O_2 在气膜的传质处理为对流传质,即认为碳粒表面的气膜是组分的浓度边界层,边界层外的 O_2 组分是通过边界层进行质量传递。因此,参照第 3 章"3.3.2 对流传质速率公式"中式(3.17),O_2 的质量传递速率:

$$R_{O_2} = m''_{O_2} = k_c(\rho_{O_2,\infty} - \rho_{O_2,s}) \tag{9.3}$$

式中,k_c 是对流传质系数;$\rho_{O_2,\infty}$ 是碳粒外部空气中的 O_2 浓度。对于碳粒球体的对流传质系数采用"3.3.4 对流传质关联式"中式(3.21):

$$Sh = 2.0 + 0.552\,Re^{\frac{1}{2}}Sc^{\frac{1}{3}} \tag{9.4}$$

计算,其中 $k_c = \dfrac{ShD}{d_p}$ [参见式(3.18)],d_p 是碳粒直径。式中的相关准则数意义和计算介绍参见第 3 章相关内容。

- 碳粒燃烧速率

如前所述,氧气质量守恒,故式(9.1)和式(9.3)相等:

$$k_s\rho_{O_2,s} = k_c(\rho_{O_2,\infty} - \rho_{O_2,s}) \tag{9.5}$$

在上式中求出 $\rho_{O_2,s}$,代入式(9.3),再代入式(9.2)和(9.4)整理后:

$$R_{O_2} = \frac{\rho_{O_2,\infty}}{\dfrac{1}{k_s} + \dfrac{1}{k_c}} = \frac{\rho_{O_2,\infty}}{\dfrac{1}{A\exp\left(-\dfrac{E}{RT}\right)} + \dfrac{d_p}{ShD_{iM}}} \quad 或 \quad R_C = \frac{R_{O_2}}{\beta} \tag{9.6}$$

式(9.6)中 R_{O_2} 是以 O_2 消耗为代表的燃烧速率,R_C 是碳粒燃烧速率,β 是由反应 R1 确定的反应当量比。该式表明,碳粒的燃烧速率与环境的氧气浓度成正比,与表面燃烧反应能力和氧气质量传递能力相关。如令:

$$\frac{1}{k} = \frac{1}{k_s} + \frac{1}{k_c} \tag{9.7}$$

则 k 代表了碳粒燃烧的反应速率系数。

【例 9.1】 碳颗粒在大气空气中燃烧,环境空气的温度为 298 K,压力为 0.1 MPa,速度为 0.1 m/s,碳颗粒直径为 200 μm,计算碳颗粒表面燃烧温度为 1 973 K 时,碳颗粒燃烧速率。

解:运用式(9.6)求解。大气环境下的空气 O_2 质量浓度:$\rho_{O_2,\infty} = x_{O_2}\dfrac{p}{R_u T}MW = 0.271\ 2\ (\text{kg/m}^3)$。

由表9.1查得煤炭的燃烧反应动力学参数:$A = 223.6, n = 1, E/R = 18\ 000$,所以:

$$k_s = AT\exp\left(-\frac{E}{RT}\right) = 223.6 \times 1\ 973 \times \exp\left(-\frac{18\ 000}{1\ 973}\right) = 48.13\ (\text{m/s}),$$

碳颗粒表面层的空气平均温度:$\overline{T} = \dfrac{T_\infty + T_f}{2} = \dfrac{298 + 1\ 973}{2} = 1\ 136\ (\text{K})$,

查得 $T = 1\ 136$ K 条件下:$\mu = 4.49 \times 10^{-5}$ Pa·s,$\rho = 0.316\ 6\ \text{kg/m}^3$,$D = 1.98 \times 10^{-4}\ \text{m}^2/\text{s}$。

$$Re = \frac{\rho V_0 d_p}{\mu} = \frac{0.316\ 6 \times 0.1 \times 0.000\ 2}{4.49 \times 10^{-5}} = 0.14,$$

$$Sc = \frac{\mu}{\rho D} = \frac{4.49 \times 10^{-5}}{0.316\ 6 \times 1.98 \times 10^{-4}} = 0.716\ 3,$$

$Sh = 2 + 0.552 Re^{1/2} Sc^{1/3} = 2 + 0.552 \times 0.141^{1/2} \times 0.716\ 3^{1/3} = 2.185$，故 $k_c = \dfrac{ShD}{d_p} =$

$\dfrac{2.185 \times 0.686 \times 10^{-4}}{0.000\ 2} = 2.16$ (m/s)。

代入式（9.6），碳粒燃烧速率：$R_C = \dfrac{1}{\beta} \times \dfrac{\rho_{O_2, \infty}}{1/k_s + 1/k_c} = \dfrac{12}{32} \times$

$\dfrac{0.271\ 2}{1/\ 48.13 + 1/\ 2.16} = 0.211\ [\text{kg}/(\text{m}^2 \cdot \text{s})]$。

碳颗粒燃烧速率：$R_{\text{coal}} = 4\pi r_0^2 R_C = 4 \times \pi \times 0.000\ 1^2 \times 0.211 = 2.65 \times 10^{-8}$ (kg/s)。

3）碳粒燃烧特性分析

碳粒燃烧速率公式(9.6)很好地描述了气固燃烧反应的两个重要环节：表面燃烧反应和气体组分传质，式(9.6)的数学表达式与电路原理中的欧姆定律相似，因此碳粒燃烧的特性有了与电路欧姆定律相似的规律。显然，按此思路，表面燃烧反应能力与气体组分传质能力呈电阻串联效应，作用于整体碳粒燃烧速率。碳粒燃烧速率取决于表面燃烧速率与气体组分传质速率较慢的一个。

当 $\dfrac{1}{k_s} \gg \dfrac{1}{k_c}$，表面反应速率远远小于氧气的传质速率，碳粒燃烧速率主要由表面反应速率决定，碳粒燃烧速率式(9.6)可以简化为：

$$R_{O_2} = k_s \rho_{O_2, \infty} \tag{9.8}$$

在这种情况下，表面上的氧气浓度比较大。此时，化学反应动力学参数控制燃烧速率，而质量传递参数不再重要，化学反应动力学控制燃烧通常发生在微粒尺寸比较小、压力比较低、温度比较低的情况下。这种燃烧状况称为动力区燃烧。

当 $\dfrac{1}{k_s} \ll \dfrac{1}{k_c}$，表面反应速率远远大于氧气的传质速率，碳粒燃烧速率主要由氧气的传质速率决定，碳粒燃烧速率式(9.6)变为：

$$R_{O_2} = k_c \rho_{O_2, \infty} \tag{9.9}$$

这种情况意味着表面反应足够快速，化学反应动力学参数不影响燃烧速率，碳粒的燃烧对温度不敏感。该反应可以简化为碳表面氧气浓度接近于零的表面反应,碳粒燃烧速率由氧气从外部扩散到碳粒表面控制,因此,该情况下燃烧称为扩散区燃烧。

当 $\dfrac{1}{k_s} \approx \dfrac{1}{k_c}$,则是表面反应速率和氧气传质速率共同作用于碳粒燃烧速率的过渡区,称为动力-扩散区燃烧。

【例 9.2】 按照例 9.1 的计算条件和结果,判断该煤炭颗粒的燃烧处于哪种燃烧模式之下,同时计算出碳颗粒表面的 O_2 密度。

解: 由例 9.1 可知,$k_s = 48.13$ m/s,$k_c = 2.16$ m/s。因为 $k_s/k_c = 22.3$,即可认为:$\dfrac{1}{k_s} \ll \dfrac{1}{k_c}$,所以,该碳颗粒的燃烧基本处于扩散燃烧区。

由式(9.5)得到碳颗粒反应表面的 O_2 浓度:$\rho_{O2,s} = \dfrac{k_c}{k_s + k_c} \rho_{O2,\infty} = \dfrac{2.16}{48.13 + 2.16} \times 0.271\ 2 = 0.011\ 6\ (\text{kg/m}^3)$。

4)碳粒燃尽时间

类似于油滴燃尽时间的分析,很容易得到颗粒燃烧时间,其推导过程类似于第 8 章"8.2.2　静止气体中油滴的燃烧"中准稳态质量守恒法,这里不再赘述。直接给出质量平衡方程:

$$-\frac{\mathrm{d}r}{\mathrm{d}\tau} = \frac{R_C}{\rho_C}$$

式中,ρ_C 是碳粒的质量密度,R_C 是与 r 有关的函数,因此,在区间$(0,\tau)$积分上式,则碳粒燃烧时间与颗粒半径关系为:

$$\tau = -\rho_C \int_{r_0}^{r} \frac{1}{R_C} \mathrm{d}r$$

式中,r_0 是碳粒的半径。上式中存在积分项,在碳粒燃烧处于动力燃烧状态或扩散燃烧状态时,就可以得到简洁的碳粒燃尽时间表达式。

当碳粒在动力燃烧区,$k = k_s$,与半径无关,可以积分上式:

$$r = r_0 - \frac{R_C}{\rho_C}\tau = r_0 - \frac{k_s \rho_{O2,\infty}}{\beta \rho_C}\tau \tag{9.10a}$$

上式表明,在动力燃烧区,碳粒燃烧的尺寸随时间呈一次方减小。

碳粒在扩散燃烧区,$k = k_c$,同理代入积分并整理,此时,碳粒半径与时间的关系为:

$$r^2 = r_0^2 - \frac{2\rho_{O_2,\infty} ShD}{\beta\rho_C}\tau \tag{9.10b}$$

因此,在扩散燃烧区,碳粒燃烧时颗粒半径随时间的 1/2 次方变化。碳粒半径表示为随时间而变化的函数,当 $r = 0$ 时,则动力燃烧区和扩散燃烧区的碳粒燃尽时间为:

$$动力燃烧区:\tau_e = \frac{\beta\rho_C r_0}{\rho_{O_2,\infty} k_s}, \qquad 扩散燃区:\tau_e = \frac{\beta\rho_C r_0^2}{2\rho_{O_2,\infty} ShD} \tag{9.11}$$

在具体计算时,需将式(9.2)和(9.4)代入其中,碳粒燃尽时间的表达式比较繁杂,具体的表达式在此不进行推导。

【例 9.3】　计算碳颗粒的燃尽时间。煤颗粒的质量密度为 1 100 kg/m³,其余计算参数按照例 9.1 和例 9.2 的计算条件和结果。

解: 由例 9.1 和例 9.2 可知,该煤颗粒的燃烧基本处于扩散燃烧区,因此直接运用式(9.11)的扩散燃烧计算公式。

碳颗粒燃尽时间:$\tau_e = \dfrac{\beta\rho_C r_0^2}{2\rho_{O_2,\infty} ShD} = \dfrac{12/32 \times 1\,100 \times (0.000\,1)^2}{2 \times 0.271\,2 \times 2.185 \times 1.98 \times 10^{-4}} =$ 0.017 7(s)。

5) 碳粒燃烧能量方程

根据碳粒燃烧模型条件和假设,碳粒燃烧的能量包括了燃烧化学反应释放热(燃烧热)、传递热量和反应气体(氧气)吸收热量,能量方程则为碳粒燃烧释放热量等能量间的守恒。

碳粒燃烧释放热量 Q_s:

$$Q_s = R_C Q_f \tag{9.12}$$

式中,Q_f 是碳粒的燃烧热。

碳粒散热包括对流散热和辐射传热。对流传热,按照传热学对流传热公式,则碳粒散热量 Q_C:

$$Q_C = \alpha_C(T - T_\infty) \tag{9.13}$$

式中,T_∞ 是环境气体的温度;α_C 是对流换热系数,由传热学对流准则方程:

$$Nu = 2 + 0.6\,Re^{1/2}\,Pr^{1/3} \tag{9.14}$$

和定义式 $Nu = \dfrac{\alpha_C d_p}{\lambda}$,代入式(9.13),得:

$$Q_C = \frac{Nu\lambda}{d_p}(T - T_\infty) \tag{9.15}$$

碳粒热辐射热量 Q_{rd}：

$$Q_{rd} = \varepsilon_m \sigma (T_f^4 - T_\infty^4) \tag{9.16}$$

式中，ε_m 是火焰灰度；σ 是黑体辐射常数，其值为 5.67×10^{-8} W/(m² · K⁴)。

反应气体吸收热量是参与反应的氧气从环境温度被加热至燃烧温度的热焓差：

$$Q_m = R_{O2} c_p (T_f - T_0) = \beta R_C c_p (T_f - T_0) \tag{9.17}$$

由式(9.12)和(9.17)构成碳粒燃烧模型的能量方程：

$$Q_s = Q_C + Q_{rd} + Q_m \tag{9.18}$$

进而可以确定碳粒的燃烧温度。但是，由于这个燃烧模型在细节上比较粗糙，定量计算碳粒燃烧温度有一定误差。

【例 9.4】　直径 200 μm 的碳颗粒在空气中燃烧，环境空气的温度为 1 500 K，压力 0.1 MPa，气流绕煤粉颗粒流动速度 0.1 m/s，求解碳颗粒的表面燃烧温度。

解: 运用碳粒燃烧能量方程式(9.18)，分别将各项能量项式(9.12)～(9.17)代入其中：

$$R_C Q_f = \frac{Nu\lambda}{d_p}(T - T_\infty) + \varepsilon_m \sigma (T^4 - T_\infty^4) + \beta R_C c_p (T - T_\infty)$$

将 R_C 的表达式(9.6)代入上式：

$$\frac{\rho_{O2,\infty}/\beta}{\dfrac{1}{AT\exp\left(-\dfrac{E}{RT}\right)} + \dfrac{d_p}{ShD_{iM}}} Q_f = \frac{Nu\lambda}{d_p}(T - T_\infty) + \varepsilon_m \sigma (T^4 - T_\infty^4)$$

$$+ \frac{\rho_{O2,\infty}}{\dfrac{1}{AT\exp\left(-\dfrac{E}{RT}\right)} + \dfrac{d_p}{ShD_{iM}}} c_p (T - T_\infty)$$

这是一个非线性方程，可采用试算法或数值迭代法求解。

碳粒燃烧热值计算参见"2.3.3　燃烧反应热和燃烧热值"和表2.4，按反应 R1 的碳燃烧计算：$Q_f = h_{f,CO_2}^0 / MW_C = 393 / 0.012 = 3.28 \times 10^4$ (kJ/kg)。

氧气定压比热容由平均温度 1 500 K，$Pr = 0.58$，表2.3(b)查得 $\lambda = 0.08$ W/

$(m \cdot K)$，$c_p = 1.09$ kJ/$(kg \cdot K)$。式中的其余各项参数的计算参见例 9.1、例 9.2 和例 9.3。火焰灰度 $\varepsilon_m = 0.5$。

本例题运用试算法求解，以 $T = 1\,500$ K 为试算开始计算温度，其中假设以 $1\,500$ K 确定的平均温度所得到的气体物性参数不变。结合例 9.1、9.2 和 9.3 计算结果，试算结果：$T = 1\,536$ K 时，计算误差较小，满足计算精度要求。

所以，碳颗粒燃烧表面温度的最终计算结果为 $1\,536$ K，比环境温度高几十度。

不同于油滴燃烧，当环境温度较低时，由于颗粒热辐射的缘故，燃烧温度快速下降，碳粒燃烧将难以维持。所以，例 9.1、例 9.2 和例 9.3 中的燃烧状态是在热辐射加热碳颗粒表面的条件下发生的。

9.2.3　碳粒着火模型

运用碳粒燃烧模型的能量方程可以分析碳粒的着火特性，为了简化分析过程，在这里忽略了辐射传热项 Q_{rd} 和反应气体吸收热量项 Q_m，因此，本节碳粒着火分析中各种因素对碳粒着火的影响只是用于定性分析观察。

运用式(9.12)和(9.15)进行碳粒的着火分析，则可以得到清晰的碳粒着火特性。碳粒着火分析的原理、方法与气体着火分析一致(参见第 5 章的"5.3　热自燃着火")，均采用能量平衡分析法。碳粒能否着火取决于碳粒本身表面温度能否迅速提高以致发生表面反应，释放燃烧热加热碳粒自身。这与碳粒本身的化学反应动力学参数和周围介质的换热条件有关。与气体着火一样，当燃烧化学反应热量大于碳粒的散热量，就有可能使碳粒温度不断升高，导致碳粒着火。

1) 碳粒着火分析

与第 5 章的"5.3　热自燃着火"同理，以温度与热量为坐标作图，画出式(9.12)确定的燃烧热量和式(9.15)确定的散热量，如图 9.4 所示。在温度较低时，由于在动力区燃烧，燃烧速率取决于燃烧表面反应速率，因此它随着温度升高而急剧地上升，直至进入过渡区燃烧。在温度较高时，碳粒燃烧进入到扩散区燃烧，如前面所分析，此时碳粒燃烧速率受温度的影响很小，主要取决于气流中

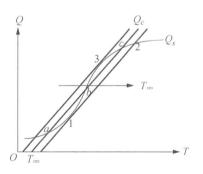

图 9.4　碳粒着火分析

氧气向碳粒表面扩散传质速率,所以在超过一定温度后,随着温度的升高,碳粒燃烧速率提高就很缓慢。因此,燃烧放热量曲线就呈 S 形。对于碳粒的散热量曲线,近似认为换热系数与温度无关,因此,散热量曲线在图中就可近似地用直线表示,它的斜率取决于换热系数 α_C,它的截距取决于环境温度 T。

放热量曲线与散热量曲线在一般情况下可相交于 a、b 和 c 点,如图 9.4 所示。a 点由于热量自平衡特性,是一个低温稳定点,该点位于低温动力区燃烧内,此时碳粒表面温度不至于引起着火。

若提高环境介质温度 T,散热曲线就向右移动,碳粒表面温度相应升高,放热量曲线与散热量曲线相切于 1 点,若此时碳粒燃烧系统温度稍升高,由于此后燃烧放热量大于散热量,碳粒温度不断地升高,从而跃进高温燃烧区域,并在 2 点建立一个新的稳定燃烧状态,相对应的是扩散区燃烧。

当碳粒着火以后,若把环境温度 T 降低,这时散热量曲线就向左移动,碳粒表面温度也相应地下降。当环境温度降低到放热曲线与散热曲线相切时,形成一个不稳定的燃烧点 3,若此时燃烧系统温度有一个负的小扰动,使系统温度略低一些,则燃烧放热量总是小于散热量,碳粒温度就会急剧下降,使反应进入低温区,再建立一个稳定的缓慢反应状态,出现碳粒熄火现象。

所以,与气体着火原理相同,碳粒着火的临界温度依据仍然是

$$\begin{cases} Q_s = Q_C \\ \dfrac{\mathrm{d}Q_s}{\mathrm{d}T} = \dfrac{\mathrm{d}Q_C}{\mathrm{d}T} \end{cases} \tag{9.19}$$

因此,在上面的分析中,1 点所对应的温度为着火温度,3 点对应的温度是熄火温度。

2) 影响碳粒着火因素

与气体着火相同,碳粒着火温度或熄火温度不是某个确定的物理化学常数,是不同燃烧系统条件的结果。它既和碳粒表面燃烧反应特性有关,又与碳粒与环境气体热量传递特性有关。

碳粒表面反应速率取决于碳粒的化学反应动力学参数和环境气体氧气浓度[图 9.5(a)]。当碳粒环境氧气浓度变化时,会影响碳粒的着火温度,氧气浓度提高,使碳粒着火温度降低,确保碳粒着火,因此,富氧燃烧有利于碳粒的着火。反之,氧气浓度降低,则对碳粒着火不利。在煤粉火炬燃烧时,煤粉气流的气固两相流射流燃烧场中,每个碳粒的周围环境气体氧浓度是不同的,它会影响煤粉火炬的着火。

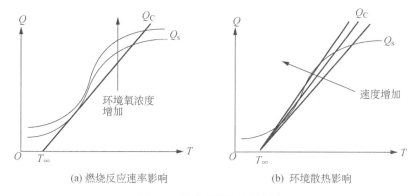

(a) 燃烧反应速率影响　　　(b) 环境散热影响

图 9.5　影响碳粒着火的因素

　　碳粒与环境传热特性不仅与周围气体温度有关,而且也随碳粒直径、气流速度等大小而改变。当周围气体温度不变时,随着气流速度增加,散热量增大,着火温度提高,所以在有些情况下,原先可以着火燃烧的碳粒,但由于流速增大的环境条件改变,以致失去着火的可能性,如图 9.5(b)所示。

9.3　煤燃烧

　　碳粒燃烧是煤粒燃烧的简化问题,实际上煤的燃烧远比碳粒燃烧复杂。造成煤燃烧复杂的主要因素是其化学成分的多样性。不同的煤种有不同的成分;相同的煤种产地不同,成分也会不同;甚至出之同一煤矿的煤,成分也会有很大差异。煤主要是植物有机物质的沉积岩,包含很多不同类型、不同含量的矿物质,这就不难解释煤的成分多变和不确定性。由于煤复杂的自然属性和其成分的多样性,因此煤燃烧细节现象和特性是不尽相同的。但是,在煤燃烧的宏观特性方面基本遵循大体一致的方式,其中焦炭的燃烧过程基本遵循前面讨论的碳粒燃烧模式。

9.3.1　概述

1) 煤化学

　　煤是复杂的固体碳氢燃料。除了水分和矿物质等惰性杂质以外,煤是由碳、氢、硫、氧和氮这些元素的有机聚合物组成的。这些有机聚合物就构成了煤的可燃成分。煤的分子结构非常复杂,而且差异很大。图 9.6 是三种煤种的典型分子结构。常见的煤分子结构具有很多复杂晶体结构状的晶格,晶格键连接各种链状或环状烃,其中夹杂着硫、氮、氧原子,这些有机聚合物粒子之间由不同的化学键组成更大的有机聚合物,聚合物与聚合物间夹杂着各种矿物杂质,或留有细小的孔隙。

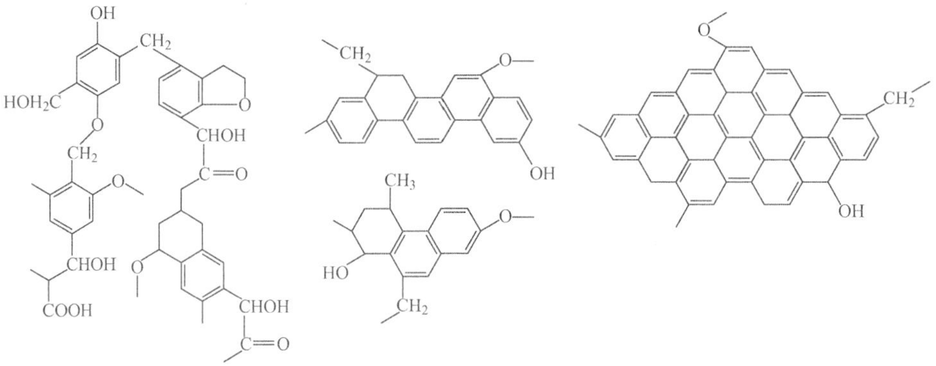

图 9.6　煤的化学分子结构示意图

2) 煤燃烧的过程

尽管煤成分和分子结构非常复杂,煤燃烧的总体过程基本相同。一些煤的典型成分特性和燃烧发热量见表9.2。其燃烧通常的顺序是,首先是煤中水分蒸发,紧接着是煤热分解析出挥发分的蒸发,在热解后剩余的焦炭燃烧,燃烧后矿物质形成了不同比例份额的灰、渣和细颗粒。下面讨论煤燃烧过程的各个步骤。

表 9.2　典型煤种成分特性和发热量

煤种	元素成分/%					水分/%	发热量/(kJ·kg^{-1})	焦炭含量/%
	C	H	O	N	S			
泥煤	60~70	5~6	25~35	1~3	0.3~0.6	40~50	8 350~10 500	30
褐煤	70~80	5~6	25~35	1.3~1.5	0.2~3.5	10~40	10 500~14 700	55
烟煤	80~90	4~5	5~15	1.2~1.7	0.4~3	1~8	20 900~29 400	57~88
无烟煤	90~100	1~3	1~3	0.2~1.3	0.4	1~2	20 900~25 200	96.5

• 水分蒸发

煤中的水分以两种形式存在:一种是常见的物理吸附,另一种是水合物的形式。前者在一个大气压情况下,超过100 ℃就能够蒸发,后者则需要更高一些温度才能使煤释放出水分。因此,煤受热时,在100 ℃时,煤粒表面和渗透在孔隙中的物理吸附水分蒸发出来。在约120 ℃时,一些煤内部水合物的水分释放,煤就变成干燥的煤。同时,一些热分解反应也开始发生。

 • 挥发分析出着火

 随着加热煤温度继续提高,在 120~420 ℃区间,煤中最易断裂的链烷烃和环烃逐渐开始挥发出来,即逐渐析出挥发分。煤受热达到一定温度时析出挥发分的过程是一个热分解反应,它是一个一级反应,所以析出挥发分的速度随时间按指数函数规律而递减。起初析出速度很快,较迅速地析出挥发分的 80%~90%,但最后的 10%~20%要经过较长时间才能完全析出。

 在煤周围温度较高,又含有一定量的氧时,挥发出来的气态烷烃会首先到达着火条件而开始燃烧。

 • 焦炭燃烧

 当温度继续升高至 600~1 200 ℃,煤中较难分解的烃也挥发析出,剩下来的主要物质是微小晶粒组成的结合体,称为焦炭。焦炭由固定炭和一些杂质组成。焦炭比挥发分难着火。挥发分燃烧时,供给热量给焦炭表面使其被加热到炽热状态,由于气态烷烃化学反应活性比焦炭要强,所以焦炭常在大部分挥发分燃烧完之后开始燃烧。煤中焦炭量占 55%~96.5%,发热量占 66%~95%,焦炭燃烧是煤燃烧的主要过程。

 • 燃尽

 在保持燃烧条件的情况下,焦炭燃烧殆尽,形成煤灰渣。

 3) 煤燃烧的特点

 煤燃烧存在着挥发分的气相燃烧和焦炭的气固非均相燃烧两种基本燃烧方式。因此,在整个燃烧过程中有两次着火,一次是挥发分的着火,另一次是碳粒表面的非均相着火。

 挥发分着火燃烧是煤燃烧着火的关键。在一般加热速率条件下,煤先释放 80%~90%的挥发分,挥发分呈指数规律递减,挥发分着火后在离开表面一定距离处形成一束明亮火焰。挥发分燃烧时间占总燃烧时间的 10%左右,其发热量占总发热量的分数在数量上与其质量分数相当。

 焦炭燃烧时间占全部燃烧时间的 90%。挥发分燃烧基本结束后,氧扩散到固体表面,碳粒开始着火燃烧。焦炭燃烧是非均相化学反应,反应速率慢。焦炭的份额大,着火迟,燃尽时间长,其发热量是煤燃烧发热量的主要部分,所以焦炭的燃烧在煤燃烧中起着决定性的作用。

 综上所述,煤燃烧由一系列连续阶段构成,它们是加热、干燥、挥发分析出着火与焦炭燃烧。焦炭燃烧强度决定了整个煤燃烧的强度。所以,强化煤燃烧就是强化焦炭的燃烧过程。

9.3.2 煤热分解

煤的热分解过程十分复杂,它与煤种、煤粒尺寸、加热速率、终温、压力、加热时间等许多因素有关。煤的分子结构千差万别,这也是造成煤热分解析出挥发分成分复杂的原因之一。所以要从微观角度来描述热分解过程是困难的,目前的研究是以实验为基础,建立统计唯象动力学模型。

1) 煤热分解的物理化学性质

当煤被加热至 120 ℃以上,煤基本被干燥,水分蒸发完毕。煤在 200 ℃左右释放 CH_4、CO_2 和 N_2,在 200 ℃以上发生脱羟基热分解反应,析出 CO、CO_2、H_2S、烷基苯类、甲酸和草酸等。煤粒可能产生膨胀,并且变成含有很多孔的颗粒。不同煤种开始热分解析出气体的温度不同:泥煤为 200～250 ℃,褐煤为 250～350 ℃,烟煤为 350～400 ℃,无烟煤为 400～450 ℃。煤热分解的化学反应机理根据煤的不同分子结构会有所不同。煤热分解的化学过程大体如图 9.7 所示。煤热分解的化学过程途径是受热煤颗粒(块)首先释放出活性羟基,一部分活性羟基与固态的化合物反应生成了焦炭,另一部分羟基进一步分解为气态化合物,即为基本挥发分。在温度继续升高的情况下,基本挥发分二次分解,生成以小分子为主的二次挥发分。

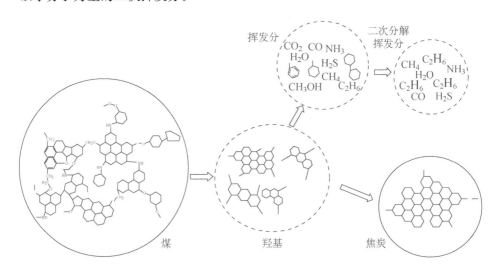

图 9.7 煤热分解反应过程示意图

加热速率对挥发分析出的速率及其成分有很大的影响。加热速率大于 10^4 K/s 的快速热分解,例如煤粉燃烧,与煤层床燃烧的较低加热速率热分解,在挥发分的析出量和成分上都有区别。

煤热分解在燃烧过程和气化过程中的行为有很大的差异。煤燃烧的热分解周围气氛中含氧,使挥发分着火燃烧;煤气化的热分解周围气氛是无氧的,而且,热分解终止温度为 600 ℃左右,也较煤燃烧热分解的 420 ℃要高得多。所以,煤燃烧热分解的挥发分成分与煤气化热分解产物成分存在很大不同。一些煤燃烧状况下的挥发分释放量和挥发分的燃烧热值见表9.3。

表 9.3　典型煤种的煤燃烧挥发分及其热值

典型煤种	褐煤	烟煤	劣质烟煤	贫煤	无烟煤
挥发分含量 %	21.48	18.54	13.06	7.94	5.60
挥发分热值/(kJ · kg^{-1})	23 450	38 600	41 030	47 560	58 930

2) 煤挥发分的燃烧

煤挥发分的燃烧是气相燃烧,与油滴燃烧比较类似,在大多数情况下,煤挥发分燃烧是煤颗粒球体的气体扩散燃烧形式。煤挥发分的化学动力学性质非常复杂,这主要是挥发分化学成分比较复杂。因此,煤挥发分燃烧的化学反应机理和化学反应动力学都是难以确定的。

在煤燃烧的理论模型里,通常采用宏观一步化学反应机理近似描述煤挥发分的燃烧机理。

3) 煤热分解的模型

煤热分解模型包括了挥发分的产量、成分及挥发分析出速率等要素。建立一个完整反映物理和化学过程而不是一个唯象方程的煤热分解模型是困难而且不现实的,因此,煤热分解模型不得不做出许多假设,且不考虑热分解的细节,以期建立宏观角度的数学模型。

下面介绍两种典型的煤热分解模型,以说明煤热分解模型的思路和方法。

• 一步反应模型

从煤中释出挥发分的质量速率服从 Arrhenius 定律,可用下式表示:

$$\frac{\mathrm{d}V}{\mathrm{d}t} = k(V_\infty - V) \quad k = k_0 \exp\left(-\frac{E}{RT}\right) \tag{9.20}$$

式中,V 是 t 时刻已释出挥发分的质量分数;V_∞ 是煤释出的总质量分数;E 是热解反应活化能;k_0 是热解反应频率因子;R 是通用气体常数。

一般中等温度时,这个模型给出的结果比较合适。由于 E、k_0 都与温度有关,它们的数值在较低或较高的温度下会有很大的不同,因此,在比较宽的温度范围,该模型是有局限性的。

• 双平行反应模型

用两个平行的互相竞争的一级反应来描述煤的热解过程,每一个一级反应有一套动力学参数,因此可以使在温度较低时一个起主要作用,而在温度较高时另一个起主要作用。

两个平行反应同时将煤的一部分热分解为挥发分 V_1 和 V_2,另一部分则变成焦炭 R_1 和 R_2,即

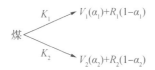

其中 α_1 和 α_2 分别为挥发分在两个反应中所占的质量分数;K_1、K_2 是服从 Arrhenius 公式的热解反应速率常数,为:

$$K_i = k_{0i}\exp\left(-\frac{E_i}{RT}\right) \quad i=1,\ 2 \tag{9.21}$$

式中,k_0 是频率因子;E 是热分解反应活化能。

按照这一模型,挥发分的产生是由两个反应同时起控制作用。在较低温度时第一反应起主要作用,而在较高温度时第二反应起主要作用,这就弥补了单方程模型只适用于有限温度的局限性,可适用于较大的温度范围。

无论是单方程模型还是双方程模型,其中的反应动力学参数频率因子和活化能均需通过实验确定,不同煤种的反应参数也各不相同。因此,煤热分解模型及其计算仍然依赖于相关的实验。换言之,对煤热分解的计算是经验性的。

9.3.3 焦炭燃烧

焦炭燃烧是煤燃烧的主体部分。焦炭与碳粒的主要差别在于碳粒是由纯可燃固体元素碳组成的无孔隙球体,而焦炭则是由多种复杂分子化合物组成的有孔隙的固体物。因此,它们的燃烧行为存在不同之处,但是,焦炭燃烧仍然保留了碳粒燃烧的许多重要基本特性,只是焦炭的不燃烧成分和孔隙结构对基本燃烧特性产生影响。

1) 焦炭灰分的影响

煤中的灰分在热分解之后仍然是焦炭的成分之一,灰分对焦炭燃烧的影响作用表现在两个方面:一个是灰分减少了焦炭的碳表面反应的反应面积,降低了焦炭燃烧的反应速率;另一个是燃烧形成表面灰层的影响。

灰分对焦炭的表面气固非均相反应速率影响的机理复杂,定量分析困难,目

前尚无成熟理论方法解决此问题。

　　焦炭燃烧形成灰层的影响可以通过下面简化的方法来分析。

　　焦炭由外层向内层燃烧发展时，外层的所含灰分就会形成包裹在内层碳粒上的灰壳，它随燃烧过程的进行变得越来越厚，但孔隙度很大。灰壳的存在，阻碍了氧向内表面的扩散，并使焦炭很难燃尽。

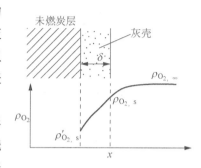

图 9.8　煤燃烧中灰层影响模型示意图

　　为了近似计算灰壳对碳粒燃烧速度的影响，假设焦炭的灰分在碳粒中均匀分布，燃烧后生成的灰分均匀地包裹在未燃烧碳粒的表面，且不考虑内孔表面的化学反应作用。模型如图 9.8 所示。

　　由模型可知，由于增加了灰壳，对于氧气的传质过程就增加了一个灰层的传质阻力项，依据"9.2.2　碳粒燃烧模型"的分析可知，对于由传质和表面燃烧环节组成的燃烧过程，燃烧速率可以通过电路比拟计算来确定。氧气在灰层中的传质相当于串联了一个灰层传质阻力，只需在碳粒燃烧速率方程式（9.6）中增加一项灰层阻力项即可。因此，假设氧气在灰层中的传质系数为 k_{Ash}，则考虑灰层效应的焦炭燃烧速率为：

$$R_{coal} = \frac{\rho_{O_2,\infty}}{\dfrac{1}{k_s} + \dfrac{1}{k_c} + \dfrac{8}{k_{Ash}}} \tag{9.22}$$

　　由上式可知，焦炭的燃烧速率是随燃烧时间下降的，因为灰层的厚度随燃烧时间增加，因而扩散阻力也随燃烧时间增加。由于增加了灰壳的阻力项，焦炭的燃烧反应速率有所降低。

　　但在实际燃烧过程中，由于焦炭颗粒的碰撞可能使灰壳开裂或脱落，降低了灰层对燃烧速率的影响。因此，上述的灰层影响分析仅仅是一种定性分析，提供了一种研究和解决该问题的思路，能够实际使用的灰层模型是十分复杂的。

　　2）焦炭孔隙的影响

　　度量颗粒孔隙的指标有两个：表示孔隙容积和固体物质总体积之比的孔隙率以及表示孔隙表面积之和的比表面积。

　　煤未燃烧前本身就是具有孔隙结构的固体物质，在热分解和焦炭燃烧作用下，煤的孔隙结构会发生变化，如图 9.9 所示。一般情况下，热分解和焦炭燃烧会增大煤的孔隙结构。

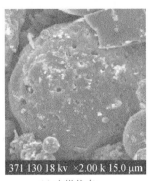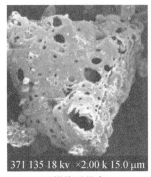

图 9.9　煤颗粒燃烧的孔隙现象

煤孔隙结构与煤种有很大关系,一般而言,挥发分含量大的煤,它的孔隙结构就比较发达,褐煤较烟煤的孔隙率就大一些,烟煤比无烟煤的孔隙率大。必须说明,这个说法仅是一般情况而言。

煤燃烧过程中,焦炭的表面燃烧反应不但发生在焦炭颗粒的表面,而且还发生在焦炭内部的孔隙中,出现焦炭的孔隙燃烧。在不同燃烧条件下,孔隙燃烧的情况会有所不同。

• 煤孔隙燃烧

如前所述,气固燃烧反应的原理是气体组分传质和表面非均相燃烧化学反应,煤孔隙燃烧也不例外。从燃烧机理角度看,煤孔隙壁面的表面燃烧化学反应与煤外表面的表面燃烧化学反应并无什么不同,但是,孔隙内的气体分子传质和自由空间的气体分子传质有机理上的差异。

自由空间的分子传质是分子扩散,传质过程的分子行为只是考虑了分子与分子间的相互碰撞作用,参阅第 3 章"3.2.3　分子扩散的分子运动论",其中有详细说明。在孔隙结构情况,孔隙的通道尺寸非常小,一般在 $10^{-9} \sim 10^{-10}$ m 数量级,这个尺寸与气体分子的自由平均行程相当。因此,分子在热运动时,不但有分子与分子间碰撞,还会有分子与孔隙固体壁面的碰撞,并且,对于分子输送,这个碰撞效应大于气体分子间碰撞作用。所以,孔隙内的气体分子扩散机理不同于自由空间分子扩散。此类分子扩散称为 Knudsen 扩散,为了区别于 Knudsen 分子扩散,自由空间的气体分子扩散称为 Fick 扩散。

对于煤孔隙结构,由分子运动论可知,在相同的热力状态下,即相同的温度和气体压力,Fick 扩散的扩散系数比 Knudsen 扩散的扩散系数高约 1～2 个数量级以上,所以,自由空间的分子 Fick 扩散能力比孔隙的分子 Knudsen 扩散能力要大得多。

煤孔隙燃烧的绝大部分情况属于 Knudsen 扩散状态,所以,煤孔隙燃烧对整个燃烧的贡献是有限的。一般而言,煤孔隙的比表面积都很大,能够提供很多的孔隙燃烧反应面积,但是,不能因此就断定孔隙燃烧比外表面燃烧重要。因为前面已经说明过,孔隙扩散系数非常小,特别对于孔隙通道尺寸小的焦炭,孔隙燃烧的作用就更小。因此,不应过高估计孔隙燃烧在焦炭燃烧(或煤燃烧)中的作用。

  • 考虑孔隙燃烧的焦炭燃烧速率

焦炭燃烧中孔隙燃烧与外表面燃烧对整个焦炭燃烧影响的大小取决于焦炭孔隙结构,孔隙结构取决于煤种。正如前面分析过,煤种变化多样,难以用精细理论模型描述。

在焦炭燃烧速率计算中,往往采用修正方法计算孔隙燃烧的贡献。孔隙燃烧相当于增加了焦炭外表面的燃烧速率,为计算简单起见,认为燃烧反应面积仍为焦炭外表面积,将这个增加的部分计在焦炭表面反应速率常数 k_c 上,即表面反应速率常数 k_c 乘上一个孔隙燃烧修正系数 ε_p($\varepsilon_p \geqslant 1$),所以,计算孔隙燃烧的焦炭燃烧速率公式为:

$$W_{\text{coal}} = \frac{C_{O2,\infty}}{\dfrac{1}{\varepsilon_p k_s} + \dfrac{1}{k_c}} \tag{9.23}$$

式中,孔隙燃烧修正系数 ε_p 反映了焦炭燃烧中孔隙燃烧贡献与外表面燃烧贡献之比。迄今为止,如何确定这个系数仍然是个难题。在现代煤燃烧计算理论和方法中,采用基于实验数据的经验方法或半经验半理论模型的方法来计算确定孔隙燃烧的效应。

9.3.4　煤燃烧技术

相对于气体燃料和液体燃料,煤燃料燃烧的主要特点是着火相对困难和燃料热值高。煤燃烧技术必须充分考虑煤的燃烧特性,保证煤的稳定燃烧和燃烧充分,才能实现煤燃烧的安全性和高效性。煤燃烧技术主要有层床燃烧、流化床燃烧和煤粉燃烧三种方式,它们在不同的历史阶段和不同的工程领域有着各自的应用。

9.4　煤层床燃烧

层床燃烧是煤燃烧较简单的燃烧方式(相对于流化床燃烧和煤粉燃烧),实现煤层床燃烧的方法和设备都相对简单。层床燃烧是煤燃烧热能利用最早的方式。层床燃烧简单地说,就是煤的堆积燃烧在工业化装置上的运用。所以,以燃烧学的观点,煤层床燃烧具有燃烧稳定性好的优点。

9.4.1 层床燃烧机理

煤在层床燃烧过程经历了煤干燥水分蒸发,热分解的挥发物析出,挥发分在煤层内空隙和煤层表面着火燃烧,热分解后的焦炭被逐渐加热至着火温度,着火燃烧。

煤层床燃烧是煤颗粒(块)堆积燃烧,如图 9.10 所示。因此,在燃烧学的燃烧分类中,煤层床燃烧有阴燃特征。但是,煤层床表面的燃烧却是典型的火焰燃烧。所以,煤层床燃烧的基本原理是层床内部空隙的阴燃和层床表面的气固火焰燃烧。

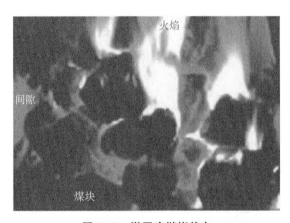

火焰

间隙

煤块

图 9.10 煤层床燃烧状态

层床燃烧的着火和燃烧稳定性与层床的阴燃和表面气固火焰燃烧特性密切相关。层床阴燃的燃烧稳定性与层床的热容量(蓄热量)成正比。层床燃烧的着火与层床的气固两相流形式(气流组织形式)有关,不同的空气流动形式将有不同的着火机理。

煤的层床燃烧化学反应机理主要有燃烧反应 R1 和气化反应 R3。在组织不同空气流动方式时,煤层床中可能出现煤燃烧区域和煤气化区域,如前所述,是否出现煤气化反应取决于反应温度和煤周围气氛(有无氧气的存在)。

9.4.2 层床类型及工作原理

1) 层床类型

根据燃料和空气供给方法不同,层床式燃烧可分为逆流式、顺流式和交叉式三种,见图 9.11。

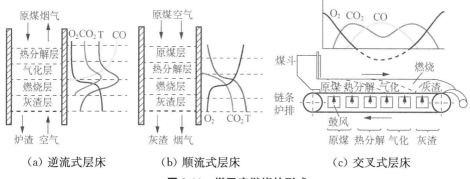

（a）逆流式层床　　　（b）顺流式层床　　　（c）交叉式层床

图 9.11　煤层床燃烧的形式

（1）逆流式层床燃烧

逆流式是指燃料的移动方向与一次空气的供给方向相反,如图 9.11（a）所示。新燃料原煤靠燃烧烟气进行预热、干燥和热分解,此种燃烧方式着火可靠,适用于劣质煤的燃烧。

原煤从上而下经历水分蒸发、挥发分析出、煤气化反应、煤燃烧反应和形成灰渣的过程。

空气自下而上流动,空气首先在高温灰渣区被加热,同时冷却灰渣;热空气进入燃烧区,与炽热的焦炭发生燃烧反应,氧气被大量消耗,生成高温烟气 CO_2。高温烟气向上流动加热下行的煤炭,由于烟气中 CO_2 浓度较高而 O_2 浓度较低,煤炭发生煤气化反应,生成 CO,消耗 CO_2 降低了其浓度,形成气化层。最终排放烟气中 CO 浓度较高而 CO_2 浓度较低。

固定床煤气化炉的燃烧就属此类。

（2）顺流式层床燃烧

顺流式是指燃料的移动方向与一次空气的供给方向相同,如图 9.11（b）所示。新燃料原煤靠燃烧区的热传导和热辐射进行预热、干燥和热分解。

与逆流式不同,由于煤和空气同向移动,它们被同时加热。当煤被加热,经历干燥和挥发分析出,挥发分与热空气着火燃烧,加热煤炭,使煤炭也着火燃烧,直至煤燃尽,形成灰渣。所以,在层床中依次有热分解层、燃烧层和灰渣层。温度分布和气体组分分布比较简单,易于理解。

下饲式开水锅炉的燃烧就属此类。

（3）交叉式层床燃烧

交叉式是指燃料的移动方向与一次空气的供给方向相交,如图 9.11（c）所示。烟气不直接穿过新原煤层,新原煤的预热、干燥、热分解和着火燃烧是靠炉膛内的热烟气和炉壁的热辐射进行的。交叉式层床燃烧是运用最广泛的层床燃烧,在下一节进行其燃烧特性的详细讨论。

燃煤链条炉的燃烧就属此类。

2)层床燃烧特点

层床式燃烧的主要特点有:层床燃烧能够获得较大的热密度,热密度即在单位体积的燃烧室内煤燃烧释放的热功率;由于层床体积质量大,热量惯性大,对燃料和空气供给之间协调性的偏离不敏感,所以燃烧过程自稳定性好,而且燃烧炉子功率愈大,燃烧愈稳定;易于实现富氧燃烧。

比较逆流式、顺流式和交叉式三种层床燃烧方式,逆流式对煤的预热、干燥和热分解过程比较有利,而顺流式的预热、干燥和热分解过程就没有像逆流式那样进行得充分;逆流式和顺流式层床燃烧在小型动力装置中占有重要地位,但不能适用于中、大型动力装置;交叉式层床燃烧被广泛运用于中型动力装置,比较适应动力装置的机械化和自动化控制。

9.4.3　交叉式移动层床燃烧

链条层床炉是典型的交叉式移动层床燃烧形式,下面分析这种工业上应用最广泛的层床煤燃烧过程。

链条层床炉采用前饲燃料,炉排如同皮带运输机一样,自前向后缓慢移动。原煤从煤斗落在炉排上,随炉排一起前进。空气从炉排下方自下而上引入。当煤经过煤斗时,被刷成一定厚度煤层,随后进入炉排。煤层在炉膛内受辐射加热后,开始干燥并析出挥发分,随之着火、燃烧和燃尽,煤则随炉排移动而被排出。很明显,以上各阶段是沿炉排长度相继进行的,但是又是同时发生的,所以炉子的燃烧过程不随时间而变。

1)工作过程

链条层床炉的工作与固定炉排炉不同,它的新燃料原煤是落在较冷的炉排面上,而不是像固定炉排炉那样落在灼热的燃料层上,所以落在链条炉排上的原煤着火条件是不利的。由于没有灼热的火床加热,故只能从上面吸收炉膛火焰、高温烟气、高温炉墙的辐射热。从煤层下面来的预热空气,一般预热温度为200℃左右,最高不超过400℃。预热空气对新加入原煤虽有加热作用,但不足以使其着火。因此,炉中煤的着火是由煤层表面层开始,然后逐渐向煤层内部传播。由于煤层是随着炉排一起由炉前向炉后移动的,且着火是由上而下的,所以煤着火面不是与炉排面平行的水平线,而是与水平方向成一定倾角的平面,如图

9.11c 所示。该倾角称为移动层床炉的着火角,着火角的大小主要取决于燃料的性质、预热程度和炉内辐射热强度、空气的预热温度以及炉排的运动速度等。

2) 层床燃烧不同区域分析

燃料着火以后,燃料层中所发生的燃烧过程的各个阶段的分界线都与水平面成一倾角。因为煤层的导热性能较差,从上而下的燃烧传播速度一般为0.2~0.5 m/h,仅为炉排移动速度的十分之一,所以煤的加热干燥和热分解阶段在炉排上占据了相当长的区段。对于一定的煤种,挥发分开始析出的温度基本上是一定的,所以开始析出挥发分位置基本上就是一个等温的斜面,煤析出挥发分,挥发分被加热着火燃烧。挥发分析出结束也是一个等温斜面。煤热分解区域温度梯度很大,这是由于挥发分与空气预混,在煤层中煤颗粒间空隙中着火燃烧。加热煤层使温度急剧升高。煤层加热着火,煤层进入焦炭燃烧区,是煤层的主燃烧阶段,局部区域温度很高,燃烧强烈。因为煤层厚度超过焦炭燃烧层厚度,焦炭燃烧区上面缺氧,焦炭与燃烧产物 CO_2 和水蒸气发生还原反应,煤层中出现焦炭气化区。燃烧区和气化区的分界面也是倾斜的。最后为焦炭燃尽区,此处煤已燃尽成为灰渣。

3) 层床上方燃烧气体组分分布

煤层的预热干燥区,通过煤层的氧气浓度基本上保持不变;煤热分解开始区域,挥发分不断析出并着火燃烧,随后焦炭开始进入燃烧反应,因此,炉排上部气体中的 CO_2 浓度和 CO 浓度不断增加,O_2 成分相应减少,直到耗尽为止。与 O_2 耗尽相对应的是出现第一个 CO 浓度的高峰。随着主燃烧阶段气化区出现,气体中 CO_2 被还原成 CO,气体中 CO 不断增加,CO_2 相应逐渐减少。随着煤层逐渐开始燃尽形成灰渣,焦炭气化层逐渐减薄,CO 浓度逐渐下降。气化消失时,焦炭在燃烧,CO_2 再次出现峰值。这时焦炭层越来越薄,灰渣层越来越厚,燃烧所需 O_2 量减少。因此,烟气中氧含量不断增加,最后可增至和新燃料区一样。

9.4.4　燃煤层床工业炉

燃煤层床炉在工业锅炉中占主要地位,使用最广泛。层燃炉按操作方式和炉排种类的不同,可分为链条炉、往复推动炉、抛煤机炉和手烧炉等。

1) 链条炉

链条炉是一种可靠的机械化层燃炉,如图 9.12 所示。全部操作除人工拨火外都是机械化,大大减轻了工人的劳动强度,改善操作环境,也消除了手动炉排周期性工作的缺点,所以锅炉效率较高。链条炉排在大中型锅炉上都得到了应用,过去比较广泛地使用在4~35 t/h 锅炉上,近几年来在1~4 t/h 卧式快装锅炉上也使用较多。

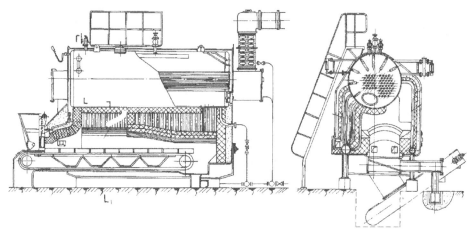

图 9.12　链条锅炉示意图

2) 往复推动炉

往复推动炉也是一种结构比链条炉排简单的机械化层燃炉。这种炉排在燃料的着火和拨火方面较链条炉有一定的优越性,且制造容易,消耗金属少,可烧劣质煤,在容量6.5 t/h 以下的锅炉上得到应用。往复推动炉是一种机械推动的阶梯形倾斜炉排(图 9.13)。炉排由相间布置的固定炉排片和活动炉排片组成。固定炉排片固定于炉排支架上面,活动炉排片放置在活动炉排框架上。框架由电动机和偏心轮带动,使框架和活动炉排片一起作前后向的往复运动。

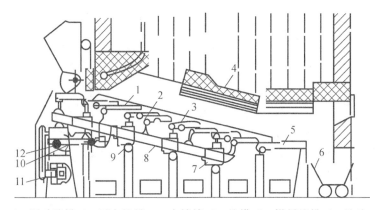

1—活动炉排;2—固定炉排;3—支撑棒;4—炉拱;5—燃尽炉排;6—渣斗;
7—固定梁;8—活动框;9—滚轮;10—电动机;11—推拉杆;12—偏心轮

图 9.13　倾斜式往复炉排锅炉

3）抛煤机炉

采用抛煤机把煤抛撒在炉排上燃烧的锅炉称为抛煤机炉（图 9.14）。按其结构类型分为抛煤机手摇炉排炉和抛煤机链条炉两种。抛煤机手摇炉排炉是把从煤斗落下的煤，由抛煤机抛向炉内，细煤屑悬浮在炉膛中燃烧，煤块落在手摇炉排上进行燃烧，燃尽后，摇动手柄，灰渣便落入灰坑内。

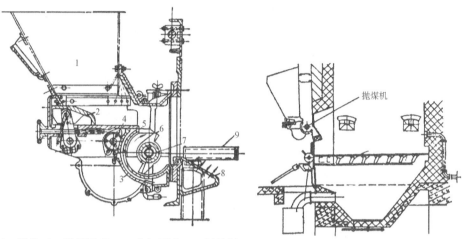

1—煤斗；2—抛媒活塞；3—冷却风道；4—调节板；
5—冷却风喷口；6—叶片；7—叶片式抛煤转子；
8—摇煤风槽；9—侧风管

图 9.14　抛煤机燃煤锅炉

4）手烧炉

手烧炉是最简单的层燃炉，全部加煤、拨火和除灰工作依靠手工操作来完成。这种炉排由于构造简单，造价低，对燃料适应性强，在容量 2 t/h 以下的小型锅炉上仍然普遍使用。

随着对煤燃烧的环保要求提高，此类小型煤燃烧设备的燃烧污染物排放难以达到国家环境标准，所以，它们正处于减少使用和淘汰之中。

9.5　煤流化床燃烧

煤流化床燃烧是近几十年发展起来的一项高效、低污染清洁燃烧技术，具有燃烧效率高、煤种适应性广、烟气中有害气体排放浓度低、负荷调节范围大、灰渣可综合利用等优点。煤流化床技术指煤颗粒与空气在炉膛内处于流化床状态下,即高速气流与所携带的稠密悬浮煤颗粒充分接触燃烧的技术。

9.5.1　概述

1) 流态化与流化床

当气体通过床层的速度逐渐提高到某值时,颗粒出现松动,颗粒间空隙增大,床层体积膨胀。如果再进一步提高气体速度,床层将不能维持固定状态。此

图 9.15　气固流态化状态示意图

时,颗粒全部悬浮于气体中,显示出相当不规则的运动,这种气固两相流状态称之为流态化,见图 9.15。随着气体速度的提高,颗粒的运动愈加剧烈,床层的膨胀也随之增大,但是颗粒仍逗留在床层内而不被流体带出。床层的这种状态和液体相似,称为流化床。

流态化(流化床)是气固两相流一种重要的流型。通俗地讲,当风吹小颗粒能够使小颗粒悬浮在风中,既不被风吹走,又不至于落下来,这就是小颗粒流态化。

以两相流理论阐述:在垂直向上流动气体中,颗粒受到自身向下的质量重力和气体流动对颗粒向上的流动阻力(两相流理论称之为"曳力")的同时作用,当重力和曳力平衡时,为流化临界状态,此时气体流动速度为临界流化速度。颗粒群在气流临界流化速度中就出现流态化(流化床)现象。

2) 流化床工作原理

流化床是有一定气体流动截面积的床体结构,特别是工业应用的燃烧流化床具有很大的床体面积。通过床体的向上流动的气体必须在床体截面上分布均匀,否则,会出现气体沟流通道,使颗粒无法悬浮,仍然堆积在床体表面呈颗粒层床状态。

因此,流化气流分布均匀是实现流化床气固流态化的关键。流化床不仅要求进入床层的空气分配均匀,而且要形成细流,以减少形成气泡或减少气泡的尺寸。因此,合理的气体进入方式(称为布风结构)对流化床的流态化质量至关重要。

流化床的流化布风结构主要有两种:风帽型和密孔板型。风帽型布风装置

由安装在布风板上的风帽组成,如图 9.16 所示;密孔板型布风装置由风室和密孔板构成。在中国,流化床锅炉中使用最广泛的是风帽型布风板。

图 9.16　流化床的风帽

风帽型流化床工作过程如下:由风机送入的空气从位于布风板下部的风室进入风帽,空气经风帽底部入口流入,从风帽上部水平径向分布的小孔流出,形成若干水平方向小股射流喷射进流化床底部,由于小孔的总截面积远小于流化床面积,因此气流在小孔出口处取得远大于按流化床面积计算的临界流化速度,风帽小孔射流具有较高的动能。相邻风帽的水平方向小股射流相互作用,造成强烈的气流扰动,形成气流垫层效应,空气均匀向上流动,平均速度略大于临界流化速度。至此流化床内建立了良好的流态化状态。

3) 流化床燃烧机理

流化床燃烧是一种在炉内烟气湍流扰动极强,与其所携带的固体煤颗粒密切接触,并具有大量颗粒返混的燃烧反应过程。因此,流化床燃烧中煤颗粒和周围气体有很强的热量传递能力和质量传递能力,高度强化的传热、传质是流化床燃烧的一个重要特点。据此,流化床的煤燃烧速率主要取决于燃烧化学反应速率,也就是温度水平,而能量和质量传递因素不再是控制燃烧速率的主导因素。因此,流化床煤燃烧是动力区燃烧。

流化床燃烧的着火和燃烧稳定性属于热容量稳定性(蓄热型),在燃烧学上,它的燃烧稳定基本性质与层床煤燃烧是一致的。因此,同层床煤燃烧一样,流化床燃烧能够实现较低温度的稳定燃烧状态。必须说明的是,层床煤燃烧具有较低温度燃烧的能力,层燃锅炉实际运用中并不显现此特性(详细理由不在此分析),而流化床燃烧则充分地利用这一特性。煤流化床燃烧的燃烧温度一般在850 ℃左右,这样的温度远低于煤粉火炬燃烧的温度水平。

为了增加煤流化床燃烧的燃烧稳定性,通常在流化床中不仅仅有作为燃料的煤颗粒,还有大量的不燃颗粒(如石砂颗粒)作为蓄热体而存在。

9.5.2　流化床燃烧过程

新的煤颗粒进入燃烧流化床内,煤颗粒燃烧过程仍然经历几个主要过程:加热干燥使得煤中水分蒸发、热分解析出挥发分、挥发分着火燃烧和焦炭着火燃烧。期间伴随着颗粒膨胀、一次破碎、二次破碎以及颗粒磨损等过程。实际上煤颗粒燃烧时这几个现象和阶段是悬浮叠加的,并非各自独立发生。

1) 煤颗粒干燥蒸发

新鲜煤颗粒被加入流化床后,立即被灼热的气固两相流所包围并被加热至接近床温。在这个过程中,煤颗粒被加热干燥,煤中水分蒸发。燃煤流化床的加热速率一般在 100～1 000 ℃/s 的范围内,这取决于煤颗粒的粒径大小和所含水分多寡,加热时间仅有几秒。由于流化床内的流化颗粒绝大部分是惰性的灼热颗粒,加到床内的煤颗粒对整个流化床的热量扰动很小,煤颗粒所吸收的热量只占流化床层总热容量的千分之几,因而对流化床层整体温度影响很小,新加入的煤颗粒燃烧释放出的热量使流化床层保持在一定的燃烧温度水平。

2) 挥发分析出及燃烧

当煤颗粒被加热至煤热分解起始温度,煤发生热解反应释放出挥发分。如前所述,煤热分解与煤种类有很大关系,对于分子结构较松散的褐煤和油页岩等燃料,热分解活化能较低,加入流化床中加热后,开始就析出大部分的挥发分,甚至是瞬间完成的。而对于那些分子结构较紧密的石煤和无烟煤等,在流化床层中加热后,挥发分的析出几乎与焦炭的燃烧同时进行。挥发分析出后迅速着火燃烧,细小煤颗粒热分解完成时间短,释放挥发分很快燃烧完毕;较大煤颗粒的热分解时间要比细小颗粒长很多,大颗粒析出挥发分往往有很大一部分在流化床中段燃烧。

挥发分的析出和燃烧是重叠进行的,很难把两个过程区分开。对于大多数直径在 2～3 mm 的煤颗粒,挥发分析出和燃烧过程与油滴燃烧有相似之处。正如在第 8 章"8.2.1　油滴燃烧理论模型"所描述,油滴燃烧是油滴球体表面气膜的气体扩散燃烧。大多数煤颗粒挥发分析出和燃烧是煤颗粒表面气膜的气体扩散燃烧过程,相关燃烧特性在此不再赘述,可参阅"8.2.1　油滴燃烧理论模型"的内容。

3) 焦炭燃烧及燃尽

焦炭着火燃烧在挥发分着火燃烧之后或与其同时进行。焦炭在周围高温气固两相流的加热下开始着火和燃烧。焦炭燃烧的机理和特性在"9.3.3　焦炭燃烧"中已有详细介绍,不再重复。焦炭的燃烧特性在下一小节"流化床燃烧特性"

中也有说明,流化床中煤颗粒的燃烧属于动力区燃烧。

9.5.3　流化床燃烧特性

流化床的多相流燃烧特性为煤燃烧带来了燃烧技术上的好处,使煤流化床燃烧具有了一系列的优点和特点。

1) 较低的燃烧温度

流化床的较低燃烧温度特点为煤燃烧带来了一系列燃烧技术上的好处。首先,在850 ℃左右的温度水平,燃烧的氮氧化物生成量低,运行经验表明,燃煤循环流化床锅炉的 NO_x 排放范围为 50~150 ppm,燃煤循环流化床锅炉 NO_x 排放低是由于以下两个原因:一是低温燃烧,此时空气中的氮一般不会生成 NO_x;二是分段燃烧,抑制燃料中的氮转化为 NO_x。其次,燃烧温度低,煤颗粒温度低于一般煤的灰熔点,炉内结渣及碱金属析出要改善很多。最后,在此燃烧温度区域,可组织廉价而高效的钙基脱硫工艺。相关内容参阅第 10 章。

2) 强化热量、质量传递

在流化床煤燃烧过程中,大量的固体颗粒在强烈湍流下通过流化床层,通过流化床流动参数可改变炉内颗粒的分布规律,以适应不同的燃烧工况。在这种组织方式下,流化床内的热量、质量和动量传递过程是十分强烈的,这就使整个流化床的温度分布均匀,因而煤在流化床中易于着火。流化床的这一特性使其具有了燃料适应性广的特点,这也是流化床锅炉的主要优点之一。

9.5.4　流化床锅炉

燃煤流化床锅炉按气固两相流的流动可分为两类:鼓泡流化床流型的鼓泡床锅炉和稠密气力输送流型的循环流化床锅炉。

1) 鼓泡流化床锅炉

鼓泡流化床的工作原理如图 9.17 所示。

燃烧所需的空气通过布置在布风板上面的风帽送入,0~2 mm 的煤颗粒通过给料装置被加入鼓泡流化床内,在布风板上被送入的空气吹起,在重力的作用下,被吹升到一定高度的煤颗粒又会落下。在一定的空气流速下,布风板上的一部分或全部煤颗粒就会产生双向运动,即在一次风的作用下上升和浮起,又在重力作用下回落,此时煤颗粒进入了流化状态。在燃烧床中,从床的底部至膨胀起来的床层上界面称为密相区,上界面以上的空间称为悬浮段。新加入的煤颗粒受周围床内高温的气固两相流的快速加热并着火燃烧。较粗的煤颗粒主要在床内或床上面的飞溅区燃烧,而部分细小煤颗粒则有可能被携带到床上面的悬浮空间内燃烧。

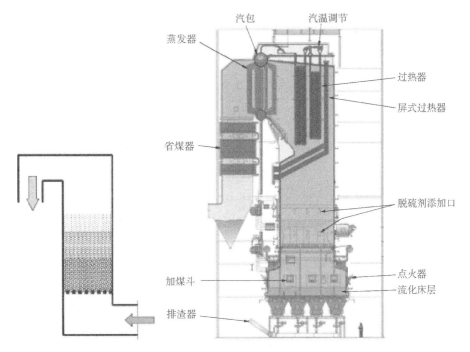

图 9.17　鼓泡流化床工作原理和流化床锅炉结构示意图

　　鼓泡流化床锅炉燃烧技术除了流化床煤燃烧共有的特点之外,还有一些自身的特点:

　　·流化床的颗粒组成可以使用宽筛分燃料颗粒群,如 0～8 mm,床内颗粒的组成也比较复杂。

　　·流化床气流速度较低,一般在 2～4 m/s 之间,燃烧颗粒运行在鼓泡流化状态,可以明显分为下部颗粒高浓度的密相区和上部颗粒低浓度的稀相区(悬浮段)。

　　·煤颗粒燃烧主要在流化床层内完成,煤颗粒在流化床的上部空间的燃烧份额很低。由于流化床层的燃烧份额很高,所以一般都需要在流化床内布置受热面吸收热量,以维持流化床的运行温度。

　　·由于受热面吸热,流化床层上部悬浮段的温度较低,而且通常飞灰颗粒不再回收送入炉内燃烧,所以飞灰含碳量较高,燃烧效率普遍较低。

　　2) 循环流化床锅炉

　　循环流化床锅炉的工作原理和结构如图 9.18 所示。

　　循环流化床锅炉是在鼓泡流化床锅炉技术的基础上发展起来的新炉型,它与鼓泡床锅炉的最大区别在于炉内流化风速较高(一般为 4～8 m/s),在炉膛出口加装了气固物料分离器。被烟气携带排出炉膛的细小固体颗粒经分离器分离后再送回炉内循环燃烧。循环流化床锅炉可分为两个部分：第一部分由炉膛（快速流化床）、气固物料分离器、固体物料再循环设备和外置热交换器（有些循环流化床锅炉没有该设备）等组成，上述部件形成了一个固体物料循环回路。第二部分为对流烟道，布置有过热器、再热器、省煤器和空气预热器等，与其他常规锅炉相近。

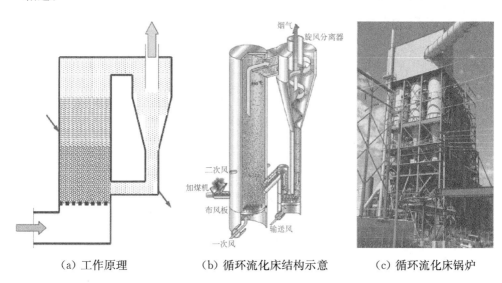

（a）工作原理　　　　（b）循环流化床结构示意　　　（c）循环流化床锅炉

图 9.18　循环流化床工作原理和流化床锅炉示意图

循环流化床锅炉燃烧所需的一次风和二次风分别从炉膛的底部和侧墙送入，燃料的燃烧主要在炉膛中完成，炉膛四周布置有水冷壁用于吸收燃烧所产生的部分热量。由气流带出炉膛的固体物料在气固分离装置中被收集并通过返料装置送回炉膛。

循环流化床的一次风是经空气预热器加热过的热空气，主要作用是流化炉内颗粒，同时提供炉膛下部密相区煤颗粒燃烧所需要的氧量。一次风由一次风机供给，经布风板下一次风室，通过布风板和风帽进入炉膛。循环流化床的二次风除了补充炉内燃料燃烧所需要的氧气并加强物料的掺混外，还能适当调整炉内温度场的分布，起到防止局部烟气温度过高、降低 NO_x 排放量的作用，二次风一般由二次风机供给，有的锅炉一、二次风机共用。

循环流化床锅炉除具有一般流化床燃烧特点外，与一般流化床最大的不同之处是高速度、高浓度、高通量的颗粒物料流态化循环过程。从图 9.18 中可看出,循环流化床锅炉内的颗粒物料(包括煤颗粒、残炭、灰、脱硫剂和惰性颗粒等)经历了由炉膛、气固分离器和返料装置所组成的外循环。同时在炉膛内部因壁面效应还存在着内循环,因此循环流化床锅炉内的颗粒物料参与了外循环和内循环两种循环运动。整个燃烧过程都是在这两种形式的循环运行的动态过程中逐步完成的。所以,循环流化床比鼓泡流化床气固混合更强烈。

另外,在炉外将绝大部分高温的固体颗粒捕集,并将它们送回炉内再次参与燃烧过程,反复循环地组织燃烧,延长了煤颗粒在炉膛内的燃烧时间,使循环流化床锅炉内煤的燃尽度很高,性能良好的循环流化床锅炉燃烧效率可达 95%～99%以上。

9.6　煤粉燃烧

煤粉燃烧指煤粉颗粒-空气两相流体的射流火炬燃烧,在多相流理论中属于气力输送气固两相流状态,与循环流化床气力输送两相流相比,煤粉燃烧的气固两相流颗粒浓度要低得多,其多相流的行为与油雾多相流比较相似。

煤粉燃烧被广泛运用于电站锅炉等大型燃烧设备,是煤在能源工业燃烧中的主要方式。

9.6.1　概述

煤粉燃烧是将煤磨成直径为 $100~\mu m$ 以下的细粉,然后与空气混合形成稀相气固两相流射流,喷射进炉膛内呈悬浮状态的火炬燃烧状态。按射流形式分类,有煤粉直流燃烧和煤粉旋流燃烧,它们的着火原理是不相同的。

1) 煤粉射流燃烧特性

煤粉直流射流是煤粉两相流气流以较高的初速和一定的浓度喷射至大空间炉膛。自由紊流射流除沿着轴线方向作整体运动外,流体微团还具有紊流脉动,与周围气体发生质量、动量和热量交换,将周围部分高温静止烟气卷吸到射流中来,并随射流一起运动。

从多相流角度看,煤粉两相流射流与油雾两相流射流有很多的相似之处。但是,从燃烧学角度,煤粉气流射流燃烧与油雾射流燃烧有很大的区别。油雾燃烧和煤粉气流燃烧之间的主要区别在于油滴的蒸发和煤粉颗粒的挥发分析出,由于煤挥发分析出的速率和数量远没有油滴蒸发蒸气的速率和数量大,煤粉颗粒的焦炭难以着火燃烧。所以,煤粉气流无法像油雾气流燃烧形成独立燃烧火炬。着火困难是煤粉气流燃烧的一个重要特点。

煤粉直流射流只有在组合射流的情况下才能稳定燃烧,煤粉直流射流的卷吸进的环境高温烟气是着火热量的主要来源。

煤颗粒焦炭的含碳量高、化学能量大,焦炭所需的燃烧时间长,对于煤粉燃烧通常需要1~2 s的燃烧时间。因此,煤粉燃烧的火炬长度比气体火焰和油雾火炬的长度要长。

2）煤粉的分级送风燃烧

在煤粉两相流中,由于煤粉和空气密度的差别很大,燃烧所需的空气体积比燃料体积要大几万倍,离开喷燃器出口以后,若考虑到炉膛温度及卷吸入烟气的影响,则这个比值还要大好几倍。如果煤粉-空气两相流中的空气能够满足煤当量燃烧,气固两相流的煤粉浓度将太低,不利于煤粉的着火和燃烧。

所以,在煤粉燃烧技术中采用分级送风燃烧方法解决这一问题。伴送煤粉进入炉膛的空气仅是燃烧所需空气量的一小部分,称为一次风。它与煤粉混合成一股煤粉两相流,其余的燃烧所需空气量则称为二次风。二次风风量约占总风量的 70%~80%,由燃烧器喷口射流喷入炉膛,二次风喷射混入已着火的煤粉气流,使煤粉继续燃烧,并保证煤粉燃尽。

3）煤粉两相流燃烧模型

煤粉两相流燃烧理论模型包括了煤燃烧和两相流燃烧两个方面,都是比较困难的问题。

煤燃烧理论模型涉及煤成分复杂的难题,无论是焦炭燃烧化学反应动力学参数、化学反应机理,还是颗粒结构(孔隙、破碎等)因素对燃烧的影响,都是比较难解决的问题,建立一个统一而普遍适用的理论模型是不现实的。经验和半经验模型仍然是目前煤粉两相流理论计算和模拟的主要途径,它基本满足了工程技术计算、设计的需求。

煤粉两相流燃烧理论模型和方法与油雾燃烧的两相流燃烧模型一致,相关的知识在第 8 章的"8.3.3　燃烧两相流理论方法"中已详细介绍,不再赘述。

9.6.2　煤粉旋流射流燃烧

旋流燃烧器出口截面都是圆形,一次风射流可以是直流或旋转射流,二次风射流都是围绕燃烧器轴线旋转的射流。

1）旋转射流着火燃烧机理

燃烧器中装有旋流器,煤粉气流和热空气通过旋流器时发生旋转,从喷口射出后即形成旋转射流。旋转射流的空气动力学具有三个速度分量:轴向、径向和切向。从燃烧器喷出的气流一般为多股旋转气流的共轴射流,且具有较大的切向和轴向速度,因此初期扰动强烈;但轴向速度衰减较快,射流射程较短,后期扰动较弱。适用于挥发分较高的煤种。

旋转射流燃烧的核心是形成内回流区,这对于气体燃料、液体燃料和煤粉的燃烧都是一样的。旋转射流的煤粉气流着火原理如图9.19所示,由于气流旋转,在射流中心产生低压区,在燃烧器出口附近形成与主气流流向相反的回流运动,即旋转气流内部的内回流区。旋转射流从两方面卷吸高温烟气,一方面靠内回流区的反向气流,另一方面靠射流外边界的卷吸,有利于稳定着火燃烧。内回流区的回流高温烟气加热煤粉气流根部是稳定着火的关键。

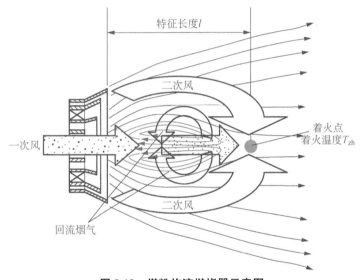

图9.19　煤粉旋流燃烧器示意图

煤粉与一次风气流喷入炉膛后与回流区流来的回流气体混合,并受到火焰的辐射,同时二次风与一次风混合,增大了着火所需热量。在回流气体、火焰辐射、二次风三个因素起作用的条件下煤粉与一次风气流升温到着火温度而着火。着火后一部分煤粉与一次风气流转而流入回流区,其他部分继续与二次风混合燃烧,并向下游流去。

旋转射流的旋转强度不同,旋转射流有三种不同的流动状态(见图9.20):当出口气流旋转强度太小时,中心不产生内回流区,此时整个旋转射流呈封闭状态,其流动特性接近直流射流[见图9.20(a)]。当旋转强度处于合理的范围,靠近射流出口的中心区形成内回流区,这种流动状态称为开放式旋转射流,内回流区的尺寸和回流流量都随旋转强度的增大而增大[见图9.20(b)]。当旋转强度继续增大,射流外边界卷吸能力强烈,补气条件不好,会使外边界压力小于中心压力,整个射流向外全部张开,形成全扩散式旋转射流[见图 9.20(c)],使火焰贴墙,造成炉墙或水冷壁结渣。

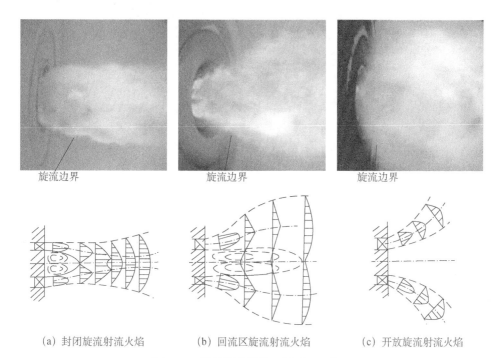

(a) 封闭旋流射流火焰　　(b) 回流区旋流射流火焰　　(c) 开放旋流射流火焰

图 9.20　煤粉旋流燃烧工作原理示意图

2) 旋流燃烧器的类型

旋流燃烧器根据结构不同可分为蜗壳式旋流燃烧器和叶片式旋流燃烧器。

蜗壳式旋流燃烧器结构如图 9.21 所示。其特点是一次风不旋转而二次风旋转。调节扩流锥可调回流区大小。一次风阻力小,初期扰动弱,混合较晚,可燃用挥发分较低的煤。

叶片式旋流燃烧器的结构如图 9.22 所示。它的特点是一次风可旋转或不旋转,二次风通过轴向叶片导向形成旋转。叶轮前后移动可调节旋转强度。中心回流区较小,射程远,适用于高挥发分煤。一次风可为直流或旋转射流。内外二次风均为旋转射流,且旋向相同。内二次风射流直接靠近一次风粉气流,其旋转强度直接影响回流区的生成及大小,以及对煤粉颗粒的卷吸。内二次风旋转强度过大,虽可扩大回流区,但过早与一次风混合,影响稳定着火。因此内二次风风量和风速均小于外二次风。

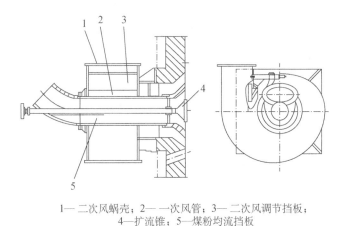

1—二次风蜗壳；2—一次风管；3—二次风调节挡板；
4—扩流锥；5—煤粉均流挡板

图 9.21　蜗壳式旋流煤粉燃烧器

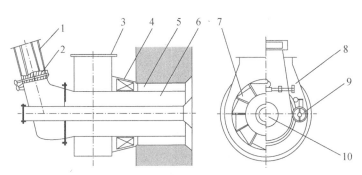

1——次风入口；2——次风调节挡板；3—二次风入口；4—可动轴向叶轮；
5—二次风道；6——次风道；7—叶轮叶片；8——次风调节手轮；
9—叶轮位置调节手轮；10—中心管

图 9.22　叶片式旋流煤粉燃烧器

3）旋流燃烧器炉膛燃烧

旋流燃烧主要是靠自身射流旋转产生的内回流区卷吸高温烟气对一次风粉进行加热的，并且一、二次风是通过同一圆形燃烧器按被圆环分隔的内外通道分别进入炉内的，所以旋流燃烧器的射流为多股组成的共轴射流。炉内火焰不存在整体旋流，火焰充满度和流场均匀性好。

因此旋流燃烧器应单独布置，使每个燃烧器的火焰能自由发展，相邻燃烧器之间保持一定距离，互不干扰。相邻燃烧器出口射流旋向一般相反，或从整个炉膛气流均匀性角度去考虑每个燃烧器射流的旋向。总之，旋流燃烧器的布置不像直流燃烧器的布置讲究总体的效果及相互配合，采用旋流燃烧器的锅炉的燃烧主要取决于燃烧器本身的结构和参数。

9.6.3　煤粉直流射流燃烧

1) 直流射流煤粉着火燃烧机理

由于煤粉气固两相流的直流射流很难独立着火和稳定燃烧,因此,煤粉直流燃烧器都是使用组合射流的方式实现煤粉气流的着火和稳定燃烧的。

煤粉燃烧锅炉均采用"四角切圆燃烧方式"(如图 9.23),直流燃烧器通常布置在炉膛四角,每个角的燃烧器出口气流的几何轴线均切于炉膛中心的假想圆,使气流在炉内强烈旋转,四角置直流燃烧器的煤粉一次风气流所获得的对流传热来自炉内正在旋转的火焰,其中尤其是上邻角燃烧器的火炬碰撞,在邻近射流高温气流的快速加热下,煤粉两相流射流着火并燃烧。

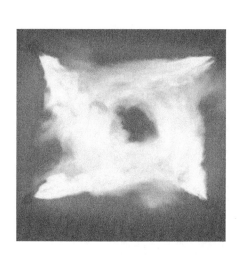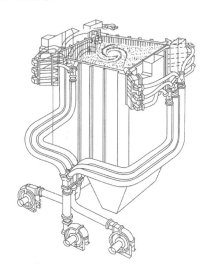

图 9.23　煤粉锅炉四角布置切圆燃烧

煤粉直流燃烧器的四角切圆燃烧方式的特点如下:

(1) 着火:煤粉气流着火所需热量,除依靠边界卷吸高温烟气和接受炉膛辐射热外,主要是靠来自上游邻角正在剧烈燃烧的火焰的冲击和加热,着火条件好。

(2) 燃烧:气流在炉内形成强烈的旋转,炉内旋转火焰的旋转速度主要取决于二次风,火焰在炉内充满度较好,炉内热负荷分布均匀,燃烧后期气流扰动较强,有利于加速燃烧,煤种适应性强。

(3) 燃尽:气流在炉膛内呈螺旋形上升,延长了煤粉在炉内的停留时间,利于燃尽。

2) 一/二次风布置燃烧效应

直流燃烧器由一组圆形或矩形的喷口组成,一、二次风从各自喷口以直流射流形式喷进炉膛,如图9.24所示。根据燃煤特性不同,直流燃烧器一、二次风喷口的排列方式也不同,可分为均等配风和分级配风。

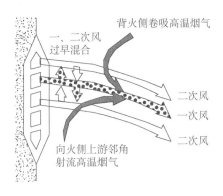

(a) 一/二次风喷口射流

(b) 煤粉直流射流火焰　　　　　　(c) 煤粉燃烧锅炉

图9.24　煤粉直流燃烧器一/二次风布置燃烧

均等配风是一、二次风相间布置的配风方式,即在两个一次风口之间均等布置一个或两个二次风口,各二次风喷口的风量分配较均匀。均等配风燃烧器一、二次风口间距较小,有利于一、二次风的较早混合,使一次风煤粉气流着火后能迅速获得足够的空气,达到完全燃烧。因此适用于燃用高挥发分煤种,如烟煤、褐煤。

分级配风是一次风喷口相对集中布置,并靠近燃烧器的下部,二次风喷口分层布置,且一、二次风口间距较大。分级配风是把二次风分级分阶段地送入。一、二次风口间距大,一、二次风的混合晚,保证一次风粉良好的着火条件,后期扰动好,有利于燃尽。适用于低挥发分的无烟煤、贫煤。

　　煤的特性决定了燃烧器的结构。对于低挥发分的无烟煤、贫煤,燃烧器必须首先保证煤粉稳定着火;对于挥发分较高的烟煤、褐煤,着火相对比较容易,燃烧器要保证燃烧时的空气补给。

习题

1. 固体可燃物有哪些燃烧形式? 它们各自的燃烧机理是什么?

2. 何谓气固非均相燃烧? 非均相燃烧反应的微观过程是什么?

3. 非均相燃烧反应的反应速率定义是什么? 比较均相(气相)燃烧反应速率的定义,讨论它们的异同点。

4. 碳颗粒在空气气流中燃烧,气流绕碳颗粒的速度为 1 m/s,碳颗粒直径为 2 mm,空气燃烧环境的温度为 298 K,压力为 0.1 MPa。已知碳颗粒表面燃烧温度为 1 433 K,计算碳颗粒的燃烧速率。

5. 碳颗粒在不同空气气流速度的环境下燃烧,燃烧的各类条件和工况同第 4 题,计算绕颗粒气流速度分别为 0, 0.1 m/s, 2 m/s 时的碳颗粒燃烧速率。讨论并说明气流速度对煤颗粒燃烧速率的影响。

6. 判断第 5 题的三种不同气流速度燃烧工况处于哪种模式之下。同时分别计算出碳颗粒表面的 O_2 质量分数。

7. 计算第 4 题的碳颗粒燃尽时间。与书中例 9.3 比较,说明碳颗粒尺寸对燃尽时间的影响。

8. 静止碳颗粒在空气气流速度 0.8 m/s 中燃烧,环境空气的温度为 298 K,压力为 0.1 MPa,碳颗粒直径为 2 mm。确定碳颗粒的表面燃烧温度,并求解碳颗粒的燃烧速率。

9. 碳颗粒在空气中燃烧,绕颗粒气流速度为 0.9 m/s,碳颗粒直径为 2 mm,环境空气的温度为 1 400 K,压力为 0.1 MPa。分别计算包括热辐射和不包括热辐射的碳颗粒能量方程,讨论辐射传热对碳颗粒燃烧的影响。

10. 分别计算不同尺寸大小的碳颗粒在静止空气空间的燃烧反应速率,环境空气的温度为 298 K,压力为 0.1 MPa,碳颗粒直径分别为 0.1 mm,1 mm 和 10 mm。讨论这三种大小尺寸的碳颗粒燃烧的模式。

11. 简述碳粒着火原理和影响因素,与气体着火相比,碳粒着火有什么特点?

12. 煤燃烧的过程有哪些? 与碳粒燃烧有什么不同?

13. 什么是层床燃烧? 煤的层床燃烧设备有什么形式和燃烧特点?

14. 说明流态化工作机理,在流化床锅炉中是如何实现煤颗粒的流态化燃烧的?

15. 煤粉锅炉的燃烧器有哪些类型? 它们各自的工作原理和特点是什么?

第10章　燃烧污染与防治

10.1　概述

在干净的大气中,痕量气体的组成是微不足道的。但是在一定范围的大气中,出现了原来没有的微量物质,其数量和持续时间都有可能对人、动物、植物及物品、材料产生不利影响。当大气中污染物质的浓度达到有害程度,以致破坏生态系统与人类正常生存和发展的条件,对人或物造成危害的现象叫作大气污染。大气污染的主要来源有燃烧污染物、工业废气污染物、机动车尾气排放和土壤污染。其中燃烧过程中常见的污染物有一氧化碳、二氧化硫、氮氧化合物和烟尘,燃烧还会产生重金属污染、噪声污染、热污染等。

一氧化碳主要由含碳燃料不完全燃烧引起。对于锅炉和工业炉,若能组织良好的燃烧过程,即具备充足的氧气、充分的混合、足够高的温度和较长的滞留时间,CO最终会燃烧生成 CO_2。控制CO的排放除了抑制它的形成外,更为重要的是提供良好的燃烧氛围使之完全燃烧。

二氧化硫来自燃料中硫、硫酸盐和有机硫化物。二氧化硫在烟气中的体积浓度为0.05%～0.25%,有时可达0.4%。由于原油加工中90%以上的硫转入重油,重油的含硫量可达1%～3%。防止二氧化硫污染的有效措施是燃料脱硫或烟气脱硫,采用低硫燃料燃烧也是最常用的方法。

氮氧化合物包括二氧化氮和不稳定的一氧化氮、一氧化二氮和四氧化二氮等。它们在高温(1 650 ℃以上)下可由燃料中的氮化物以及空气中的氮和氧直接生成。烟气中氮氧化合物含量可达1 200 mg/m³,汽车排气中可达4 000 mg/m³,通过湿法液体吸收、干法固体吸附或催化转换方法可以降低它的含量。汽油机中采用层状燃烧也是降低氮氧化合物含量的一种方法。

烟尘中,烟是指碳氢化合物在缺氧下裂解生成颗粒直径小于 1 μm 的碳粒。随着碳粒的增多,烟由褐色变为黑色。家庭炉灶的产烟量占燃煤量的3.5%以上,工业锅炉一般是0.5%。尘是指排气中直径为 $1\sim100\mu m$ 的颗粒,来自燃料的灰分。影响烟尘的因素是燃烧设备、操作方法和燃料含灰量。选烧低灰分燃料和采用旋风分离、湿法净化、多孔过滤或静电沉降等除尘设施,都是降低排气中烟尘的有效措施。

从污染源贡献看,工业燃煤锅炉、燃煤电厂、有色冶炼、钢铁冶炼和机动车刹车片磨损为主要的有害重金属大气排放源。燃料中的重金属含量极少,通常只有痕量级别,如每千克燃煤含有的某种重金属元素仅为毫克级别。然而,长期而大量的燃料燃烧会向环境中持续排放总量非常可观的重金属。重金属元素在自然环境中不断累积且难以钝化为低毒性的形态,已经对人类健康产生了严重的影响。

燃烧引起的噪声主要来自进气道、排气道和燃烧器。控制噪声源、减弱传播、采用消声器等能使噪声降低。

在燃烧过程中,热量的大量积聚将引起环境的热污染。如热电厂中通常只有 40% 的燃料热能转为电能,余下的大部分热能排入大气或随冷却水被带走,大量含热废水排到江河使水温升高,影响水质,危及水生生物的生长,破坏生态平衡。为此要充分利用热电厂的余热和改进冷却方式,以控制热污染的危害。

煤是一种复杂的有机聚集体,它是多种大气污染物的主要来源。燃煤所排放的污染物对全球造成的污染最严重,因为在同等条件下,它所排放的污染物最多。虽然燃油锅炉与燃煤锅炉排放的大气污染物种类基本相同,但燃油锅炉排放的大气污染物质量浓度较低,对烟尘、SO_2 和 CO 污染有显著的消减,对 NO_x 也有一定的消减。燃气锅炉与燃煤锅炉相比具有明显的优越性,由于燃气中的灰分、含硫量和含氮量均小于燃煤中的含量,排出的烟气更容易达到国家标准,对环境的污染也比燃煤锅炉小很多。目前对于大中型工业锅炉而言,燃料仍以煤炭为主,污染物控制须从除尘、脱硫和脱硝等方面来实现。随着国家对环境污染更严格的控制,采用燃气锅炉来降低污染物排放显得尤为重要。

自 21 世纪以来,世界各地遭受很大程度的大气污染,而污染物主要来自原煤散烧和锅炉排放,其中火电厂的锅炉燃烧占了很大的比例。为控制污染局面,减轻环境负担,针对燃油、燃煤、燃气锅炉的大气污染物排放,各国纷纷制定相应的大气污染物排放标准,见表10.1。

表 10.1　火电厂大气污染物排放浓度限值　　　单位：mg/m³

国家或地区	中国			欧盟			美国		
分类	燃油	燃煤	燃气	燃油	燃煤	燃气	燃油	燃煤	燃气
烟尘	30	30	5	50	30	35	13	20	—
SO_2	100	100 200(1)	35	850	200	5	215	84	—
NO_x	100	100 200(2)	100	180～250	200	300	—	135	200

注：(1) 位于广西壮族自治区、重庆市、四川省和贵州省的火力发电锅炉执行该限值。(2) 采用 W 型火焰炉膛的火力发电锅炉,现有循环流化床火力发电锅炉,以及 2003 年 12 月 31 日前建成投产或通过建设项目环境影响报告书审批的火力发电锅炉执行该限值。

　　火电厂因其排放大量污染物且具有远距离传输扩散等特点,而成为各国大气污染控制工作的重点。近年来随着我国经济的快速发展,对能源和电力的需求持续增加,我国对燃煤电厂 SO_2 排放控制逐渐加严,SO_2 排放得到一定程度的控制,NO_x 环境问题随之凸显。NO_x 是构成区域性大气复合污染的关键污染物,对酸雨的贡献也呈上升趋势,我国酸雨问题已由硫酸型向硫酸、硝酸复合型转变,欧美等发达国家把对 NO_x 的排放控制列在防治酸沉降及改善空气质量的首位,制定了严格的排放标准,并已取得了显著效果。为改善我国环境空气质量,我国近些年出台了一系列严格的环保法规和政策措施,要求煤电企业快速推进"超低排放"环保升级改造,要求火电厂燃煤锅炉在发电运行、末端治理等过程中,采用多种污染物高效协同脱除集成系统技术,使其大气污染物排放浓度基本符合燃气机组排放限值,即烟尘、二氧化硫、氮氧化物排放浓度(基准含氧量为6％)分别不超过 5 mg/m³、35 mg/m³、50 mg/m³,比《火电厂大气污染物排放标准》(GB 13223—2011)中规定的燃煤锅炉重点地区特别排放限值分别下降75％、30％和50％,是燃煤发电机组清洁生产水平的新标杆。目前"超低排放"技术在燃煤电厂中已经得到大范围推广。

10.2　燃烧硫氧化物生成与防治

　　1) 硫氧化物种类与生成机理
　　(1) 硫氧化物种类
　　煤中的硫一般可分为无机硫和有机硫。有机硫($C_xH_yS_z$)有硫醇、硫醚、噻吩类杂环硫化物等;无机硫以黄铁矿(FeS₂)为主,还有少量的硫酸盐硫(CaSO₄·2H₂O,FeSO₄·2H₂O)、方铅矿(PbS)、闪锌矿(ZnS)等无机化合物以及硫单质。如按能否在空气中燃烧,又可分为可燃硫和不可燃硫,其中黄铁矿硫、有机硫及元素硫是可燃硫,可燃硫占煤中硫成分90%以上。硫酸盐硫是不可燃硫,占煤中硫成分的5%～10%,是煤的灰分的组成部分。

煤在燃烧期间,所有的可燃硫都会在受热过程中释放出来,在氧化气氛中,所有的可燃硫均会被氧化而生成 SO_2,而在炉膛的高温条件下存在氧原子或在受热面上有催化剂时,一部分 SO_2 会转化成 SO_3。通常,生成的 SO_3 只占 SO_2 的0.5%～2%左右,相当于1%～2%的煤中硫成分以 SO_3 的形式排放出来。此外,烟气中的水分会和 SO_3 反应生成硫酸(H_2SO_4)气体。硫酸气体在温度降低时会变成硫酸雾,而硫酸雾凝结在金属表面上会产生强烈的腐蚀作用。排入大气中的 SO_2 由于大气中金属飘尘的触媒作用而被氧化生成 SO_3,大气中的 SO_3 遇水就会形成硫酸雾。烟气中的粉尘吸收硫酸而变成酸性尘。硫酸雾或酸性尘被雨水淋落就变成了酸雨。以上煤燃烧过程可能产生的硫氧化物,如 SO_2 硫酸雾、SO_3 硫酸雾、酸性尘和酸雨等,不仅造成大气污染,而且会引起燃煤设备的腐蚀。燃烧过程中生成的硫氧化物还可能影响氮氧化物的形成。因此,了解燃煤过程中硫的氧化及 SO_2 的生成过程,不仅有助于寻求控制 SO_2 排放的方法,而且对了解它们对其他污染物如 NO_x 的生成和控制的影响,以及各种污染物之间生成条件的相互关系也很重要。

(2)硫氧化物生成机理

硫氧化物 SO_x 主要指 SO_2 和 SO_3。

① SO_2 的生成机理

A. 黄铁矿硫的氧化

在氧化性气氛下,黄铁矿硫(FeS₂)直接氧化生成 SO_2:

$$4FeS_2 + 11O_2 \longrightarrow 2Fe_2O_3 + 8SO_2 \tag{10.1}$$

在还原性气氛中,例如在煤粉炉为控制 NO_x 生成而形成的富燃料燃烧区中,将会分解为 FeS:

$$FeS_2 \longrightarrow FeS + 1/2S_2(气体) \tag{10.2}$$

$$FeS_2 + H_2 \longrightarrow FeS + H_2S \tag{10.3}$$

$$FeS_2 + CO \longrightarrow FeS + COS \tag{10.4}$$

FeS 的再分解则需要更高的温度:

$$FeS \longrightarrow Fe + 1/2S_2 \qquad\qquad (10.5)$$

$$FeS + H_2 \longrightarrow Fe + H_2S \qquad\qquad (10.6)$$

$$FeS + CO \longrightarrow Fe + COS \qquad\qquad (10.7)$$

此外,黄铁矿硫在富燃料燃烧时,除 SO_2 外,还会产生一些其他的硫氧化物。例如,一氧化硫 SO 及二聚物 $(SO)_2$,还有少量一氧化物 S_2O。由于它们的反应能力强,仅在各种氧化反应中以中间体形式出现。

B. 有机硫的氧化

有机硫在煤中是均匀分布的,其主要形式是硫茂(噻吩),约占有机硫的 60%,它是煤中最普通的含硫有机结构。其他的有机硫的形式是硫醇(R—SH)、二硫化物(R—SS—R)和硫醚(R—S—R)。低硫煤中主要是有机硫,约为无机硫的 8 倍;高硫煤中主要是无机硫,约为有机硫的 3 倍。

煤在加热热解释放出挥发分时,由于硫侧链(—SH)和环硫链(—S—)结合较弱,硫醇、硫化物等在低温(<450 ℃)时首先分解,产生最早的挥发硫。硫茂的结构比较稳定,要到 930 ℃时才开始分解析出。在氧化气氛下,它们全部氧化生成 SO_2,硫醇 RSH 氧化反应最终生成 SO_2 和烃基 R:

$$RSH + O_2 \longrightarrow RS + HO_2 \qquad\qquad (10.8)$$

$$RS + O_2 \longrightarrow R + SO_2 \qquad\qquad (10.9)$$

在富燃料燃烧的还原性气氛下,有机硫会转化成 H_2S 或 COS。

C. SO 的氧化

在还原性气氛中所产生的 SO 在遇到氧气时,会产生下列反应:

$$SO + O_2 \longrightarrow SO_2 + \dot{O} \qquad\qquad (10.10)$$

$$SO + \dot{O} \longrightarrow SO_2 + h\nu \qquad\qquad (10.11)$$

在各种硫化物的燃烧过程中,式(10.11)的反应都是一种重要的反应中间过程,由于式(10.11)的反应使燃烧产生一种浅蓝色的火焰,因此燃烧时产生浅蓝色火焰也是燃料含硫的一种特征。

D. 元素硫的氧化

所有硫化物的火焰中都曾发现元素硫,对纯硫蒸气及其氧化过程的研究表明,这些硫蒸气分子是聚合的,其分子式为 S_8,其氧化反应具有链式反应的特点:

$$S_8 \longrightarrow S_7 + S \qquad\qquad (10.12)$$

$$S+O_2 \longrightarrow SO+\dot{O} \tag{10.13}$$

$$S_8+\dot{O} \longrightarrow SO+S+S_6 \tag{10.14}$$

上面反应产生的 SO 在氧化性气氛中就会进行式(10.10)和(10.11)的反应而产生 SO_2。

E. H_2S 的氧化

煤中的可燃硫在还原性气氛中均生成 H_2S，H_2S 在遇到氧时就会燃烧生成 SO_2 和 H_2O：

$$2H_2S+3O_2 \longrightarrow 2SO_2+2H_2O \tag{10.15}$$

式(10.15)的反应，实际上是由下面的链式反应组成的：

$$H_2S+O \longrightarrow SO+H_2 \tag{10.16}$$

$$SO+O_2 \longrightarrow SO_2+O \tag{10.17}$$

$$H_2S+O \longrightarrow OH+SH \tag{10.18}$$

$$H_2+O \longrightarrow OH+H \tag{10.19}$$

$$H+O_2 \longrightarrow OH+O \tag{10.20}$$

$$H_2+OH \longrightarrow H_2O+H \tag{10.21}$$

上述反应中，当 SO 浓度减少、OH 的浓度达到最大值时，SO_2 达到其最终浓度，这是反应的第一阶段，此后，H_2 的浓度不断增加，使生成的 H_2O 浓度上升，最后使全部 H_2 氧化生成 SO_2 和 H_2O。

F. CS_2 和 COS 的氧化

CS_2 的氧化反应是由下面一系列链式反应组成的，而 COS 则是 CS_2 火焰中的一种中间体，此外，可燃硫在还原性气氛中也会还原成 COS，如式(10.4)和式(10.7)所示。

$$CS_2+O_2 \longrightarrow CS+SOO \tag{10.22}$$

$$CS+O_2 \longrightarrow CO+SO \tag{10.23}$$

$$SO+O_2 \longrightarrow SO_2+O \tag{10.24}$$

$$O+CS_2 \longrightarrow CS+SO \tag{10.25}$$

$$CS+O \longrightarrow CO+S \tag{10.26}$$

$$O+CS_2 \longrightarrow COS+S \tag{10.27}$$

$$S+O_2 \longrightarrow SO+O \tag{10.28}$$

在上面的反应中,COS 是 CS_2 燃烧链式反应的中间产物。COS 本身的氧化反应则是首先由光解诱发的下列链式反应:

$$COS+h\nu \longrightarrow CO+S \tag{10.29}$$

$$S+O_2 \longrightarrow SO+O \tag{10.30}$$

$$O+COS \longrightarrow CO+SO \tag{10.31}$$

$$SO+O_2 \longrightarrow SO_2+O \tag{10.32}$$

$$CO+1/2O_2 \longrightarrow CO_2 \tag{10.33}$$

由上列的反应可见,COS 的氧化反应过程实际上包括了生成 SO_2 的反应和 CO 燃烧生成 CO_2 的反应,与 CS_2 相比,COS 的氧化反应通常较慢。

② SO_3 的生成机理

A. SO_3 的生成

当过量空气系数大于 1 时,在完全燃烧的条件下,约有 $0.5\% \sim 2\%$ 的 SO_2 会进一步氧化生成 SO_3,其反应式为:

$$SO_2+1/2O_2 \longrightarrow SO_3 \tag{10.34}$$

但在实际的燃烧条件下,SO_3 并不是由 SO_2 和氧分子直接反应生成。

B. 影响 SO_2 向 SO_3 转化的因素

a. 高温燃烧区氧原子的作用

高温时,氧原子就会和 SO_2 发生如下的反应:

$$SO_2+O+M \longrightarrow SO_3+M \tag{10.35}$$

式中,M 是第三体,起着吸收能量的作用。

上述反应中,随着火焰温度的上升、火焰中氧原子的浓度增加、烟气在高温区的停留时间变长,SO_3 的生成量增大。

b. 高温时受下列反应制约

SO_3 在高温下会反应分解为 SO_2,SO_3 的生成速率受以下反应影响:

$$SO_3+O \longrightarrow SO_2+O_2 \tag{10.36}$$

$$SO_3+H \longrightarrow SO_2+OH \tag{10.37}$$

$$SO_3 + M \longrightarrow SO_2 + O + M \tag{10.38}$$

高温时,(10.35)(10.36)对 SO_3 的生成起支配作用,SO_3 的生成速率可用下式表示:

$$d[SO_3]/dt = k_1[SO_2][O][M] - k_2[SO_3][O]$$

当 $d[SO_3]/dt = 0$ 时,$[SO_3]_{max} = k_1[SO_2][M]/k_2$,此时 SO_3 的体积分数为 $0.5\% \sim 5\%$。

富燃料燃烧时,(10.35)(10.37)对 SO_3 的生成起支配作用:

$$d[SO_3]/dt = k_1[SO_2][O][M] - k_3[SO_3][H]$$

当 $d[SO_3]/dt = 0$ 时,$[SO_3]_{max} = k_1[SO_2][O][M]/k_3[H]$。

在富燃料燃烧时,$[O]/[H]$ 的比值控制着 $[SO_3]_{max}$,由于此时 $[O]/[H]$ 很小,抑制了 SO_2 向 SO_3 的转化。因此,为抑制 NO_x 生成而采用的低过量空气系数燃烧,或浓淡燃烧法有助于减少 SO_3 的生成量,从而有利于防止锅炉低温受热面的硫酸腐蚀。

c. 催化剂的作用

锅炉对流受热面上的积灰、氧化膜或悬浮颗粒表面对 SO_2 转化成 SO_3 的氧化反应起催化作用。

研究表明,对流受热管壁上氧化膜和积灰起催化作用,只有在一定的温度范围内才变得明显。这些明显出现催化作用的温度范围正好是过热器或再热器所处的温度区,因此这些受热面上的积灰增加时,其流过的 SO_3 的浓度也会有明显增加,尾部受热面的低温腐蚀加重,只有清除积灰后,尾部腐蚀才减轻。

2) 硫氧化物防治方法

人类对于脱硫技术的研究已有 100 多年的历史,到1984年世界各国开发、研究、使用的 SO_2 控制技术已达 189 种之多,预计目前超过 300 种。根据燃烧过程,脱硫技术总体上分为燃烧前脱硫、燃烧中脱硫和燃烧后脱硫三种。

① 燃烧前进行脱硫处理,即在燃烧前对煤进行净化,去除原煤中部分硫分和灰分。供给用户的是低硫煤、洁净煤。

② 燃烧过程中进行脱硫处理,即在煤中掺烧固硫剂固硫,固硫物质随炉灰排出。可以加入石灰石或白云石作脱硫剂,碳酸钙、碳酸镁受热分解生成氧化钙、氧化镁,与烟气中二氧化硫反应生成硫酸盐,随灰分排出。

③ 燃烧后进行脱硫处理,即对尾部烟气进行脱硫处理,净化烟气,降低烟气中 SO_2 排放量。

（1）燃烧前脱硫

燃烧前脱硫技术包括洗选、化学、生物和微波等脱硫方法。洗选法脱硫最经济，但只能脱无机硫；生物、化学法脱硫不仅能脱无机硫，也能脱除有机硫，但生产成本昂贵，距工业应用尚有较大距离。洗选脱硫包括采用跳汰、摇床、水介质旋流器、螺旋溜槽和浮选等。实践证明，上述方法对煤中黄铁矿呈粗粒嵌布（0.5 mm 以上）的团块的排除是有效的，但对细粒级煤和煤中黄铁矿呈细粒嵌布的高硫难选煤的处理时较为困难。其根源在于煤系黄铁矿的特殊表面性质导致其具有一定疏水性，与煤分离难度增加。

（2）燃烧中脱硫

在我国采用的燃烧过程中脱硫的技术主要有两种：型煤固硫和流化床燃烧脱硫技术。

① 型煤固硫技术：将不同的原料经筛分后按一定比例配煤，粉碎后同经过预处理的黏结剂和固硫剂混合，经机械设备挤压成型及干燥，即可得到具有一定强度和形状的成品工业固硫型煤。固硫剂主要有石灰石、大理石、电石渣等，其加入量视含硫量而定。燃用型煤可大大降低烟气中二氧化硫、一氧化碳和烟尘浓度，节约煤炭，经济效益和环境效益相当可观，但工业实际应用中应解决型煤着火滞后、操作不当会造成的断火熄炉等问题。

② 流化床燃烧脱硫技术：把煤和吸附剂（如石灰石）加入燃烧室的床层中，从炉底鼓风使床层悬浮进行流化燃烧，形成了湍流混合条件，延长了停留时间，从而提高了燃烧效率。其反应过程是煤中硫燃烧生成二氧化硫，同时石灰石煅烧分解为多孔状氧化钙，二氧化硫到达吸附剂表面并反应，从而达到脱硫效果。流化床燃烧脱硫的主要影响因素有钙硫比、煅烧温度、脱硫剂的颗粒尺寸、孔隙结构和脱硫剂种类等。为提高脱硫效率，可采用以下方法：改进燃烧系统的设计及运行条件；脱硫剂预煅烧；运用添加剂，如碳酸钠，碳酸钾等；开发新型脱硫剂。

（3）燃烧后脱硫

燃烧前和燃烧过程中的脱硫都有其适应的范围，但现在唯一可以大规模降低烟气中 SO_2 排量的实用技术仍然是燃烧后的脱硫技术。烟气脱硫技术按脱硫剂及脱硫反应产物的状态可分为湿法、干法及半干法三大类。

① 湿法脱硫工艺

世界各国的湿法烟气脱硫工艺流程、形式和机理大同小异，主要是以碱性溶液为脱硫剂吸收烟气中的 SO_2。这种工艺已有 50 年的历史，经过不断改进和完善后，技术成熟，而且具有脱硫效率高（90%～98%）、机组容量大、钙硫比低、煤种适应性强和副产品易回收等优点。但其工艺流程复杂、占地面积大、投资大，需要烟气再热装置,脱硫产物为湿态,且普遍存在腐蚀严重、运行维护费用高及易造成二次污染等问题。

湿法脱硫工艺主要有石灰石/石灰-石膏法、海水法、双碱法、亚钠循环法、氧化镁法等。

② 干法脱硫工艺

干法脱硫工艺用于电厂烟气脱硫始于 20 世纪 80 年代初。它使用固相粉状或粒状吸收剂、吸附剂或催化剂,在无液相介入的完全干燥的状态下与 SO_2 反应,并在干态下处理或再生脱硫剂。脱硫产物为干态,工艺流程相对简单、投资费用低;烟气在脱硫过程中无明显降湿,利于排放后扩散;无废液等二次污染;设备不易腐蚀,不易发生结垢及堵塞。但要求钙硫比高,反应速率慢,脱硫效率及脱硫剂利用率低;飞灰与脱硫产物相混可能影响综合利用;对干燥过程控制要求很高。

干法脱硫工艺主要有荷电干法吸收剂喷射脱硫法、电子束照射法、吸附法等。

目前,在火电厂大、中容量机组上得到广泛应用并继续发展的主流工艺有 4 种:石灰石/石灰-石膏湿法脱硫工艺(WFGD)、喷雾干燥脱硫工艺(LSD)、炉内喷钙炉后增湿活化脱硫工艺(LIFAC)和循环流化床烟气脱硫工艺(CFB - FGD)。这 4 种烟气脱硫工艺技术指标见表 10.2。

表 10.2　火电厂主要采用的 4 种烟气脱硫工艺技术指标

指标名称	WFGD	LSD	LIFAC	CFB - FGD
适用煤种的 $W(S)$	>1.5%	1%～3%	<2%	不限
$n(Ca/S)$	1.1～1.2	1.5～2.0	<2.5	≈1.2
脱硫效率	90%～97%	80%～90%	70%～85%	80%～95%
相对工程投资	15%～20%	10%～15%	4%～7%	5%～7%
钙利用率	>90%	50%～55%	35%～40%	>70%
运行费用	高	中	较低	较低
设备占地面积	大	较大	小	小
灰渣状态	湿	干	干	干
工艺成熟度	成熟	较成熟	成熟	较成熟
适用规模及范围	大型电厂高硫煤机组	燃用中、低硫煤的中小型机组改造	燃用中、低硫煤的中小型机组改造	中小型机组的改造及新建

目前,湿法脱硫工艺是世界上应用最多的方法,占据 80% 以上的烟气脱硫市场,其中石灰石/石灰-石膏法占湿法的 90% 左右,下面对其进行重点介绍:

石灰石-石膏湿法烟气脱硫是将石灰石粉磨成小于 250 目的细粉,配成料浆作 SO_2 吸收剂。在吸收塔中,烟气与石灰石浆并流而下,烟气中的 SO_2 与石灰石发生化学反应生成亚硫酸钙和硫酸钙,在吸收塔底槽内鼓入大量空气,使亚硫酸钙氧化成硫酸钙,结晶分离得副产品石膏。此过程主要分为吸收和氧化两个步骤:

a. SO_2 的吸收:石灰石料在吸收塔内生成石膏浆,主要反应如下:

$$CaCO_3 + SO_2 + 1/2H_2O \longrightarrow CaSO_3 \cdot 1/2H_2O + CO_2 \qquad (10.39)$$

$$CaSO_3 \cdot 1/2H_2O + SO_2 + 1/2H_2O \longrightarrow Ca(HSO_3)_2 \qquad (10.40)$$

b. 亚硫酸钙的氧化:由于烟气中含有 O_2,因此在吸收过程中会有氧化副反应发生。在氧化过程中,主要是将吸收过程中所生成的 $CaSO_3 \cdot 1/2H_2O$ 氧化生成 $CaSO_4 \cdot 2H_2O$。

$$2CaSO_3 \cdot 1/2H_2O + O_2 + 3H_2O \longrightarrow 2CaSO_4 \cdot 2H_2O \qquad (10.41)$$

由于在吸收过程中生成了部分 $Ca(HSO_3)_2$,在氧化过程中,亚硫酸氢钙也被氧化,分解出少量的 SO_2:

$$Ca(HSO_3)_2 + 1/2O_2 + H_2O \longrightarrow CaSO_4 \cdot 2H_2O + SO_2 \qquad (10.42)$$

亚硫酸钙氧化时,其离子反应可表达为:

$$CaSO_3 \cdot 1/2H_2O + H^+ \longrightarrow Ca^{2+} + HSO_3^- + 1/2H_2O \qquad (10.43)$$

$$HSO_3^- + 1/2O_2 \longrightarrow SO_4^{2-} + H^+ \qquad (10.44)$$

$$Ca^{2+} + SO_4^{2-} + 2H_2O \longrightarrow CaSO_4 \cdot 2H_2O \qquad (10.45)$$

由以上反应可见,氧化反应必须有 H^+ 存在,浆液的 pH 在 6 以上时,反应就不能进行。在吸收 SO_2 过程中,一般石灰的 pH 为 5~6,石灰石的 pH 为 6~7,吸收剂的粒度越细越好。

③ 石灰石-石膏法烟气脱硫,也称半干法,典型工艺流程见图 10.1。

石灰石破碎后经湿式球磨机加工成石灰石浆液,经旋流器入石灰石浆液箱,配好的浆液用泵送入吸收塔顶部,从吸收塔顶部的喷嘴喷出,与从塔中进入的含 SO_2 烟气逆向流动。经洗涤净化后的烟气从塔顶进入烟囱排放。石灰石浆液吸收 SO_2 后,成为含亚硫酸钙和亚硫酸氢钙的混合液,在吸收塔底部被进入吸收塔底部的空气氧化成石膏,石膏浆经过滤入石膏仓,在制板车间压制成石膏板。

目前我国应用的吸收塔主要有格栅填料塔、鼓泡塔、喷淋塔和液柱塔 4 种塔型。

喷雾格栅填料塔是早期的石灰石-石膏法中较为典型的一种塔型。锅炉引

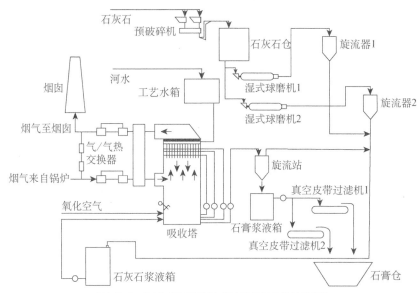

图 10.1　石灰石-石膏法烟气脱硫工艺流程图

风机排出的原烟气由设置在脱硫装置尾部的增压风机导入烟气脱硫系统,经换热器进行热交换后进入吸收塔,吸收塔内的浆液从上部若干个喷嘴中涌出,与烟气顺流接触,并在流经格栅段时大面积充分进行气/液接触反应,以达到脱除烟气中 SO_2 的目的。

鼓泡塔由上层板和下层板隔成几个空间,上层板上层为净烟气出口空间,2个层板之间为原烟气入口空间,下层板以下有一定高度浆液层。喷射管和下层板连接,并插入石灰石浆液中 150~200 mm,将原烟气导至出口空间。在吸收塔顶部安装有搅拌器、进浆液管、氧化空气母管等。

喷淋塔(图 10.2)是湿法脱硫工艺的主流塔型,多采用逆流方式布置,烟气从喷淋区下部进入吸收塔,并向上运动。石灰石浆液通过循环泵送至塔中不同高度布置的喷淋层,从喷嘴喷出的浆液雾形成分散的小液滴向下运动,与烟气逆流接触,在此期间,气流充分接触并对烟气中 SO_2 进行洗涤。塔内一般设 3~6 个喷淋层,每个喷淋层装有多个雾化喷嘴,交叉布置,覆盖率可达到 200%~300%。喷嘴用耐磨材料(如 SiC)制成,工艺上要求喷嘴在满足雾化细度的条件下尽量降低压损,同时喷出的雾滴能覆盖整个脱硫塔截面,以达到吸收的稳定性和均匀性。在塔底一般布置氧化池,用专门的氧化风机向里面鼓空气,而除雾器则布置在吸收塔顶部烟气出口之前的位置。目前,世界上运行的脱硫装置中有相当大的一部分为喷淋脱硫塔,该工艺技术成熟,应用广泛。在我国石灰石/石灰-石膏湿法脱硫中绝大部分采用喷淋塔,尤其是新建的 600 MW 及以上机组。

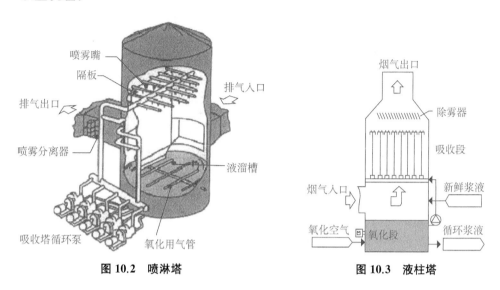

图 10.2　喷淋塔　　　　　　　　图 10.3　液柱塔

液柱塔烟气脱硫技术近几年发展较快,其结构如图 10.3。烟气从脱硫塔的下部进入,在反应塔内上升的过程中与脱硫剂循环液相接触,烟气中的 SO_2 与脱硫剂发生反应而被除去。脱硫后的烟气经过高效除雾器除去其中的液滴和细小浆滴,然后进入 GGH 或烟囱。一方面,脱硫剂循环液由布置在烟气入口下面的喷嘴向上喷射,液柱在达到最高点后散开并下落。在浆液喷上落下的过程中,形成高效率的气液接触,从而促进烟气中 SO_2 的去除。另一方面,烟气在反应塔内上升的过程中,与由上而下的脱硫剂循环浆液充分接触,可以洗去部分细颗粒灰尘。烟气在经过除雾器时不仅能除去雾滴,同时能除去部分细灰,可以进一步提高系统除尘效率。

4 种塔型的优缺点比较见表 10.3。

表 10.3　填料塔、鼓泡塔、喷淋塔和液柱塔技术优缺点比较

项　目	格栅填料塔	鼓泡塔	喷淋塔	液柱塔
传质效率	较高	较高	低	高
结垢可能性	非常严重	易发生	少	较小
系统阻力	大	较大	小	稍大
脱硫塔复杂程度	复杂	复杂	简单	简单
维护	经常清洗	运行稳定可靠	喷嘴易坏	运行稳定可靠
技术成熟程度	成熟	成熟	成熟	工程试验

10.3 燃烧氮氧化物的生成与防治

1) 氮氧化物的种类与生成机制

(1) 氮氧化物的种类

氮氧化物(NO_x)是一种重要的大气污染物,通常所说的 NO_x(氮氧化物)主要包括 NO、NO_2、N_2O_3、N_2O、N_2O_5 等,其中以易造成酸雨的 NO(90%)、NO_2 为主。它们产生的危害如下:① 促进酸雨的生成;② 增加近地层大气的臭氧浓度,产生光化学烟雾,影响能见度;③ 对人体有强烈的刺激作用,引起呼吸道疾病,严重时会导致死亡。

NO 是一种无色无味、难溶于水的有毒气体。由于带有自由基,它的化学性质非常活泼。当它与氧气反应后,可形成具有腐蚀性的气体二氧化氮(NO_2),化学方程式为 $2NO+O_2 \longrightarrow 2NO_2$。

NO_2 是一种高度活性的、有刺激性气味的红棕色气体,易溶于水。人为产生的二氧化氮主要来自高温燃烧过程的释放,比如机动车、电厂废气的排放等。二氧化氮是酸雨的成因之一,所带来的环境效应多种多样,危害很大。

此外,燃烧过程中还可能生成 N_2O,N_2O 又称笑气,是一种无色有甜味的气体,在一定条件下能支持燃烧(同氧气,因为笑气在高温下能分解成氮气和氧气),但在室温下稳定,有轻微麻醉作用,并能致人发笑。

(2) 氮氧化物的生成机理

空气中 N_2 的主要存在形式为三键氮,而燃料中有机氮的主要存在形式为碳氮三键 $C\equiv N$ 和单键 $C-N$、$H-N$,三者的键能分别为 945 kJ/mol、971 kJ/mol 和 450 kJ/mol。所以在燃烧过程中,相对空气中的 N_2,燃料中的有机氮更容易被分解氧化,使得燃料型 NO_x 生成量高于热力型 NO_x 和快速型 NO_x。燃料型 NO_x 约占 NO_x 总量的 75%~80%,热力型 NO_x 约占 15%~20%,而快速型 NO_x 大约只占 5%。

① 燃料型 NO_x

燃料型 NO_x 主要是在燃烧过程中由煤中的含氮化合物氧化形成的。因为挥发分和焦炭两部分的燃烧组成了煤的燃烧过程。燃烧中 NO_x 的形成也由挥发分氮和焦炭氮两部分的氧化组成。

煤中氮主要以有机氮形式存在,有吡啶型氮、吡咯型氮和季氮等三种形式。燃烧过程中,燃料中大部分的有机氮化合物受热分解后形成气态的含氮中间产物如 HCN、NH₃等,并伴随着挥发分而析出,随后被氧化生成 NO_x。而焦炭中的氮伴随着焦炭的燃尽直接转化为 NO_x,且焦炭的燃尽率影响其生成速率。

② 热力型 NO_x

泽里多维奇反应机理指出热力型 NO_x 主要是空气中 N_2 在高温环境中氧化生成的。温度对其形成起决定性作用,因为 N_2 的结构很稳定,要很高的能量才能打破 N≡N 键。只有温度高于1 800 K 时,才会大量生成热力型 NO_x。热力型生成量随温度升高呈指数规律增加,其生成速率与温度的关系符合 Arrhenius 定律。

泽里多维奇机理:

$$O_2 \longrightarrow O + O \tag{10.46}$$

$$N_2 + O \longrightarrow NO + N \tag{10.47}$$

$$O_2 + N \longrightarrow NO + O \tag{10.48}$$

特别的,在富燃的时候需要再考虑:$N + OH \longrightarrow NO + H$

③ 快速型 NO_x

氮、氧、碳、氢化合物离子的快速反应在较低温度下进行 。

费尼莫机理:

$$CH + N_2 \longrightarrow HCN + N \tag{10.49}$$

$$C + N_2 \longrightarrow CN + N \tag{10.50}$$

2）氮氧化物防治方法

目前,关于燃烧产生的 NO_x 污染的控制技术主要分两大类:① 燃烧过程中的 NO_x 脱除:低氮燃烧方法、空气分级、燃料再燃等;② 现有的烟气脱硝技术:选择性催化还原(SCR)、选择性非催化还原(SNCR)、SNCR-SCR 联合技术等。

低 NO_x 燃烧器、分级配风、OFA(Over Fire Air)、再燃等技术目前在国内已经有广泛应用,但其效果受锅炉工况影响较大,一般 NO_x 的排放量不能达到预期效果或效果不明显。作为烟气净化方式的选择性催化还原(SCR)可以取得高达 90% 的 NO_x 脱除率,但具有投资大、运行费用高的问题,限制了其广泛应用。而相对较廉价的选择性非催化还原(SNCR)技术,在大型锅炉使用中去除效率普遍不高于 40%,但在中小型锅炉及工业窑炉项目中也可达到较高的去除效率。目前 SCR 工艺项目使用最多,约是 SNCR 工艺项目的 2 倍,而 SCR-SNCR

联合工艺项目则使用很少。

(1) 低氮燃烧技术

低氮燃烧技术采用控制燃烧温度、控制燃料和空气的混合速度与时机达到减少氮氧化物的目的。采用该原理的主要技术包括低氮燃烧器、OFA 分级送风等，它们抑制 NO_x 的生成采取的措施有：

① 空气分级燃烧

燃烧区的氧浓度对各种类型的 NO_x 生成都有很大影响。当过量空气系数 $\alpha < 1$，燃烧区处于"贫氧燃烧"状态时，抑制 NO_x 的生成量有明显效果。根据这一原理，把供给燃烧区的空气量减少到全部燃烧所需用空气量的 70% 左右，从而降低了燃烧区的氧浓度，也降低了燃烧区的温度水平。因此，第一级燃烧区的主要作用就是抑制 NO_x 的生成并将燃烧过程推迟。燃烧所需的其余空气则通过燃烧器上面的燃尽风喷口送入炉膛与第一级所产生的烟气混合，完成整个燃烧过程。

炉内空气分级燃烧包括：轴向空气分级燃烧(OFA 方式)和径向空气分级燃烧。轴向空气分级将燃烧所需的空气分两部分送入炉膛：一部分为主二次风，占总二次风量的 70%～85%；另一部分为燃尽风(OFA)，占总二次风量的 15%～30%。炉内的燃烧分为 3 个区域，即热解区、贫氧区和富氧区。径向空气分级燃烧是在与烟气流垂直的炉膛截面上组织分级燃烧的。它是通过将二次风射流部分偏向炉墙来实现的。空气分级燃烧存在的问题是二段空气量过大，会使不完全燃烧损失增大，煤粉炉由于还原性气氛而易结渣、腐蚀。

② 燃料分级燃烧

在主燃烧器形成初始燃烧区的上方喷入二次燃料，形成富燃料燃烧的再燃区，NO_x 进入该区将被还原成 N_2。为了保证再燃区的不完全燃烧产物能够燃尽，在再燃区的上面还需布置燃尽风喷口。改变再燃烧区的燃料与空气的比例是控制 NO_x 排放量的关键因素。存在的问题是为了减少不完全燃烧损失，需加空气对再燃区烟气进行三级燃烧，因而配风系统比较复杂。

③ 烟气再循环

该技术是把空气预热器抽取的温度较低的烟气与燃烧用的空气混合，通过燃烧器送入炉内，从而降低燃烧温度和氧的浓度，达到降低 NO_x 生成量的目的。存在的问题是由于受燃烧稳定性的限制，一般再循环烟气率为 15%～20%，投资和运行费较大，占地面积大。

④ 低 NO_x 燃烧器

通过特殊设计的燃烧器结构(LNB)及改变通过燃烧器的风煤比例，以达到在燃烧器着火区空气分级、燃烧分级或烟气再循环的效果。在保证煤粉着火燃烧的同时,有效地抑制 NO_x 的生成。如浓淡煤粉燃烧方式为:在煤粉管道上的煤粉浓缩器使一次风分成水平方向上的浓淡两股气流,其中一股为煤粉浓度相对较高的煤粉气流,含大部分煤粉;另一股为煤粉浓度相对较低的煤粉气流,以空气为主。

(2) SCR 技术

SCR(Selective Catalytic Reduction)即为选择性催化还原技术,近几年来发展较快,在世界上得到了广泛的应用。目前氨催化还原法是应用得最多的技术,它没有副产物,不形成二次污染,装置结构简单,并且脱除效率高(可达 90% 以上),运行可靠,便于维护。

选择性是指在催化剂的作用和在氧气存在条件下,NH_3 优先和 NO_x 发生还原脱除反应,生成氮气和水,而不和烟气中的氧进行氧化反应。

在 SCR 反应器内,NO 通过以下反应被还原:

$$4NO + 4NH_3 + O_2 \longrightarrow 4N_2 + 6H_2O \tag{10.51}$$

$$6NO + 4NH_3 \longrightarrow 5N_2 + 6H_2O \tag{10.52}$$

当烟气中有氧气时,反应第一式优先进行,因此,氨消耗量与 NO 还原量有一比一的关系。在锅炉的烟气中,NO_2 一般约占总的 NO_x 浓度的 5%,NO_2 参与的反应如下:

$$2NO_2 + 4NH_3 + O_2 \longrightarrow 3N_2 + 6H_2O \tag{10.53}$$

$$6NO_2 + 8NH_3 \longrightarrow 7N_2 + 12H_2O \tag{10.54}$$

上面两个反应表明还原 NO_2 比还原 NO 需要更多的氨。在绝大多数锅炉烟气中,NO_2 仅占 NO_x 总量的一小部分,因此 NO_2 的影响并不显著。

反应原理如图 10.4。

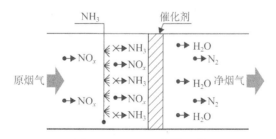

图 10.4　SCR 反应原理图

　　在没有催化剂的情况下,上述化学反应只是在很窄的温度范围内(980 ℃左右)进行,采用催化剂时其反应温度可控制在 300～400 ℃下进行,相当于锅炉省煤器与空气预热器之间的烟气温度,上述反应为放热反应,由于 NO_x 在烟气中的浓度较低,故反应引起催化剂温度的升高可以忽略。

　　用于燃煤电站 SCR 烟气脱硝的还原剂一般有三种:液氨、氨水及尿素,其各有特点。① 液氨一般采用纯度为99.8％的氨,无杂质,沸点温度－33.5 ℃,储存在压力容器中,必须有严格的安全与防火措施。② 氨水[$NH_3 \cdot H_2O$]在商业上一般运用浓度为 20％～30％的,运输时体积大,重量增加,且蒸发过程需要消耗大量电力。③ 尿素[$CO(NH_2)_2$]呈颗粒状,储罐需要加热,尿素需溶解在水中,蒸气需要分级与蒸发。三种还原剂的比较见表 10.4。

表 10.4　三种还原剂比较

项目	液氨	氨水	尿素
反应剂费用	较贵	便宜	稍贵
运输费用	便宜	贵	便宜
安全性	有毒	有害	无害
储存条件	高压	常压	常压、干态
储存方式	液态(箱罐)	液态(箱罐)	微粒状(料仓)
初投资费用	便宜	贵	贵
运行费用	便宜	贵	贵
设备安全要求	有法律规定	需要	基本不需要

　　SCR 催化剂是 SCR 脱硝系统的核心,按外形分为平板式、蜂窝式和波纹板式三种,见图 10.5,比较见表 10.5。其中蜂窝式在我国使用最为广泛。

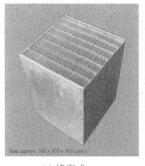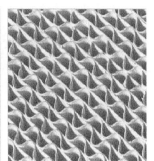

(a) 蜂窝式　　　　　　　　(b) 平板式　　　　　　　　(c) 波纹式

图 10.5　三种类型催化剂外形

表 10.5　三种类型催化剂比较

项目	催化剂类型		
	蜂窝式	平板式	波纹式
催化剂活性	高	中等	中等
SO_2/SO_3氧化率	高	高	较低
压力损失	1.0	0.9	<1.0
抗腐蚀性	一般	高	一般
抗冲刷性	中等	高	中等
抗中毒性	高	中等	中等
防堵灰能力	差	很强	很强
耐热性	中	中	高
比表面积	高	低	中等
空隙率	低	高	高
表面抗磨损力	高	低	很低
内部抗磨损力	高	低	很低
催化剂再生	非常有效	无效	无效
重量(催化剂＋模块)	1.0	1.23~1.50	<0.9
空间	1.0	1.20~1.40	<0.9
初始建设成本	中等	高	中等
典型生产厂家	Cormetech(美国) Ceram(奥地利) KWH(德国) Nippon Shokubai(日本)	Argillon(德国) Babcock Hitachi (BHK)(日本)	Haldor Topsoe(丹麦) Hitachi Zosen (Hitz)(日本)

注:以蜂窝式为基准,其他为相对值。

按 SCR 催化剂成分分,有以下三种:① 催化剂主要是 Rh 和 Pd 等,有较高的活性且反应温度较低。但由于它们和硫反应,且价格昂贵,在 20 世纪八九十年代以后逐渐被金属氧化物类催化剂所取代。② 金属氧化物类催化剂,主要包括 V_2O_5、Fe_2O_3、CuO、CrO_x、MnO、MgO、MoO_3 等金属氧化物或其联合作用的混合物,还原剂一般选择 NH_3,目前最为常用的是 V_2O_5/TiO_2 类催化剂。③ 沸石分子筛型,主要是采用离子交换方法制成的金属离子交换沸石,特点是反应温度较高,最高可达 600 ℃,目前是国内外研究的重点,但在工业应用方面不是很多。

SCR 系统 NO_x 脱除效率通常很高,喷入烟气中的氨几乎完全和 NO_x 反应。有一小部分氨不反应而是逃逸离开了反应器。一般来说,对于新的催化剂,氨逃逸量很低。但是,随着催化剂失活或者表面被飞灰覆盖或堵塞,氨逃逸量就会增加。为了维持需要的 NO_x 脱除率,就必须增加反应器中 NH_3/NO_x 物质的量之比。当不能保证预先设定的脱硝效率和(或)氨逃逸量的性能标准时,就必须在反应器内添加或更换新的催化剂以恢复催化剂的活性和反应器性能。从新催化剂开始使用到被更换这段时间称为催化剂寿命。

SCR 反应器在锅炉烟道中一般有三种不同的安装位置,即热段/高灰布置、热段/低灰布置和冷段布置。

① 热段/高灰布置:反应器布置在空气预热器、烟气温度为 350 ℃左右的位置,此时烟气中所含有的全部飞灰和 SO_2 均通过催化剂反应器,反应器的工作条件是在"不干净"的高尘烟气中。由于这种布置方案的烟气温度在 300~400 ℃ 的范围内,适合作为多数催化剂的反应温度,因而它被广泛采用。

② 热段/低灰布置:反应器布置在静电除尘器和空气预热器之间,这时,温度为 300~400 ℃的烟气先经过电除尘器以后再进入催化剂反应器,这样可以防止烟气中的飞灰对催化剂的污染和将反应器磨损或堵塞,但烟气中的 SO_3 始终存在。采用这一方案的最大问题是,静电除尘器无法在 300~400 ℃ 的温度下正常运行,因此很少采用。

③ 冷段布置:反应器布置在烟气脱硫装置(FGD)之后,这样催化剂将完全工作在无尘、无 SO_2 的"干净"烟气中,由于不存在飞灰对反应器的堵塞及腐蚀问题,也不存在催化剂的污染和中毒问题,因此可以采用高活性的催化剂,减少了反应器的体积并使反应器布置紧凑。当催化剂在"干净"烟气中工作时,其工作寿命可达 3~5 年(在"不干净"的烟气中的工作寿命为 2~3 年)。这一布置方式的主要问题是,当将反应器布置在湿式 FGD 脱硫装置后,其排烟温度仅为 50~60 ℃,因此,为使烟气在进入催化剂反应器之前达到所需要的反应温度,需要在烟道内加装燃油或燃烧天然气的燃烧器,或蒸气加热的换热器以加热烟气,从而增加了能源消耗和运行费用。

对于一般燃油或燃煤锅炉,其 SCR 反应器多选择安装于锅炉省煤器与空气预热器之间,因为此区间的烟气温度刚好适合 SCR 脱硝还原反应,氨被喷射于省煤器与 SCR 反应器间烟道内的适当位置,使其与烟气充分混合后在反应器内与氮氧化物反应,SCR 系统商业运行的脱硝效率约为 70%~90%。

典型 SCR 脱硝工艺由催化反应区和氨区两大部分组成(见图 10.6)。其中催化反应区由烟道、SCR 反应器(见图 10.7)、催化剂、稀释风机、喷氨格栅(AIG)及声波吹灰器等设备组成。氨区则包括液氨管、卸氨压缩机、液氨储罐、液氨蒸发器及氨气缓冲罐等设备。工艺流程:槽车运来的液氨由卸氨压缩机输送到液氨储罐,输送到液氨蒸发器内的液氨经 45 ℃左右的水浴蒸发成氨气,送到氨气缓冲罐。氨气经减压后送入氨气/空气混合器中,与来自稀释风机的空气混合成浓度约 5%的混合气体,通过喷氨格栅(AIG)的喷嘴喷入烟道中,再与来自锅炉省煤器出口的原烟气混合均匀后进入 SCR 反应器。在 SCR 反应器内,NH_3 与

NO$_x$ 在催化剂的作用下发生氧化还原反应, NO$_x$ 被还原为无害的 N$_2$ 和 H$_2$O。脱硝后的净烟气从 SCR 反应器底部的出口烟道进入下游的空气预热器。《火电厂烟气脱硝工程技术规范选择性催化还原法》(HJ 562—2010)规定不设置 SCR 反应器旁路,避免了旁路挡板的密封和积灰问题,减少了投资和运行维护费用。

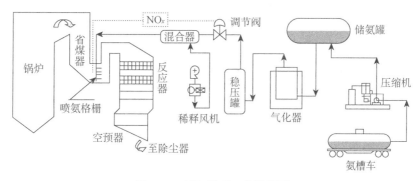

图 10.6　SCR 脱硝工艺流程图

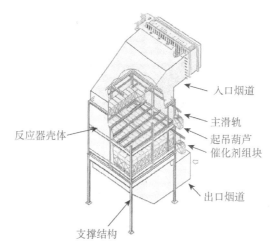

图 10.7　SCR 反应器

（3）SNCR 工艺技术

选择性催化还原脱除 NO$_x$ 的运行成本主要受催化剂寿命的影响,一种不需要催化剂的选择性还原过程或许更加诱人,这就是选择性非催化还原技术。该技术是用 NH$_3$、尿素等还原剂喷入炉内与 NO$_x$ 进行选择性反应,不用催化剂,因此必须在高温区加入还原剂。还原剂喷入炉膛温度为 850～1 100 ℃的区域,该还原剂(尿素)迅速热分解成 NH$_3$ 并与烟气中的 NO$_x$ 进行 SNCR 反应生成 N$_2$,该方法是以炉膛为反应器。

研究发现,在炉膛850～1 100 ℃这一狭窄的温度范围内、在无催化剂作用下,NH_3或尿素等氨基还原剂可选择性地还原烟气中的NO_x,基本上不与烟气中的O_2作用,据此发展了SNCR法。在850～1 100 ℃范围内,NH_3或尿素还原NO_x的主要反应为:

① 氨水作为还原剂的主要反应:

$$4NH_3 + 4NO + O_2 \longrightarrow 4N_2 + 6H_2O$$

② 尿素作为还原剂的主要反应:

$$2NH_2CONH_2 + 4NO + O_2 \longrightarrow 4N_2 + 2CO_2 + 4H_2O$$

③ 当温度过高时的反应:

$$4NH_3 + 5O_2 \longrightarrow 4NO + 6H_2O$$

不同还原剂有不同的反应温度范围,此温度范围称为温度窗。NH_3的反应最佳温度区为850～1 100 ℃。一方面,当反应温度过高时,由于氨的分解会使NO_x还原率降低,另一方面,反应温度过低时,氨的逃逸增加,也会使NO_x还原率降低。NH_3是高挥发性和有毒物质,氨的逃逸会造成新的环境污染。

引起SNCR系统氨逃逸的原因有两种:一是由于喷入点烟气温度低,影响了氨与NO_x的反应;另一种可能是喷入的还原剂过量或还原剂分布不均匀。还原剂喷入系统必须能将还原剂喷入到炉内最有效的部位,因为NO_x在炉膛内的分布经常变化,如果喷入控制点太少或喷到炉内某个断面上的氨分布不均匀,则会出现分布较高的氨逃逸量。在较大的燃煤锅炉中,还原剂的均匀分布则更困难,因为较长的喷入距离需要覆盖相当大的炉内截面。为保证脱硝反应能充分地进行,以最少的喷入NH_3量达到最好的还原效果,必须设法使喷入的NH_3与烟气良好地混合。若喷入的NH_3不充分反应,则逃逸的NH_3不仅会使烟气中的飞灰容易沉积在锅炉尾部的受热面上,而且烟气中NH_3遇到SO_3会产生$(NH_4)_2SO_4$,易造成空气预热器堵塞,并有腐蚀的危险。

SNCR烟气脱硝技术的脱硝效率一般为30%～40%,受锅炉结构尺寸影响很大,多用作低NO_x燃烧技术的补充处理手段。采用SNCR技术,目前的趋势是用尿素代替氨作为还原剂。值得注意的是,近年的研究表明,用尿素作为还原剂时,NO_x会转化为N_2O,N_2O会破坏大气平流层中的臭氧,除此之外,N_2O还被认为会产生温室效应。因此产生N_2O的问题已引起人们的重视。

典型的SNCR系统由还原剂储槽、多层还原剂喷入装置以及相应的控制系统组成(如图10.8所示)。它的工艺简单,操作便捷。SNCR工艺可以方便地在现有装置上进行改装。因为它不需要催化剂床层,而仅仅需要对还原剂的储存设备和喷射系统加以安装,因而初始投资相对于 SCR 工艺来说要低得多,操作费用与 SCR 工艺相当。SNCR 还原 NO 的化学反应效率主要取决于烟气温度、高温区停留时间、含氨化合物(即还原剂)注入的类型和数量,混合效率等影响因素。

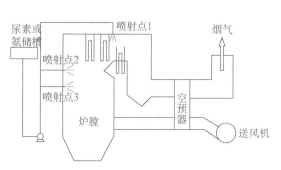

图 10.8　典型 SNCR 脱硝工艺流程图

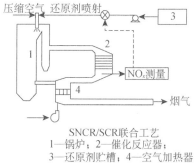

图 10.9　SCR 和 SNCR 联合系统图

（4）SCR 和 SNCR 联合工艺

鉴于 SCR 和 SNCR 系统的优缺点,可以采用两者的联合工艺,见图 10.9。这种混合工艺有很多的优点:相对于 SCR 工程造价有所降低;脱硝效率高;较 SCR 反应器小,具有更好的空间适用性;脱硝系统阻力小,引风机出力小;SO_2/SO_3 转化所引起的腐蚀和 ABS 阻塞问题少;减少 SCR 催化剂对煤的敏感度;可以安全地使用尿素作为还原剂,无须热解系统;分步实施,分期到位。

总体来说,SNCR-SCR 混合脱硝工艺结合了 SCR 和 SNCR 两种工艺的有利特点,其工艺比较灵活,在降低成本和占地空间上有积极的意义,是脱硝技术发展的一个重要方向。

几种脱硝技术的性价比较见表 10.6。从表 10.6 中可看出,低氮燃烧技术的脱硝效率仅有 25%～40%,单靠这种技术已无法满足日益严格的环保法规标准。

表 10.6　脱硝技术的性价比较

所采用的技术	脱硝效率/%	工程造价	运行费用
低 NO_x 燃烧技术	25～40	较低	低
SNCR 技术	25～40	低	中等
LNB+SNCR 技术	40～70	中等	中等
SCR 技术	80～90	高	中等
SNCR/SCR 联合技术	40～80	中等	中等

10.4　燃烧颗粒物的生成与防治

1）燃烧过程中颗粒物种类

颗粒物又称尘,为大气中的固体或液体颗粒状物质。颗粒物可分为一次颗粒物和二次颗粒物。一次颗粒物是由天然污染源和人为污染源释放到大气中直接造成污染的颗粒物,例如土壤粒子、海盐粒子、燃烧烟尘等。二次颗粒物是由大气中某些污染气体组分(如二氧化硫、氮氧化物、碳氢化合物等)之间,或这些组分与大气中的正常组分(如氧气)之间通过光化学氧化反应、催化氧化反应或其他化学反应转化生成的颗粒物,例如二氧化硫转化生成硫酸盐。

大气中悬浮颗粒物按颗粒物的性质可分为：① 无机颗粒：如金属尘粒、矿物尘粒和建材尘粒等。② 有机颗粒：如植物纤维、动物毛发、角质、皮屑、化学染料和塑料等。③ 有生命颗粒：如单细胞藻类、菌类、原生动物、细菌和病毒等。按照空气动力学直径大小,可将大气颗粒物分为：① 总悬浮颗粒物（Total Suspended Particulate,简称 TSP）：$\leqslant 100\ \mu m$。② 可吸入颗粒物（Inhalable Particles,一般称为 PM10）：$\leqslant 10\ \mu m$。③ 细颗粒物（Fine Particles,一般称为 PM2.5）：$\leqslant 2.5\ \mu m$（见图 10.10）。

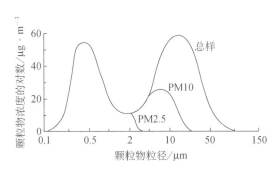

图 10.10　大气中颗粒物尺寸大小及其分布

大气中悬浮颗粒物中约有 30% 来自燃煤,这些颗粒中的一部分是燃煤直接释放的一次颗粒,主要是燃烧的副产品和未燃尽物;而其他则是燃煤释放的气相组分如有机物、硫化物、NO_x 和 NH_3 在大气中形成的二次颗粒,主要包括硫酸盐和硝酸盐类以及半挥发的有机物等。这些颗粒物对城市空气质量、大气能见度、动植物及人类都会产生不利影响。

2）燃烧过程中颗粒物形成机理

在煤粉燃烧过程中有两类不同的飞灰生成：一类是空气动力学直径在 0.1 μm 附近，一般小于0.4～0.6 μm，最大不超过 1 μm，称为亚微米灰，占飞灰总量的0.2%～2.2%，主要是由无机矿物的气化-凝结过程形成；另一类飞灰空气动力学直径大于 1 μm，主要是燃烧完成后残留下来的固体物质，称为残灰。这两种飞灰具有完全不同的生成机理和过程，各种条件对其的影响也不相同。

随着煤粉在锅炉内的燃烧，煤中无机组分在高温热动力条件下，经过一系列复杂的物理化学变化形成煤灰颗粒。煤灰颗粒形成机理大概主要有以下途径：①焦炭的破碎；②无机矿物的气化-凝结；③内在矿物质的聚合；④外在矿物质的破碎。

由图 10.11 可知，亚微米颗粒物和超微米颗粒物的形成机理是不同的。亚微米颗粒主要来自无机矿物质的气化、凝结过程，虽然它只占总灰质量份额的很少部分，但是占有较大的数目份额和比表面积，另外一部分是在焦炭燃尽和破碎过程中释放出来的；超微米级颗粒主要来自内在矿物质的熔融脱落-聚合以及外在矿物质的破碎。在分析细颗粒物形成机理时需要将亚微米颗粒和微米级颗粒区分对待，前者的形成要经过无机矿物成分的气、固态相互转化，后者则更多受到内外在矿物质液-固态间的相互影响。

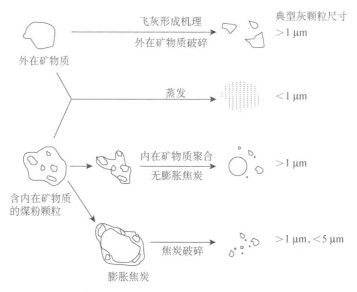

图 10.11　燃烧过程中颗粒物生成的机理示意图

3）颗粒物防治方法

（1）煤种选择

煤粉的种类决定了煤粉的特性。煤粉特性包括了无机矿物质的成分、外部矿物质和内部矿物质的含量、煤粉的孔结构、煤粉中元素的赋存形式等。而煤粉孔结构的不同，会影响到燃烧过程中的破碎程度、一次颗粒物的粒度分布以及蒸发元素自煤粉内部扩散至外部的阻力，同时决定了均相凝结为亚微米颗粒物和异相凝结使颗粒物长大的元素蒸气量；矿物质的成分、含量会影响其破碎程度，而矿物质颗粒破碎的程度决定于矿物质的种类。一般说来，硫铁矿和碳酸盐易于分解并破碎，但硅酸盐、石英、伊利石等不易分解，相应破碎就较少。母体外部矿物质的破碎对飞灰颗粒物组分的影响不大，而主要影响飞灰颗粒物的粒径分布。另外，煤粉中元素的赋存形态则会影响到一次颗粒物中重金属元素的富集特性。

（2）煤粒的加工

煤的颗粒粒径影响了它的矿物学特性，从而影响了燃烧过程中颗粒物的排放。煤粉颗粒减小，更多的内部矿物质以外部矿物质的形态存在，由于更多的外部矿物质直接转化成了颗粒物，同时也有更多的小粒径的煤粉在燃烧中破碎，形成细的灰颗粒物，使得细煤粉燃烧后较小粒径的颗粒物的排放量增大。而且，煤粉细度减小，痕量元素在颗粒物中的富集系数增大。细煤粉生成的颗粒物中有毒痕量金属元素的含量更高。

对现场电除尘器前后飞灰采样研究表明，煤粉细度与排放的细灰组成相对应，煤粉越细，燃烧后的飞灰也越细，排放的灰中细颗粒物的含量也越高。

因此，颗粒物的排放量与煤粉的细度相对应，煤粉越细，燃烧后产生的颗粒物也越细，PM 10、PM 2.5、PM 1的排放量均随着煤粉细度的减小而增大，尤其PM 2.5的量增大显著。

（3）燃烧中控制

① 调整燃烧工况

温度：煤粉燃烧温度高，会增加颗粒内部的温度梯度，导致较大的热应力，焦炭和矿物质的破碎效应越强，颗粒越易破碎，形成的细颗粒物的量也越多。另外，煤粉中的难熔氧化物和痕量元素在高的燃烧温度下蒸发量增大，在温度降低后均相凝结形成亚微米颗粒的量增多。但燃烧温度对可吸入颗粒物的生成影响具有两面性。一方面，燃烧温度高，颗粒变形程度较大，破碎剧烈，并且元素蒸发速率较大，形成的细颗粒物较多；另一方面，燃烧温度高，颗粒呈熔融状态，小颗粒与大颗粒碰撞后，易于黏结、沉积在大颗粒表面，形成颗粒聚团，减少了细颗粒物的量。从总体结果来说,PM10、PM2.5、PM1 的排放量与燃烧温度呈正相关性。因此,在保证煤粉燃尽率和锅炉热效率的情况下,通过适当降低锅炉炉膛内温度或其局部温度的措施可以降低可吸入颗粒物的生成量,减少其排放。

燃烧时间:燃烧时间对颗粒物生成与排放的影响与燃烧温度相似,燃烧时间短,颗粒破碎程度较小,颗粒外形较为规则,变形小。燃烧时间越长,焦炭颗粒和内部矿物质破碎得越多,煤粉内易挥发物质和难熔氧化物的蒸发量也越大,越趋向于生成粒径较小的颗粒物。即燃烧时间越长,生成的粒径较小的颗粒物的量越多,PM10、PM2.5、PM1 的排放量均随燃烧时间增长而增大,PM1/PM2.5、PM1/PM10、PM2.5/PM10 的值均有较大幅度的增大。

锅炉负荷:对锅炉负荷的研究结果表明,锅炉负荷下降,会使烟气中的大颗粒物粉尘沉降或黏附在炉内,导致烟尘浓度下降,粉尘颗粒组成特征发生变化,提高细灰的相对浓度。大容量锅炉痕量元素排放因子相对较小一些,而且痕量元素的排放因子随着锅炉负荷的降低而增加。

② 使用添加剂

高岭石、铝土矿、石灰石、氧化钙等固体吸附剂在煤粉燃烧的高温条件下能够通过物理吸附和化学反应相结合的方式凝并和聚结细颗粒物,形成较大粒径的颗粒。另外,由于吸附剂孔隙率大,能够在难熔氧化物和痕量金属元素的蒸气均相凝结成为核态粒子之前,使其与吸附剂进行吸附和化学反应,沉积在吸附剂巨大的表面上,达到捕获重金属元素的目的,抑制和减少细微颗粒物的生成。

③ 除尘技术

烟气除尘的技术包括布袋除尘器技术、电除尘器技术和电-袋结合除尘器技术。电除尘器具有性能可靠、除尘效率高、抗高温、二次扬尘小、易于维护等特点。布袋除尘器具有适应各种粉尘特性烟气、除尘效率高、结构紧凑占地面积小、布置灵活、滤袋拆装方便、清灰高效彻底、设备运行稳定可靠等特点。电除尘器和布袋除尘器对于超微米飞灰颗粒物的捕集效率一般都在 99% 之上,尽管布袋除尘器对于亚微米颗粒的捕集效率高于电除尘器的捕集效率,但由于除尘机制的影响,电除尘器和布袋除尘器对粒径为 $0.1 \sim 1 \ \mu m$ 的微细颗粒物的捕集能力均较弱,亚微米颗粒物的逃逸率较高。

电-袋结合的除尘设备可以实现对可吸入颗粒物的较好脱除效果。将电除尘器和布袋除尘器串联连接(或将滤料设置于电除尘器的电场通道内),电除尘器将绝大部分的颗粒物脱除,其余的荷电细粒子与荷电滤料纤维相互吸引,能够进一步促进滤料对颗粒物的捕集。

由于种种实际因素,上述三种除尘器很难满足烟气出口排尘量低于 5 mg/m³ 的新标准,尤其对 PM2.5 的排放控制不佳。近年来,国内外学者对除尘新技术进行了大量的理论研究和实验论证,如湿式电除尘技术、低温电除尘技术、旋转电极式电除尘技术、高频高压电源技术、团聚技术等,许多技术已获得突破性进展并获得应用。

湿式电除尘器与干式电除尘器的区别在于清灰方式,与干式电除尘器的振打清灰不同,湿式电除尘器无振打装置,而是通过在集尘极上形成连续的水膜将捕集到的粉尘冲刷到灰斗中。湿式电除尘的清灰方式有效避免了二次扬尘和反电晕问题,对酸雾和重金属也有一定的协同脱除效果。湿式电除尘器(WESP)根据阳极类型不同可分为金属极板 WESP、导电玻璃钢 WESP 和柔性极板 WESP。

低温电除尘技术是通过低温省煤器或热媒体气气换热器将除尘器入口烟温降至酸露点以下,一般在 90 ℃左右。该技术优势有:烟气温度降至酸露点以下,SO_3 在粉尘表面冷凝,粉尘比电阻降低,避免反电晕现象,提高除尘效率;由于排烟温度下降,烟气量降低,减小了电场内烟气流速,增加了停留时间,能更有效地捕获粉尘;SO_3 冷凝后吸附在粉尘上,可被协同脱除。低温电除尘布置方案主要有两种:方案一是在电除尘器前布置换热器来降低烟温至 90～110 ℃,回收余热用于加热汽机冷凝水系统;方案二是在电除尘器前和脱硫吸收塔后各布置 1 套换热器,将除尘器前回收的余热用于脱硫后烟温的再热。

旋转电极式电除尘技术是将除尘器电场分为固定电极电场和旋转电极电场两部分,旋转电极电场中阳极部分采用回转的阳极板和旋转清灰刷清灰,当粉尘随移动的阳极板运动到非收尘区域后,被清灰刷刷除。粉尘被收集到收尘极板后尚未达到形成反电晕的厚度就被清灰刷刷除,极板始终保持清洁,避免了反电晕现象。同时由于清灰刷位于非收尘区,最大限度减少了传统振打清灰会造成的二次扬尘问题,确保了除尘效率。

频高压电源技术指通过大功率高频开关,将输入的工频三相电流经整流变为直流,再经过逆变和转换变为近似正弦的高频交流电源,再经变压器升压整流,形成直流或窄脉冲等各种适合电除尘器运行的电压波形。与工频电源相比,高频电源具有除尘效率高、转换效率高、节能降耗等优点。

团聚技术是利用化学团聚剂将烟气中的细颗粒物团聚成链状和絮状,附着于大颗粒物上,烟气经过除尘器时大颗粒物被捕集,从而达到降尘的目的,该技术可大幅提高细颗粒物的脱除效率。

10.5　燃煤过程中重金属迁移及其污染防治

原煤中的重金属通过燃烧转移到气态、固态和液态的燃烧产物中,并且随之进入开放的环境中,造成大气、水体和土壤等的污染。进入生态系统的重金属会继续发生迁移、转化和再分配,最后通过影响自然环境以及食物链影响人类健康。

1) 煤中重金属分类和赋存形态

从化学角度来说,重金属是指在标准状况下单质密度大于4.5 g/cm³的金属元素。原子序数从 23(V) 至 92(U) 的天然金属元素共有 60 种,除 Rb、Sr、Y、Cs、Ba 外,其余元素的密度均大于4.5 g/cm³,因此根据密度来判定,这 55 种金属都是重金属。从环境污染的角度来说,重金属主要是指 Hg、Cd、Pb、Cr、Zn、Cu、Co、Ni、Sn 等生物毒性显著的重元素。特别需要指出的是,作为非金属元素的 As 和 Se,因其毒性高且具有类金属特性,在讨论环境污染问题时通常将二者纳入重金属范畴。煤中重金属元素的质量含量通常为痕量级别,因此被称为痕量重金属。表 10.7 列举了我国煤中一些重金属元素的含量。

表 10.7 我国煤中重金属元素的含量　　　　单位:mg·kg⁻¹

元素	范围	平均	元素	范围	平均
Ag	0.2~1	0.5	Mn	4~109	77
As	0.4~10	5	Ni	2~65	14
Au	0.1~6	2.5	Pb	10~47	13
Cd	0.01~3	0.2	Sb	0.1~10	2
Co	1~20	7	Se	0.1~11	2
Cr	2~50	12	Sn	0.4~5	2
Cu	1~50	13	Sr	2~300	136
Ge	0.5~10	4	Zn	2~106	35
Hg	0.0~1	0.15			

根据挥发特性分类,重金属挥发性从强到弱大体可分为四类:易挥发性重金属(Hg、As、Se 等),半挥发性重金属(Cd、Pb、Zn、Sb、Sn 等),介于半挥发性和难挥发性重金属(Co、Cr、Cu、Ni、Mo、Tl、V 等),难挥发性重金属(Mn、Th 等)。

根据毒性效应可将重金属分为四类:具备多重影响的强毒性重金属(As、Cd、Cr、Pb、Hg、Ni 等),具备潜在毒性的中等毒性重金属(Co、Cu、Fe、Mn、Mo、Se、Zn 等),毒性与药物治疗有关的重金属(Bi、Ga、Au、Pt 等),弱毒性重金属

(Sb、In、Ag、Te、Sn、V 等)。

也有根据是否致癌分为两类:致癌重金属(As、Cd、Cr 等),非致癌重金属(Sb、Pb、Hg、Ni、Se、Ag、Tl 等)。

随着人类对有关毒理认识的不断深入,这种分类也在进行不断的修正。

痕量重金属元素可以以有机物、无机物或同时存在的 3 种方式存在。无机物形式有硫化物及非硫化物,包括碳酸盐、铝硅酸盐等。有些元素具有较强的有机亲和性,它们以金属有机化合物或以共价键和分子吸附方式与煤中的有机质结合。元素分布有时随煤龄的不同有很大差别,如过渡金属元素在褐煤中的分布顺序为有机金属化合物、碳酸盐、硫化物,在次烟煤中的顺序为碳酸盐、硫化物和有机金属化合物,而在烟煤中的顺序为硫化物、碳酸盐、硅酸盐和有机金属化合物。自 20 世纪 70 年代以来,国内外对煤中痕量元素的浓度和分布情况进行了广泛的研究。由于痕量元素分布很复杂,研究人员试图用一些定性和定量的指标来描述其在煤中的分布规律,并提出了一些分布模型和经验指数来描述它们在煤中的结合趋势。

表 10.8 列举了不同模型下得到的重金属元素在煤中的赋存形态。

表 10.8　重金属元素在煤中的赋存形态

元素	赋存形态
	Swaine
As	黄铁矿,可能为有机物,黏土,磷酸盐
Cd	闪锌矿,黄铁矿,黏土,碳酸盐,可能为有机物
Cr	黏土,有机物
Pb	方铅矿,PbSe,钡矿物质,黄铁矿
Ni	可能为有机物或硫化物
Hg	黄铁矿,闪锌矿
Se	有机物,黄铁矿,方铅矿,PbSe,可能为黏土
Sb	有机物,硫化物
Co	硫化物,黏土,有机物
Mn	碳酸盐,有机物

2) 燃煤过程中重金属迁移

燃煤过程中的重金属迁移可以分为两个方面来讨论,一个是在除尘设备之前的迁移转化,另一个是在除尘设备之后的迁移转化。

(1) 除尘设备之前的迁移

煤中的重金属分布在有机物和无机物中。有机物在燃烧过程中首先脱除挥发分,形成包含矿物质的多孔炭粒状。随着温度的升高,一部分重金属受热挥发形成气态金属扩散至炭粒外,一部分仍包裹在炭粒内。在多孔炭粒内的重金属可以与炭粒内的矿物质反应形成稳定且不挥发的矿物盐类,也可以在炭粒内部熔化或气化,最后随炭粒的氧化转变为实心颗粒、空心颗粒或多孔颗粒,粒径既有大于 1 μm 的超微米颗粒物,也有小于 1 μm 的亚微米颗粒物。其中空心颗粒可以在进一步受热膨胀中发生爆裂,粒径进一步变小;多孔颗粒也可能在碰撞或受热膨胀中粒径进一步变小。至此可以看出,重金属最终的形态有四种:重金属蒸气、亚微米颗粒、超微米颗粒和无机混合物底渣。需要指出的是,四者之间存在一定的相互转化。无机混合物底渣中的重金属在持续的受热过程中仍会挥发进入气相。气相中的重金属蒸气可以扩散回多孔颗粒中,与表面矿物发生固化反应或在表面冷凝,从而迁移至亚微米和超微米颗粒物中。在降温过程中,过饱和的重金属蒸气如果没有遇到充足的表面则会发生均相成核,形成亚微米颗粒,其粒径可以低至纳米级别。已经生成的亚微米颗粒物通过凝并和黏附可以形成超微米颗粒物。无机混合物底渣也可以通过烟气的夹带作用以实心颗粒的形式进入气相形成亚微米和超微米颗粒物(图 10.12)。

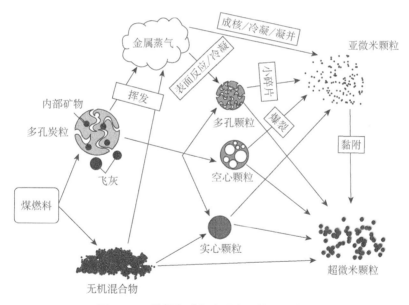

图 10.12　煤燃烧过程中重金属的迁移路径

易挥发性重金属通常以蒸气形式存在,部分被物理吸附于飞灰颗粒表面;半挥发性重金属在炉膛内的高温环境下容易以蒸气形态存在,烟气经过换热器后烟温降低、蒸气冷凝,从而富集在飞灰表面;难挥发性重金属仅存在于飞灰和底渣颗粒内部。在燃烧过程中,半挥发性重金属具有挥发-冷凝机制,因此容易以亚微米颗粒物的形式存在,甚至是纳米级的气溶胶,而易挥发性重金属也可以通过物理化学吸附富集在颗粒物的表面。

需要特别指出的是,易挥发的汞元素几乎完全迁移至烟气中,部分被飞灰吸附后称为颗粒汞,剩下的均为气态,可分为零价汞和二价汞。在 700 ℃ 以上的高温下,零价汞是主要存在形式。随着烟气温度降低,烟气内具有氧化性的物质如 HCl 和一些金属元素会将零价汞催化氧化为二价汞,SCR 脱硝系统对零价汞也具有较高的催化氧化率。随着烟温降低,飞灰的吸附作用也逐渐增强,颗粒汞逐渐增多。

(2) 除尘设备之后的迁移

绝大部分富集在飞灰中的重金属均会被高效除尘设备捕集,如静电除尘器 (ESP) 和布袋除尘器等。除尘器的效率与飞灰粒径息息相关。有研究表明,布袋除尘器对超微米级颗粒的去除效率较好,滤布最大穿透率出现在粒径为 1 μm 的颗粒物中。而静电除尘器(ESP)对 PM1 的去除效率较差。以颗粒物尤其是亚微米颗粒物形式存在的重金属,如半挥发性重金属和颗粒汞,仍有小部分穿透除尘设备。

保持气态的易挥发性重金属(主要指 Hg 元素)经过 ESP 时基本不受影响,而穿过布袋除尘器时会被滤布表面的飞灰部分吸附或催化氧化。湿法脱硫对细小颗粒的脱除效果也较弱,但是对汞元素的迁移影响巨大。二价汞溶于水,所以当烟气通过湿法脱硫时,80% 左右的二价汞蒸气会被喷淋液吸收,转移到脱硫浆液中。如果采用海水脱硫,那么大量的二价汞将转移到海水中。

综上所述,燃烧过程中重金属主要分布在底渣、飞灰、气相烟气和废液等产物中。除了除尘器后直接排向大气的重金属,其他均分布在可人为收集的产物中。因此,可以认为直接造成污染的是穿透除尘器的重金属蒸气和重金属细颗粒物。海水脱硫这种特殊的烟气净化系统也会导致部分二价汞直接排向海洋。

3) 重金属污染防治方法

重金属不同于有机物,它无法被摧毁而只能被转化,因此重金属污染防治的主要方法在于促使重金属元素由难以人为收集的形态向易于人为收集的形态进行迁移,或者使用更高效的方法对污染形态的重金属进行收集。燃煤产生的重金属污染主要指易挥发性重金属和半挥发性重金属,下面将从汞和半挥发性重金属两方面介绍目前的一些重金属污染防治方法。

(1) 汞污染防治方法

① 燃烧前脱汞

洗煤和煤的热处理是减少汞排放简单而有效的方法。传统的洗煤方法可洗去不燃性矿物原料中的一部分汞,但是不能洗去与煤中有机碳结合的汞。这样可将煤中的汞转移到洗煤废物中,而洗煤废物仍需进一步处理。在洗煤过程中,平均 51% 的汞可以被脱除。目前,发达国家原煤入洗率为 40%～100%,而我国只有 20% 左右。从保护环境和经济可持续性的角度出发,应尽快提高我国原煤入洗率。

由于汞具有高挥发性,在煤热处理的过程中,汞会受热挥发出来。对热处理脱汞技术研究表明,在 400 ℃下可以达到最高 80% 的脱汞率。然而,在 400 ℃下也发生了煤的热分解,导致挥发性物质的减少,煤的发热量也有很大的降低。热处理脱汞技术还处于实验室阶段,有待进一步研究。

② 燃烧中脱汞

不同的燃烧方式对汞排放的影响不同。通过调整燃烧器布置方式或采用旋流燃烧器可以有效提高烟气中二价汞的比例,配合湿法脱硫即可实现较好的脱汞效率。另外,降低燃烧温度、改变一次风和二次风的配比也可以抑制炉内二价汞向零价汞的转变。

向煤中添加氧化性物质有时也被认为是燃烧中脱汞技术之一,添加剂通常为 $CaCl_2$、$CaBr_2$ 等。这些具有强氧化性的卤化物在高温下发生分解,释放出具有活性的 Cl 或 Br 元素。当温度低于 700 ℃时,烟气中的活性卤族元素的强氧化性促使零价汞氧化为二价汞。

SCR 催化剂还可加强卤素对零价汞的氧化率。二价汞较零价汞更容易被飞灰吸附,因此燃煤添加剂配合除尘和湿法脱硫可以显著降低汞排放。本质上看,该技术是通过燃烧前添加,燃烧中释放,燃烧后氧化和捕集的多流程协作脱汞。

③ 燃烧后脱汞

燃烧后脱汞主要指燃煤烟气脱汞。目前已有的烟气净化设备中,SCR 脱硝装置、湿法脱硫装置和除尘装置均对烟气中的汞分布以及汞脱除有重要影响。美国燃煤电厂已经开始采用一些成熟的专项技术以减少汞等污染物质的排放量,如用湿式除尘器、纤维过滤器和活性炭喷射。下面将对各个装置的脱汞作用进行简单的介绍。

a. SCR 装置

SCR 装置内的脱硝催化剂对零价汞具有催化氧化作用。SCR 催化剂的最佳活性温度在 300～400 ℃左右,提高烟气温度不利于汞的氧化。空塔速度越低汞的氧化效率越高,当空塔速度由 7 800 h^{-1} 降低到 3 000 h^{-1} 的时候,零价汞的氧化效率由 5% 上升到 40%,但投资成本也随之增加。烟气中的氯/溴和 SCR

可以相互促进零价汞的氧化效率。SO_2 和 H_2O 的存在不利于汞的氧化。脱硝反应中过量的 NH_3 可以消耗 SCR 催化剂表面的活性氧,从而降低汞的氧化效率,通常 NH_3/NO 越低,汞的氧化效率越高。不同种类催化剂对零价汞的氧化效果不同,WO_3/TiO_2、$V_2O_5 - WO_3/TiO_2$ 型催化剂对零价汞的氧化效果较好。此外,含钯和含铁类物质也是较好的催化剂,含铁的催化剂可将烟气中的零价汞几乎全部氧化。而含金催化剂的表面可以有效避免 O_2、NO、SO_2 和 H_2O 等物质化学吸附的副作用以及二价汞化合物的热分解,其对汞的氧化效率可达 $40\% \sim 60\%$。

b. 湿法脱硫装置(WFGD)

由于二价汞具有水溶性,因此湿法脱硫是燃煤电厂脱汞环节中非常重要的工艺。WFGD 装置可脱除 85% 以上的二价汞,但其对零价汞捕获效果不明显,且存在脱硫浆液中部分二价汞离子被还原为零价汞再释放的现象。研究表明,WFGD 浆液中的 SO_3^{2-}、HSO_3^- 和 Fe^{2+}、Mn^{2+}、Ni^{2+}、Co^{2+}、Sn^{2+} 等还原性二价金属离子是导致零价汞再析出的主要原因。通常,采用加入有机硫(TMT)和无机硫(H_2S、Na_2S_4、Na_2S、$NaHS$)等抑制剂,使之与二价汞离子反应形成 HgS 沉淀来提高汞的捕获率。同时,为了掩蔽还原性金属离子对二价汞离子的还原,可在 WFGD 浆液中加入乙二胺四乙酸(EDTA)和高分子重金属离子捕集沉淀剂(DTCR)等螯合剂。

c. 除尘装置

飞灰对烟气中二价汞具有较强的吸附作用,但是对于气态零价汞的吸附作用不明显,正常运行的除尘设备几乎可以去除烟气中全部的颗粒汞。目前,我国燃煤电厂使用的除尘设备主要有布袋除尘器(FF)和静电除尘器(ESP)。布袋除尘器除了可以高效捕集颗粒汞,还可以依靠布袋内飞灰的金属组分对零价汞进行催化氧化。总体上布袋除尘器配合湿法脱硫的协同脱汞效率高于静电除尘器。

d. 活性炭喷射

活性炭可以通过吸附、凝结、扩散以及化学反应等过程对烟气中的汞进行高效吸附,二价汞主要吸附在活性炭表面的碱性位上,零价汞则吸附在酸性位上。目前用活性炭吸附烟气中的汞可以通过两种方式:一种是向烟气中喷入粉末状活性炭(PAC),另一种是将烟气通过颗粒活性炭吸附床(GAC)。PAC 将活性炭直接喷入烟气中,粉末活性炭吸附汞后由其下游的布袋除尘器除去。此法投资小,但活性炭与飞灰混杂在一起,不能再生,且汞浓度很低,汞与活性炭颗粒接触机会少,活性炭利用率低,耗量大,脱汞成本很高。GAC 一般安排于脱硫装置和除尘器后,作为烟气排入大气的最后一个清洁装置,除汞效果好,但当颗粒尺寸较小时会引起较大压降,且需要增加设备,占地面积和初期投资大。

　　e. 协同脱汞

　　燃煤电厂难以通过单一技术手段实现较高的脱汞率,而通过多个设备的协同作用,最终可以实现低浓度的汞排放。目前燃煤机组装备的烟气净化装置的协同运作已经可以实现较高的烟气脱汞率,基本可以达到我国《火电厂大气污染物排放标准》(GB 13223—2011)规定的0.03 mg/m³。我国燃煤电厂现有污控设备主要的(组合)形式为 ESP(静电除尘)、ESP＋WFGD(静电除尘＋湿法脱硫)、SCR＋ESP＋WFGD(选择性催化还原脱硝＋静电除尘＋湿法脱硫)和 FF(袋式除尘),共占我国燃煤电厂装机容量的94%,这四种污控设备(组合)类型协同脱汞的效率分别为24.03%±16.67%、56.99%±24.23%、71.92%±33.16% 和43.90%±25.17%(平均值±标准偏差)。

　　通过燃煤添加剂以及除尘器前端的活性炭喷射等新技术的引入,燃煤电厂的汞排放可以达到更低水平,但是显著增加了电厂运行成本。对活性炭喷射的脱汞效率进行测试,研究发现,喷射适量的普通活性炭,除尘设备的协同脱汞效率从30%提升到70%以上;喷射与普通活性炭等量的溴化活性炭,除尘设备的协同脱汞效率可以达到90%以上;同时添加溴盐溶液和普通活性炭,烟气脱汞效率甚至略高于溴化活性炭,脱汞效率也达到了90%以上。与溴化活性炭相比,溴盐溶液与普通活性炭联用大大降低烟气脱汞的成本,同时强化了 ESP 的协同脱汞效率,这种高效廉价的联合喷射技术很有可能成为烟气汞减排的重要手段。配置袋式除尘器后协同脱汞能力更强。

　　(2) 半挥发性重金属污染防治方法

　　① 燃烧前脱除半挥发性重金属

　　同脱汞类似,传统的洗煤方法可以将煤中大量重金属元素转移至洗煤废物中。国外研究表明,洗煤对 As、Cr、Cd、Pb 的脱除率分别为 50%～70%、26%～50%、0～75%和小于 50%。

　　② 燃烧中抑制半挥发性重金属挥发

　　重金属挥发速率与温度密切相关,较低的燃烧温度有利于降低重金属挥发速率而尽量保持固态或液态。流化床燃烧温度通常在 900 ℃左右,远低于煤粉炉的1 400 ℃左右。在较低温度的流化床内,半挥发性重金属的挥发速率远低于在煤粉炉内,而有些重金属氧化物甚至还未达到初始挥发温度。流化床内的床料对半挥发性重金属也具有一定的化学吸附能力,可以反应生成稳定而不挥发的重金属硅铝酸盐。

从20世纪90年代初开始,已经有一些学者尝试向高温炉内添加一些天然非金属矿物来捕集半挥发性重金属蒸气,从而阻碍其生成亚微米颗粒物。高岭土因具有储量大、价格低、性质稳定以及易于破碎等优点而成为炉内吸附剂研究的热点。高岭土捕集半挥发性重金属的过程可以分为四个步骤:第一步,高岭土高温下与重金属蒸气发生化学反应;第二步,燃烧温度足够高时,高岭土局部或大面积发生熔化,导致高岭土颗粒间的黏附从而组成团簇;第三步,在高岭土表面熔点和烟气中重金属蒸气露点之间的温区,通过颗粒间碰撞,高岭土黏附已成核结晶的重金属纳米颗粒;第四步,化学吸附和物理黏附重金属的高岭土颗粒被除尘设备捕集(图10.13)。此类技术仍处于研究阶段,暂无工业应用。

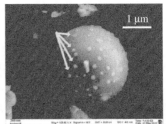

图10.13 完成吸附的高岭土颗粒微观形貌

③ 燃烧后脱除半挥发性重金属

因为半挥发性重金属在低温烟气中均以固态形式存在,因此燃烧后脱除半挥发性重金属的实质是除尘。目前国内燃煤电厂以静电除尘器为主,而布袋除尘器具有更好的除尘性能,因此"电改袋"或"电袋复合"等除尘设备的改造可以进一步降低半挥发性重金属的排放浓度。

习题

1. 论述燃煤硫氧化物产生原因及控制方法。
2. 论述石灰石-石膏湿法烟气脱硫原理及影响脱硫效率因素。
3. 论述燃煤氮氧化物产生原因及控制方法。
4. 论述SCR脱硝法原理及影响脱硝效率因素。
5. 论述燃煤重金属赋存形态及控制方法。
6. 简述几种火电机组超低排放技术。

主要参考文献

(1) Stephen R Turns. An Introduction to Combustion[M]. New York：McGraw-Hill Inc., 1996.

(2) 傅维镳, 张永廉, 王清安. 燃烧学[M]. 北京：高等教育出版社, 1989.

(3) 许晋源, 徐通模. 燃烧学[M]. 北京：机械工业出版社, 1990.

(4) 威尔特. 动量热量和质量传递原理[M]. 马紫峰, 吴卫生, 等译. 北京：化学工业出版社, 2005.

(5) 韩德刚, 高盘良. 化学动力学基础[M]. 北京：北京大学出版社, 2000.

(6) 徐旭常, 吕俊复, 张海. 燃烧理论与燃烧设备[M]. 2版. 北京：科学出版社, 2012.

(7) 岑可法, 姚强, 骆仲泱, 等. 燃烧理论与污染控制[M]. 北京：机械工业出版社, 2004.

(8) 杜文锋. 消防燃烧学[M]. 北京：中国人民公安大学出版社, 1996.

(9) 朱宝山, 等. 燃煤锅炉大气污染物净化技术手册[M]. 北京：中国电力出版社, 2006.

(10) 张磊, 陈媛, 由静. 燃煤锅炉超低排放技术[M]. 北京：化学工业出版社, 2016.